U0579531

现代水工混凝土结构与性能研究

珠江水利委员会珠江水利科学研究院　主编

北京工业大学出版社

图书在版编目（CIP）数据

现代水工混凝土结构与性能研究 ／ 珠江水利委员会

珠江水利科学研究院主编 . -- 北京 ： 北京工业大学出版

社，2024. 12. -- ISBN 978-7-5639-8760-3

Ⅰ．TV331

中国国家版本馆 CIP 数据核字第 2025Z5W605 号

现代水工混凝土结构与性能研究

XIANDAI SHUIGONG HUNNINGTU JIEGOU YU XINGNENG YANJIU

主　　编：珠江水利委员会珠江水利科学研究院

责任编辑：付　存

封面设计：知更壹点

出版发行：北京工业大学出版社

　　　　　（北京市朝阳区平乐园 100 号　邮编：100124）

　　　　　010-67391722（传真）　bgdcbs@sina.com

经销单位：全国各地新华书店

承印单位：三河市南阳印刷有限公司

开　　本：787 毫米×1092 毫米　1 / 16

印　　张：18.75

字　　数：487 千字

版　　次：2025 年 6 月第 1 版

印　　次：2025 年 6 月第 1 次印刷

标准书号：ISBN 978-7-5639-8760-3

定　　价：111.00 元

版权所有　　翻印必究

（如发现印装质量问题，请寄本社发行部调换 010-67391106）

主要参编人员简介

王卫光，河南省开封市人，硕士研究生，毕业于河海大学项目管理专业，现任职于珠江水利委员会珠江水利科学研究院，担任所长一职，高级经济师。主要研究方向：项目管理、水利工程质量检测与监测、水利工程安全评价。获奖情况：中国大坝工程学会科技进步奖二等奖、中国地理信息产业协会地理信息产业优秀工程银奖。

黄锦峰，湖北省武汉市人，硕士研究生，毕业于广州大学技术经济及管理专业，现任职于珠江水利委员会珠江水利科学研究院，高级工程师。主要研究方向：水利工程质量检测与监测、项目管理。获奖情况：广东优质水利工程奖三等奖。

郭威威，湖北省孝感市人，本科学历，毕业于桂林理工大学土木工程专业，现任职于珠江水利委员会珠江水利科学研究院，工程师。主要研究方向：水利工程质量检测与监测、项目管理。获奖情况：广东省土木建筑学会科学技术奖二等奖。

前　言

　　水工混凝土结构在现代建筑和基础设施中起着至关重要的作用。随着工程建设规模的不断扩大和设计要求的不断提高，工程项目对水工混凝土结构的性能要求也不断提高。因此，对水工混凝土结构的研究和性能评价显得尤为重要。本书旨在系统地介绍现代水工混凝土结构的研究和性能评价方法，为相关领域的研究者和工程实践者提供一些实用的指导和参考。希望通过本书的研究，能为现代水工混凝土结构的设计、施工和维护提供一定的启示和帮助。

　　本书共10章。第一章为绪论，主要阐述了混凝土结构概述、混凝土结构的发展与应用、水工混凝土结构分析原则等内容；第二章为钢筋混凝土结构材料及性能，主要阐述了钢筋及其性能、混凝土及其性能、钢筋与混凝土黏结及其性能等内容；第三章为钢筋混凝土结构设计原理，主要阐述了结构的功能与设计的极限状态、结构的作用效应和结构抗力、结构可靠度等内容；第四章为钢筋混凝土梁板结构及钢架结构，主要阐述了钢筋混凝土梁板结构和钢筋混凝土钢架结构等内容；第五章为钢筋混凝土柱设计，主要阐述了柱及其构造要求、钢筋混凝土轴心受压柱的设计、钢筋混凝土偏心受压柱的设计、钢筋混凝土受拉构件设计等内容；第六章为钢筋混凝土肋形结构设计，主要阐述了单向板肋形结构设计和双向板肋形结构设计等内容；第七章为预应力混凝土结构设计，主要阐述了预应力混凝土基本概述、预应力混凝土结构的材料和锚具、预应力混凝土轴心受拉构件应力分析、预应力混凝土轴心受拉构件设计、预应力混凝土结构构件的构造要求等内容；第八章为水工非杆件混凝土结构设计，主要阐述了非杆件结构基本概述、深受弯构件的承载力计算、温度作用配筋原则、混凝土坝内廊道及孔口结构等内容；第九章为水工混凝土结构耐久性能设计，主要阐述了水工混凝土结构的耐久性要求、水工混凝土的耐久性问题、影响混凝土结构耐久性的因素、水工混凝土结构的耐久性设计等内容；第十章为水工混凝土结构抗震性能设计，主要阐述了地震与抗震、抗震设计的基本要求、钢筋混凝土框架结构的抗震设计与延性保证等内容。

　　本书共计48.7万字，全书由王卫光统稿，担任第一主编，共计编写8.5万字；黄锦峰担任第二主编，共计编写7.5万字；郭威威担任第三主编，共计编写6.2万字；孙文娟担任第一副主编，共计编写5.5万字；任蒙蒙担任第二副主编，共计编写4.5万字；梁贤浩担任第三副主编，共计编写4.5万字；薛琦、吴光军、安珊珊分别担任参编，各自编写4万字。

　　为了确保研究内容的丰富性和多样性，笔者在写作过程中参考了大量理论与研究文献，在此向涉及的专家学者们表示衷心的感谢。

　　限于笔者水平，加之时间仓促，本书难免存在一些不足之处，在此，恳请同行专家和读者朋友给予批评指正！

目　　录

第一章　绪论

在现代建筑中，水工混凝土结构已经成为一种常见且重要的结构形式。随着城市化进程的不断发展和人们对高品质生活环境的追求不断提高，水工混凝土结构在水库、堤坝、海洋工程、污水处理厂等领域得到了广泛应用。该结构形式以其优越的性能和良好的耐久性成为许多工程项目的首选。本章围绕混凝土结构概述、混凝土结构的发展与应用以及水工混凝土结构分析原则三个方面展开论述，旨在引起读者对水工混凝土结构的兴趣，更好地理解后续章节中的具体内容。

第一节　混凝土结构概述

一、混凝土结构的概念

以水泥、集料（碎石、砂等）为主要原料，也可加入外加剂和矿物掺合料等材料，经拌和、成型、养护等工艺制作的，硬化后具有较高强度的工程材料，称为水泥混凝土，简称混凝土。所谓结构，就是能够承受力的作用并具有适当刚度的由各连接部件有机组合而成的系统。结构也就是建筑物或构筑物的受力骨架体系，以保证建筑物或构筑物的安全性、适用性和耐久性等功能要求。结构在物理上可以区分出的部件或结构的组成部件，称为结构构件。综上，可以将以混凝土为主要材料建造的结构，称为混凝土结构。

二、混凝土结构的分类

混凝土结构的分类标准有很多。结构分类的方式多种多样，包括但不限于其所用材料、受力体系以及使用环境等因素。每种结构都有其独特的适用范围，选择时应综合考虑工程结构的功能需求、材料的性能、各种结构形式的特点、使用要求以及施工和环境条件等因素。

（一）按结构的使用环境分类

混凝土结构按结构的使用环境，可分为正常环境混凝土结构、海工混凝土结构、水工混凝土结构、腐蚀混凝土结构等。

（二）按所含钢筋及类型分类

混凝土结构按所含钢筋及类型，可分为素混凝土结构、钢筋混凝土结构、预应力混凝土结构、钢管混凝土结构和钢－混凝土组合结构。其中前三种混凝土结构比较常见，而且钢筋混凝土结构是应用范围最为广泛的混凝土结构。

1. 素混凝土结构

素混凝土结构是由无筋或不配置受力钢筋的混凝土制成的结构。

无筋或不配置受力钢筋的混凝土，称为素混凝土。因为混凝土的抗压强度较高，抗拉强度很低，所以素混凝土结构或构件的应用范围十分有限。素混凝土通常用作以受压为主的构件，如柱、墩、基础等；也可用于卧置于地基上的受弯构件，如重力式挡土墙、重力式水坝等；素混凝土可以作为路面结构，承受汽车荷载作用，此时的路面称为普通混凝土路面。

2. 钢筋混凝土结构

钢筋混凝土结构是由配置受力的普通钢筋、钢筋网或钢筋骨架的混凝土制成的结构。由钢筋混凝土建造的结构或构件，称为钢筋混凝土结构或构件。在受拉区的钢筋承受拉应力，克服了混凝土抗拉能力弱的缺点；在受压区的钢筋协助混凝土受压，可减小构件截面尺寸，并可提高构件的延性。钢筋混凝土合理地利用了钢筋和混凝土这两种材料的性能，即充分利用混凝土的抗压性能和钢筋的抗拉、抗压性能，是一种比较好的组合形式。钢筋和混凝土这两种性质不同的材料能够结合在一起长期有效地工作。

3. 预应力混凝土结构

预应力混凝土结构是由配置受力的预应力钢筋通过张拉或其他方法建立预加应力的混凝土制成的结构。混凝土受到的预加应力为压应力，用以全部或部分抵消外力引起的拉应力，使结构或构件在工作时仍然承受压应力，或虽然承受拉应力，但拉应力很小。预应力混凝土可以保证在使用过程中结构或构件不出现裂缝或裂缝宽度很小，增加刚度，减小变形，满足使用要求。

预应力混凝土结构的主要优点在于提高了抗裂度和刚度，其应用目的有如下两个。一是抗裂的目的。在使用上要求有较高密闭性或耐久性的结构，如水池、油罐、核反应堆，以及受到侵蚀性水等介质作用的工业厂房、水利、海洋、港口工程等建筑物或构筑物，裂缝控制上要求较严，采用预应力混凝土能满足这种要求。二是减小变形的目的。大跨度结构或荷载较大的结构，在外力作用下挠度通常较大，采用钢筋混凝土结构不能满足或很难满足要求。当采用预应力混凝土结构时，可提高刚度，减小变形；同时，在施加预应力（偏心压力）时产生的反拱值，还可以抵消一部分因荷载引起的挠度。因此，房屋结构中大跨度梁、大跨度预制板等通常采用预应力混凝土制作，桥梁结构中的梁式桥（T 梁、箱梁）也通常采用预应力混凝土制作，一方面可减小挠度，另一方面也可提高抗裂度。

4. 钢管混凝土结构

钢管混凝土结构是以圆钢管或矩形钢管为骨架，周边或中部填充混凝土制成的结构。

5. 钢－混凝土组合结构

钢－混凝土组合结构是以型钢为骨架填充混凝土制成的结构。

（三）按承重方式分类

混凝土结构按承重方式，可分为水平承重结构、竖向承重结构和底部承重结构。

　　以上三类承重结构的荷载传递关系如图 1–1 所示，即水平承重结构将作用在楼盖或屋盖上的荷载传递给竖向承重结构，竖向承重结构再将自身承受的荷载以及水平承重结构传来的荷载一同传递给基础和地基。

图 1–1　结构的荷载传递关系

　　按承重方式，混凝土结构还可以进一步分类，如图 1–2 所示。

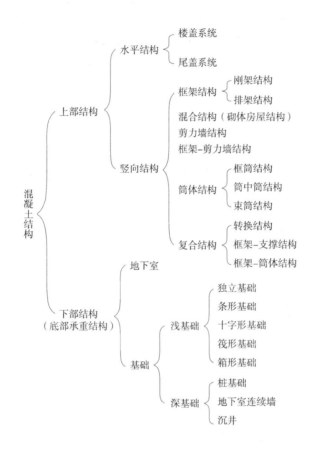

图 1–2　结构的组成与分类

三、混凝土结构的体系

（一）混凝土结构体系形式

　　混凝土结构是由基础、柱（墙）、梁（板、壳）等混凝土基本构件组成的一个空间骨架受力系统，其主要功能是形成建（构）筑物所需的空间骨架，并能长期、安全、可靠地承受使用期间可能出现的各种直接作用（荷载）和间接作用（如温度、变形等）、环境介质长期作用（如锈蚀、碳化等）以及可能出现的各种意外事件（如火灾、地震和爆炸等）的影响。

混凝土结构形式通常包含梁板结构、框架结构、剪力墙结构、框架－剪力墙结构、筒体结构等，当用于装配式单层工业厂房时则多为排架结构。建筑物的自然地面或室内首层地面以上的部分，习惯上称为上部结构，而地面以下的部分则称为下部结构。下部结构主要涵盖地下室和地基。地基的种类繁多，包括柱下独立基础、条形基础（墙下和柱下）、筏形基础、箱形基础以及桩基础等。混凝土结构的体系可以根据其受力特性及其主要作用划分为两大类：水平结构体系和竖向结构体系。其中，水平结构体系指的是建筑物的楼盖和屋盖部分，这些部分主要由梁、板以及拉压杆等构件构成。竖向结构体系在整体结构中扮演着至关重要的角色，常常以它来界定整个结构体系。事实上，多种不同的水平结构体系和竖向结构体系相互结合，共同构成了各式各样的结构体系。每一种独特的结构体系，都伴随着一套与之对应的结构计算简图，以及相应的计算理论、计算方法和施工技术。

1. 梁板结构体系

梁板结构体系作为混凝土结构中最为普遍的水平结构体系，其应用广泛，可见于建筑中的楼盖、屋盖以及基础底板等各个部分。在建筑工程中，梁板结构的主要职责是承载楼（屋）面上的使用荷载，并通过一定的结构连接，将这些荷载传递到竖向承重结构（如墙和柱）。随后，竖向承重结构再将荷载进一步传递到基础和地基，从而确保整个建筑结构的稳固与安全。

2. 框架结构体系

框架结构体系由梁和柱相互连接构成。在梁柱的连接处，大多数情况下采用刚性连接以确保结构的整体稳定性。然而，为了简化施工过程或满足某些特定的构造要求，部分节点也可以设计为铰接节点或半铰接节点。至于柱的支座，则通常设计为固定支座，以提供足够的支撑和稳定性。

框架结构是一种高次超静定结构，不仅能够承受竖向荷载，还能应对侧向水平力，如风力或地震产生的力。为了优化结构的受力性能，框架梁应当保持连贯并直线对齐，框架柱则应纵横对齐、上下对中，同时确保梁柱轴线位于同一竖向平面内。这种结构体系在建筑设计上具有很高的灵活性，可以创造出宽敞的使用空间，轻松满足多样化的功能需求。需要注意的是，由于框架结构的抗侧刚度相对较小，如果设计不当，在地震等外力作用下可能会产生较大的侧移，导致填充墙出现裂缝，并引发建筑装修、玻璃幕墙等非结构构件的损坏。因此，框架结构体系用于地震区时，应进行合理的抗震设计。

3. 剪力墙结构体系

剪力墙是指利用建筑物的外墙和内隔墙位置所设置的钢筋混凝土构造墙体。这种结构体系的特点在于，剪力墙同时承受着竖向荷载和侧向力的作用。当受到竖向荷载时，墙体主要承受向下的压力；而在受到侧向力时，墙体会产生水平剪力和弯矩，从而有效地抵抗外部力量的影响。因这类墙体具有较大的承受水平剪力的能力，故被称为剪力墙。在地震活跃的区域，侧向力主要受到水平地震作用的影响，剪力墙也因此常被称作抗震墙。

在剪力墙结构体系房屋中，剪力墙一般沿建筑物纵向、横向正交布置或沿多轴线斜交布置，它与水平向布置的楼盖结构组成一个具有很多竖向和水平向交叉横隔的空间结构，因而具有刚度大、整体性强、侧向位移小、抗震性能好等优点。因此，剪力墙结构体系适合在十几层到几十层的高层建筑中使用。

4. 框架 – 剪力墙结构体系

框架 – 剪力墙结构是一种融合了框架与剪力墙两种结构优点的建筑体系。在这种结构中，部分跨间布置了剪力墙，而部分原本的剪力墙被替换为框架承重。这样的设计使得建筑在保留了框架结构的灵活布置和便捷使用特点的同时，也拥有了剪力墙的强大抗侧刚度和优越的抗震性能。此外，这种结构还能充分发挥材料的强度潜力，展现出卓越的技术经济性能。

因此，框架 – 剪力墙结构在高层办公楼和旅馆建筑中得到了广泛应用。其适用范围广泛，10～40 层的高层建筑均可采用。当建筑高度较低时，仅需少量剪力墙即可满足抗侧刚度要求；建筑高度增加时，则需要增加剪力墙的数量，并通过精心设计的布局来确保整个结构具有出色的抗侧刚度和整体抗震性能。

5. 排架结构体系

对于单层的工业厂房，由于其生产特点和工艺布置要求，需要较大的跨度和净空，且主要生产活动在地面进行，此时可采用装配式排架结构体系。

（二）混凝土结构的构件体系

建筑结构的基本构件按位置和作用可分为水平构件、竖向构件和基础三类。水平构件包括梁、楼板等构件，其作用是承受竖向荷载，如构件自重、楼面（屋面）荷载。竖向构件包括墙、柱等构件。竖向构件的作用，一是支承水平构件（承担其力）；二是承受水平力作用，如风荷载、水平地震作用等。基础位于结构的最下部，其作用是承受上部结构传来的荷载，并经扩散后传给地基。根据上述基本构件受力状态的不同，可将混凝土构件分为混凝土受弯构件、混凝土受压构件、混凝土受拉构件和混凝土受扭构件四类。

1. 混凝土受弯构件

混凝土受弯构件包括楼板，主、次梁，楼梯的梯段梁、梯段板、平台梁和平台板，扩展式钢筋混凝土基础底板等构件。这类构件在外荷载作用下，产生弯曲变形、轴线挠曲、截面转动，梁截面内力有弯矩 M 和剪力 V，同时受弯和受剪；板内剪力较小，以承担弯矩为主。

2. 混凝土受压构件

混凝土受压构件包括墙（剪力墙）、柱、屋架上弦杆和受压腹杆等构件。受压构件分轴心受压构件和偏心受压构件两种。轴心受压构件截面上仅存在轴心压力 N，引起沿轴线方向的压缩变形。截面上压应力分布均匀，构件较短时属于强度问题；构件较长时需要考虑压杆稳定问题和纵向弯曲对承载力的影响。偏心受压构件又称为压弯构件。截面上承受轴心压力 N 和弯矩 M 的作用，构件产生沿轴线方向的压缩和弯曲两种变形。偏心受压构件可能全截面受压，也可能部分截面受压，部分截面受拉。截面上应力分布不均匀，偏心方向一侧的压应力大，边缘达到最大值，另一侧的压应力（或拉应力）小。偏心受压构件截面上还可能存在剪力 V，它和轴心压力 N、弯矩 M 一起使构件处于复杂应力状态，可引起斜截面开裂。

3. 混凝土受拉构件

混凝土受拉构件包括屋架中的受拉腹杆、下弦杆件，以及其他结构中设置的拉杆、墙梁中的钢筋混凝土托梁等构件，受拉构件分轴心受拉构件和偏心受拉构件两种。轴心受拉构件横截面上只存在轴心拉力 N，仅产生沿轴线方向的伸长变形。混凝土开裂前，截面上混凝土和钢筋各自均匀受力；受拉开裂后，混凝土退出工作，全部拉力将由钢筋承担。偏心受拉构件又称为拉弯构件。截面上承担轴心拉力 N 和弯矩 M 的作用，构件产生沿轴线方向的伸长和弯曲两种变形。偏心受拉构件可能全截面受拉，也可能部分截面受拉，部分截面受压。截面上应力分布不均匀，偏心方向一侧的拉应力大，边缘达到最大值，另一侧的拉应力（或压应力）小。同样，偏心受拉构件截面上也可能存在剪力 V，它将导致构件沿斜截面开裂或发生破坏。

4. 混凝土受扭构件

构件的横截面上存在扭矩 T 的构件，称之为受扭构件。混凝土受扭构件包括雨篷梁（挑檐梁）、框架结构的边梁等构件。纯扭构件在工程上很少见，往往以弯扭、剪扭、弯剪扭的受力方式出现，构件产生组合变形。构件横截面上同时存在正应力和剪应力，精确分析比较复杂。

四、水工混凝土结构的特点

水利工程是混凝土结构应用最广泛的领域，水工混凝土结构除具备常规土木工程领域中的特点外，还具有其特殊的特点：大体积及大尺寸；结构形式复杂；局部受力条件极为不利；温度－应力问题突出；与水密切相关；作用荷载复杂；安全性与耐久性要求更高；等等。混凝土坝等水工结构一般体积和尺寸都较大，混凝土生产系统复杂，浇筑强度大。例如，三峡工程的混凝土浇筑量达 2 800 万 m^3，最大年浇筑强度达 548 万 m^3，最大月浇筑强度达 55.4 万 m^3，最大日浇筑强度达 22 000 m^3。水工结构形式复杂，如各种孔口、廊道、牛腿、输水管道、蜗壳及外包混凝土、尾水管、闸墩等，形式多样，而且常常不能概化为梁杆等构件进行结构设计。

水工结构由于体积较大，内部大部分受力并不大，巨大的荷载往往集中到结构的局部，如坝踵、坝趾、牛腿、孔口周边、门槽、闸门支座和各种缝面等，这些部位应力量级相当高，受力条件十分不利。这些局部高应力集中区安全问题往往比一般杆梁结构更突出，是整个结构安全的控制点。由于体积大，而且常常直接浇筑在岩石地基上，混凝土温度－应力及温度控制要求高。水工结构设计时不仅要采用分缝分块浇筑，还要考虑一系列温控措施，才能保证混凝土施工质量，使分块结构最终能够成为整体。水工混凝土结构常常直接与水接触，承受水荷载，甚至需要在水下浇筑。防渗和排水是水工结构设计常常要考虑的问题。水工结构承受的荷载除常规外荷载外，还有水压力、扬压力、地震、地应力、水温和气温变化、浪压力等。而且荷载的随机性大，荷载组合复杂。水工结构尤其大型水坝，关系到下游广大人民的生命和财产安全，人们和社会对其安全和耐久性要求特别高。

第二节 混凝土结构的发展与应用

一、混凝土结构的发展

钢混凝土结构在土木工程中占据着举足轻重的地位，其应用范围极其广泛。无论是房屋建筑工程、桥梁工程，还是特种结构与高耸结构、水利和其他工程，几乎都有钢筋混凝土的身影。

（一）混凝土结构发展阶段

混凝土结构从 19 世纪中期开始采用，至今已有 100 多年，虽然与传统的砖、石结构相比其历史很短，但因其诸多优势而迅速发展。混凝土结构的发展大致可分为以下几个阶段。

1. 诞生期

1824 年英国发明家阿斯普丁（J. Aspdin）发明了波特兰水泥。1850 年，法国学者郎波（Lambot）开创了历史先河，他成功制作了第一艘钢筋混凝土小船。这一创新展示了钢筋混凝土在造船领域的潜在应用。仅仅 4 年后，1854 年，英国著名化学家威尔金森（W. B. Wilkinson）凭借其独特的发明获得了钢筋混凝土楼板的专利权，这一发明为建筑行业带来了革命性的变革。这两位先驱者的贡献为钢筋混凝土在土木工程中的广泛应用奠定了基础。1861 年法国学者蒙涅（J. Monier）利用水泥制作花盆，并在其中配置钢筋网以提高其强度，并于 1867 年获得了专利权，此后他又制作了钢筋混凝土板、管和拱等结构。至此，钢筋混凝土结构正式诞生。

2. 萌芽期

从混凝土结构出现至 19 世纪末 20 世纪初，仅 50 多年时间，由于工业发展，水泥、钢材的质量不断改进，混凝土结构的应用范围逐渐扩大，出现了混凝土梁、板、柱、拱和基础等一系列结构构件。1872 年，美国人沃德（W. E. Ward）在纽约市率先构建了首座钢筋混凝土结构的房屋。然而，在这一时期，混凝土与钢筋的强度相对有限，且关于混凝土结构的计算理论尚未形成。因此，设计师在进行结构设计时，主要依赖容许应力法进行计算。

3. 成长期

20 世纪初至 50 年代，混凝土结构进入快速发展时期，在生产、理论、试验、施工等诸多方面都取得了长足的进步，混凝土结构的应用更加广泛，出现了新的结构类型。1925 年，德国用钢筋混凝土建造了薄壳结构。1928 年，法国工程师弗列西内（Eugene Freyssinet）开创了一个新时代，他巧妙地结合了高强钢丝和混凝土，成功制造出了预应力混凝土构件。这一创新不仅展示了预应力混凝土的巨大潜力，更为建筑行业带来了新的可能性与挑战。在此阶段，混凝土结构的设计理论及标准也有了很大突破；1938 年，苏联学者提出了破损阶段设计理论，这一理论强调在结构设计中应以构件最终被破坏时的截面承载力为基准。基于这一理论，苏联制定了混凝土结构的设计标准及技术规范，为后来的建筑设计和施工提供了重要的指导和依据。

4. 成熟期

自 20 世纪 50 年代起，混凝土结构经历了飞速的发展，其在设计理论、生产流程以及施工技术等方面都得到了不断的优化与升级。苏联学者又在破损阶段设计理论的基础上提出了更为合理的极限状态设计理论，并在荷载与材料强度的评估中，逐渐引入和应用概率方法与统计分析。到了 20 世纪 70 年代，极限设计理论已在多个国家得到了广泛的采纳和实践。与此同时，随着材料强度的持续增强和混凝土性能的不断优化，钢筋混凝土及预应力混凝土结构的应用领域逐渐扩大，不仅应用于大跨度建筑，还广泛涉足高层建筑等领域。

（二）混凝土结构发展内容

混凝土结构材料、结构体系、结构设计理论以及结构性能的研究进展推动了混凝土结构的不断发展与完善。下面针对结构材料、结构体系、结构设计理论以及结构性能这 4 个方面做详细分析介绍。

1. 结构材料发展

随着社会的发展，在工业和民用领域，对工程结构的设计要求越来越高。为了满足社会不同方面日新月异的需求，人们对混凝土结构材料的性能提升进行了一系列的探索，主要分为 3 类：混凝土自身性能提升、钢筋混凝土中钢筋性能提升和混凝土组合结构性能提升，如图 1-3 所示。

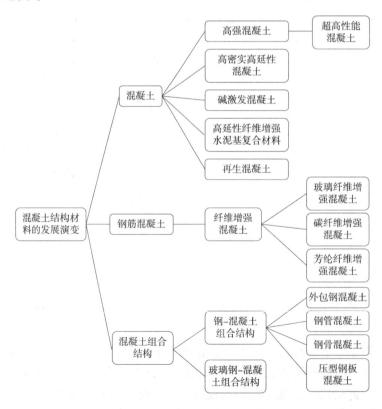

图 1-3　混凝土结构材料的发展演变

在混凝土自身性能提升方面，人们从高强混凝土出发，研制出一系列有着较高性能的混凝土或水泥基复合材料，如超高性能混凝土（ultra-high performance concrete, UHPC）、高密实高延性混凝土（high ductile fiber reinforced concrete, HDC）、碱激发混凝土和高延性纤维增强水泥基复合材料（engineered cementitious composite, ECC）等。除此之外，在我国，面对日益紧张的能源局势，也为了契合国家的"碳中和"战略需求，科学家们还对再生骨料混凝土（recycled aggregate concrete, RAC）这一领域进行了探索。

在钢筋混凝土中钢筋性能提升方面，为了改善钢筋容易锈蚀等缺点，采用不锈钢钢筋、耐蚀钢筋和环氧涂层钢筋，从钢筋材质或隔绝与空气/有害介质的接触方面保护钢筋不致生锈；也可采用纤维增强筋替换混凝土中的钢筋形成纤维增强筋混凝土（FRP 筋混凝土，纤维增强复合材料，fiber reinforced polymer/plastic, 简称 FRP），其中应用较为广泛的有玻璃纤维增强筋混凝土、碳纤维增强筋混凝土和芳纶纤维增强筋混凝土等。

在混凝土组合结构性能提升方面，针对钢－混凝土组合结构领域进行了一系列研究。其中较为典型的钢－混凝土组合构件形式有外包钢混凝土、钢管混凝土、钢骨混凝土和压型钢板混凝土等。此外，FRP－混凝土组合结构的研究领域也在不断发展。

（1）高性能混凝土

高性能混凝土是在高强混凝土的基础上发展而来的，而 UHPC、HDC、碱激发混凝土和 ECC 等都属于高性能混凝土的变种。随着水泥和混凝土外加剂等领域技术的发展，20世纪 60—80 年代，美国芝加哥地区高层建筑中柱的混凝土设计强度就从 50 MPa 提高到了110 MPa。我国从 20 世纪 80 年代末起，一大批学者对高性能混凝土展开了一系列的研究，认为高性能混凝土不能只追求高强度，要在高强度的同时，兼顾高耐久性、高工作性和绿色环保，认为高性能混凝土领域的研究应该朝着这个方向发展。尽快地发展并应用高性能混凝土，可以降低我国水泥和混凝土的用量，减少环境污染。

之后的 30 余年，许多学者推动了以我国高性能混凝土为代表的土木工程材料领域的技术发展并将这些高性能混凝土应用到我国的大型工程上。其中，最具代表性的超高性能混凝土材料为活性粉末混凝土（reactive powder concrete, RPC），最早由法国学者于 1993年提出，其主要由硅灰、水泥、细骨料及钢纤维等材料组成。在 UHPC 材料中，均匀分布的钢纤维显著地抑制了微裂缝的蔓延，从而赋予了材料卓越的韧性和延展性。由于具有紧密的微观构造，UHPC 表现出卓越的抗渗透、抗碳化、抗腐蚀以及抗冻融循环的能力。其耐久性可以超过 200 年，显著延长了混凝土结构的使用寿命。

20 世纪 70 年代，碱激发胶凝材料及混凝土成为研究热点。法国科学家成功研发了碱激发偏高岭土胶凝材料。这种新型材料相较于传统的硅酸盐水泥，展现出一系列卓越的性能优势。它具备快速凝结硬化的特点以及高强度和出色的耐久性，使得其在各种应用场景中表现出色。碱激发偏高岭土胶凝材料的收缩率较小，且具备优良的耐高温性能。此外，工业废渣也可用于碱激发胶凝材料的生产，大大提高了能源回收利用效率。但是，碱激发混凝土存在性能不稳定、和易性较差等缺点，要实现产业化应用，还有许多问题亟待解决。

近年来，工程结构的耐久性和可持续性越来越被重视，因此，关于 ECC 的研究也层出不穷。ECC 是由水泥净浆、砂浆或水泥混凝土作基材，以非连续的短纤维或连续的长纤维作增强材料组合而成的一种复合材料，具有很好的延展性及微裂缝宽度控制特性，故在增强结构的安全性、耐久性及可持续性方面，ECC 有很大的优势。

（2）再生混凝土

面对近年来日益紧张的能源局势，我国提出了"碳中和"的战略目标。考虑到土木工程行业的高碳排放，许多科学家在研究和推广再生混凝土这个领域进行了探索，力求为节能减排做出贡献。

再生骨料混凝土简称再生混凝土，是指将废弃混凝土块经过破碎、清洗与分级后，按一定的比例与级配混合形成再生混凝土骨料（recycled concrete aggregate, RCA），用再生混凝土骨料部分或全部代替砂石等天然骨料配制而成新的混凝土。[①]再生混凝土技术能够将废弃混凝土变废为宝，既能减轻处理废弃混凝土时对环境的污染，又能在一定程度上代替天然骨料，解决天然骨料日益短缺的问题，减少对自然资源和能源的消耗。但是，再生混凝土也有性能一般、耐久性较差等缺点。

再生混凝土具有显著的社会、经济和环境效益，符合可持续发展的要求，但因其缺点明显，还未能大规模应用于实际工程。所以仍需对再生混凝土进行一系列研究，解决当前的技术难点以谋求其产业化的实现。

（3）纤维增强筋混凝土

1942 年，FRP 首先在美国应用于航天工业。在美国，20 世纪五六十年代 FRP 作为结构材料开始被应用于工民建领域，但由于成本较高，应用规模很小。直至 80 年代，FRP 材料在土木工程领域的应用和研究才开始被重视起来。在我国，90 年代开始，为了解决钢筋混凝土中钢筋耐久性能不足的问题，科学家对采用 FRP 筋代替混凝土中的钢筋以谋求结构拥有更好的耐久性能进行了一系列的研究。

目前，工程结构中最常用的 FRP 材料主要为碳纤维（carbon fiber）、玻璃纤维（glass fiber）和芳纶纤维（aramid fiber）增强的树脂基体，分别简称为 CFRP、GFRP 和 AFRP。FRP 材料具有许多优点，其在力学上具有很高的比强度、比模量和很好的弹性性能，还具有传统结构材料不具备的较好的可设计性和加工性，同时又具有许多特殊的功能特性，如耐腐蚀性、GFRP 的绝缘性、CFRP 的导电性、较好的隔热性能、透电磁波性能等。因此当工程结构在需要同时满足承载要求和特殊功能特性时，FRP 材料具有不可替代的优势。

工程结构中，应用较为广泛的是 FRP 筋混凝土结构和 FRP 索。FRP 筋具备众多优势，包括轻质高强、抗腐蚀、低松弛、非磁性和出色的抗疲劳性能。在混凝土结构中应用 FRP 筋，能够有效防止锈蚀对结构造成的损害，从而降低结构在整个寿命周期内的维护成本。FRP 索在桥梁工程中发挥着重要作用，它不仅可以用作悬索桥的吊索和斜拉桥的斜拉索，还可以作为预应力混凝土桥中的预应力筋，展现出其多样化的应用潜力。需要注意的是，FRP 筋没有明显的屈服平台，导致了在其设计计算时与钢筋混凝土结构的差异性，而且 FRP 筋必须在工厂事先预制，所以在设计时需要加以考虑。

（4）混凝土组合结构

混凝土组合结构的雏形最早在 1894 年出现于美国，当时出于防火的需要在钢梁外面包混凝土，但并未考虑混凝土与钢的共同受力。20 世纪 20 年代，考虑组合受力的钢 – 混凝土组合梁出现。30 年代中期出现了钢梁和混凝土翼板之间的多种抗剪连接构造方法。

---

①吴春杨，潘志宏，马剑，等.非连续级配再生粗骨料自密实混凝土梁受力性能试验研究 [J].建筑结构，2017，47（15）：65–69，79.

60 年代后，出现了在钢管内填充混凝土的钢管混凝土结构。在我国，80 年代开始，一批科学家在钢 – 混凝土组合结构领域展开了一系列的研究。随着对混凝土组合结构的研究和应用的不断发展，近年来混凝土组合结构的类型也在不断扩大。其中，钢 – 混凝土组合结构已经大规模应用于工程结构，而 FRP– 混凝土组合结构等新型组合结构还处在研究阶段。

钢 – 混凝土组合结构兼具钢筋混凝土结构和钢结构的优点。相较于传统的钢筋混凝土结构，钢 – 混凝土组合结构具有显著优势。它能够显著降低结构本身的质量，从而减少由地震引起的力量影响。同时，这种结构形式还能有效减小构件的截面尺寸，使得工程结构内部的空间得到更为高效的利用。从经济角度考虑，钢 – 混凝土组合结构还能降低基础的造价，并省略了支模工序和模板的使用，从而缩短了施工周期。此外，这种结构在提高构件和整体结构的延性方面也有着出色表现。与钢结构相比，钢 – 混凝土组合结构通过减少钢材用量，不仅增大了结构的刚度，还提高了结构的稳定性以及整体性。更重要的是，这种结构形式显著增强了结构的抗火性以及耐久性，为建筑的长期安全使用提供了有力保障。所以说，钢 – 混凝土组合结构的应用推广是其结构优越性的必然结果。

近年来，FRP– 混凝土组合结构、钢 – 高性能混凝土组合结构、ECC– 钢筋混凝土组合结构、木 – 混凝土组合结构、竹 – 低聚物混凝土组合结构等新型材料组合结构层出不穷。虽然混凝土组合结构相较于传统结构形式有一定的优势，但是对组合结构而言，关于新型组合材料和最优组合共同受力形式的研究还需要进一步深入。

2. 结构体系发展

混凝土结构最初仅在简单的结构物，如拱和板等中得以应用。随着水泥和钢铁工业的飞速发展，混凝土和钢材的质量得到了显著提升，强度也不断增大。这些技术进步为混凝土结构的进一步拓展应用创造了有利条件，发展并形成了许多类型的结构形式与体系。特别是自 20 世纪 70 年代起，全球众多国家纷纷开始将高强度钢筋和高强度混凝土应用于大型跨度、重型负载以及高层建筑结构。这一转变不仅显著减轻了结构自重，还在节约钢材方面取得了显著成效，出现了大批超高层、高耸、大跨度、大空间的钢筋混凝土建筑。在超高层建筑方面，高度超过 100 m 的钢筋混凝土超高层建筑已不计其数，而亚洲与中国又成为世界超高层建筑最多的地区，例如，哈利法塔（阿联酋，828 m），上海中心大厦（中国，632 m），广州塔（中国，610 m），麦加皇家钟塔饭店（沙特阿拉伯，601 m），平安国际金融中心（中国，599 m），乐天世界大厦（韩国，555 m），世界贸易中心一号楼（美国，541 m），广州周大福金融中心（中国，530 m），天津周大福金融中心（中国，530 m），中国中信大厦（中国，528 m）。目前，中国在建的超高层建筑有武汉绿地中心（476 m）、高银金融 117 大厦（约 621 m）。上海中心大厦依靠 3 个相互连接的系统保持直立。第一个系统是 27 m×27 m 的钢筋混凝土芯柱，提供垂直支撑力。第二个是钢材料"超级柱"构成的一个环，围绕钢筋混凝土芯柱，通过钢承力支架与之相连。这些钢柱负责支撑大楼，抵御侧力。最后一个是每 14 层采用一个 2 层高的带状桁架，环抱整座大楼。

钢筋混凝土容易开裂这一缺陷，推动了预应力混凝土结构的诞生。随着高强度混凝土和钢材技术的不断进步，预应力混凝土结构的应用领域逐渐拓宽。除了常规的建筑结构改善，预应力混凝土还广泛应用于高层建筑、桥梁隧道、海洋工程、压力容器、飞机跑道和公路路面等多个领域。在一些特定场合，如原子能发电站的高温高压容器，预应力混凝土结构的运用成为确保安全的必要条件。而对于防腐蚀要求严格的海洋结构，如混凝土采油平台，预应力混凝土或钢筋混凝土的采用也是不可或缺的。

第二次世界大战结束后，国外的建筑工业化发展迅猛，逐渐从采用标准设计的定向工业化建筑体系，转变为使用多功能构件或仅少数几种构件（如梁板合一、墙柱合一的构件）就能建造各种房屋。这种转变凸显了建筑工业化在加速建设进程、降低建筑成本和保证施工质量等方面的巨大优势。在积极推动装配或钢筋混凝土结构体系的同时，一些国家还融合了工具式模板、机械化现浇与预制技术，形成了装配整体式钢筋混凝土结构体系。

随着人们对混凝土结构研究的深入，不同用途、不同功能的结构体系相继出现，钢板与混凝土、钢板与钢筋混凝土、型钢与混凝土组成的钢与混凝土组合结构迅速发展，组合楼盖广泛用于楼盖、桥梁结构，型钢混凝土梁、柱以及钢管混凝土柱也大量用于超高层建筑。这些高性能新型组合结构具有充分利用材料强度、较好地适应变形、施工较简单等特点，从而大大提高了钢筋混凝土结构的应用范围，使得大跨度结构、高层建筑、高耸结构和具备某些特殊功能的钢筋混凝土结构的建造成为可能。表1-1所示为世界各地以混凝土作为主要建筑材料的典型建筑结构。

表 1-1　以混凝土作为主要建筑材料的典型建筑结构

建筑	所在地	类型	结构	关键几何参数	建成时间
帝国大厦	美国纽约	高层建筑	钢筋混凝土结构	高度：448.7 m 建筑面积：20.4 万 m²	1931 年
吉隆坡石油双塔	马来西亚吉隆坡		钢混组合结构	高度：452 m 建筑面积：28.95 万 m²	1996 年
香港中国银行大厦	中国香港		钢混组合结构	高度：367.4 m 建筑面积：13.5 万 m²	1990 年
台北 101 大楼	中国台湾		钢混组合结构	高度：508 m 建筑面积：39.8 万 m²	2003 年
麦加皇家钟塔饭店	沙特阿拉伯麦加		钢筋混凝土结构	高度：601 m 建筑面积：150 万 m²	2011 年
上海中心大厦	中国上海		钢混组合结构	高度：632 m 建筑面积：15 万 m²	2016 年
罗马小体育馆	意大利罗马	大跨度空间结构	钢筋混凝土结构	跨度：59 m	1957 年
巴黎国家工业与技术中心陈列大厅	法国巴黎			跨度：218 m	1959 年

建筑	所在地	类型	结构	关键几何参数	建成时间
法赫德国王大桥	巴林湾	桥梁	钢筋混凝土结构	长度：25 000 m	1986 年
杭州湾跨海大桥	中国浙江	桥梁		长度：36 000 m	2008 年
港珠澳大桥	中国	桥隧		全长：55 000 m 主桥：29 600 m 宽度：33.1 m	2017 年
胡佛水坝	美国科罗拉多河	水利工程		最大坝高：111 m 长度：379 m 坝顶宽：13.6 m 坝底宽：202 m	1936 年
三峡大坝	中国湖北宜昌三斗坪			最大坝高：181 m 长度：2 309 m 坝顶宽：15 m 坝底宽：124 m	2006 年
英吉利海峡海底隧道	英吉利海峡	隧道	钢混组合结构	断面直径：7.6 m 长度：51 000 m	1994 年
青函隧道	日本			断面高：9 m 断面宽：11.9 m 长度：53 850 m	1988 年
乌鞘岭隧道	中国			断面高：10.1 m 断面宽：7.2 m 长度：20 050 m	2006 年
马拉帕亚平台	菲律宾苏比克湾	石油平台	混凝土重力型平台	长度：99 m 宽度：80 m 塔柱高：59 m	2000 年

3. 结构设计理论发展

随着时代的进步，混凝土结构设计理论经历了显著的发展。从早期的以弹性理论为指导的允许应力法，到中期考虑材料塑性的破坏阶段设计法，再到当前以概率理论为基础的极限状态设计法，这一演变过程体现了设计理论从简单到复杂、从确定到概率的转变。每一步的发展都为混凝土结构设计的精确性和可靠性提供了更为坚实的理论基础。随着计算机技术的发展，钢筋混凝土结构分析中引入了数值方法，结构受力性能已发展到采用非线性有限元分析，钢筋混凝土构件在复合受力和反复荷载作用情况下的计算理论正朝着从受力机理角度建立统一计算模式的方向发展，在混凝土构件的计算中，已经开始采用一种全过程分析方法，这种方法综合考虑了构件的强度、变形和延性。此外，计算范围也从单个构件的层次扩展到了整个结构的空间工作分析。这使得混凝土的计算理论和设计方法正日趋完善，向着更高水平发展。

在水泥化学、材料力学、细观力学、断裂力学等多学科发展的带动与促进下，混凝土材料组分与配比、水化过程、钢筋混凝土力学性能、混凝土裂缝形成与扩展理论、混凝土和钢筋黏结理论、混凝土结构在设计和使用期间的评价、结构的风险估计以及混凝土结构耐久性理论研究等方面不断取得新的研究成果，研究范围涵盖从混凝土结构原材料生成到结构消失的全寿命过程的各个方面。

在结构计算方面，随着对混凝土结构本构关系、破坏准则、钢筋与混凝土相互作用、裂缝处理、材料时效特性分析等方面的研究，混凝土结构分析已由原来的弹性分析扩展到从加荷开始直至破坏的全过程弹塑性分析。结构分析的尺度已经从单一的构件计算分析逐步拓展到对整个空间结构的全面分析。这种分析方法不仅局限于结构的骨架，还深入探讨了上部结构与其相关部分（如地基基础、填充墙等）之间的相互作用和协同工作。考虑到混凝土结构的特点，在结构计算分析中已出现了多种有限元模型，如分离式模型、组合式模型、整体式模型、有限区法模型等，有力地促进了混凝土结构的力学性能数值模拟的发展。

在设计理论的发展历程中，起初是通过简单的估算来进行设计的，发展到 20 世纪初的容许应力法，随后又在 40 年代演进为根据破损阶段进行的计算法。自 50 年代起，设计理论迎来了革命性的变革，极限状态设计法开始被广泛应用。而目前，通过运用基于概率论与数理统计的可靠度理论，钢筋混凝土的极限状态设计方法得到了进一步的完善和提升。随着试验和测试技术与计算手段的提高，钢筋混凝土的设计理论日趋完善，并向更高阶段发展。1971 年，欧洲混凝土委员会（CEB）携手另外五个国际组织，共同成立了国际结构安全性联合委员会（CJCSS）。这一重要举措为国际紧密合作铺平了道路。经过五年的共同努力，这些组织于 1976 年成功编制了"结构统一标准规范的国际体系"，该体系主要依据近似概率极限状态设计方法，为结构设计提供了统一且高效的指导标准。1975 年，加拿大率先在结构设计规范中采用了可靠度理论。

1984 年，中国制定并出台了建筑结构设计的统一标准，即《建筑结构设计统一标准》（GBJ 68—84）。这一标准的制定，旨在解决不同材料建筑结构可靠度设计方法的合理性和统一性问题。其中明确规定，我国各类建筑结构设计规范均须统一采用以概率理论为基础的极限状态设计方法，2001 年修订形成了《建筑结构可靠度设计统一标准》（GB 50068—2001），2018 年根据对建筑结构可靠性的认识和对结构全寿命性能的认识重新修订为《建筑结构可靠性设计统一标准》（GB 50068—2018，简称《统一标准》）。为配合 GBJ 68—84 的执行，1989 年颁布的《混凝土结构设计规范》（GBJ 10—89，简称《设计规范》）使我国混凝土结构设计规范提高到了一个新的水平，并在 2002 年、2010 年和 2015 年进行了三次修订。在 2010 年版 /2015 年版的《设计规范》中新增加了结构分析的内容，可以根据结构类型、构件布置、材料性能和受力特点等选择下列方法：线弹性分析方法，考虑塑性内力重分布的分析方法，塑性极限分析方法，非线性分析方法以及试验分析方法，有力地推动了新材料、新工艺、新结构的应用，使混凝土结构不断发展，不停演进，达到新的水平。

4.结构性能的发展

灾害是对建筑结构安全和可靠性的严峻考验，也是推动结构性能发展的重要因素。在灾害面前，建筑结构需要具备较强的抗爆性、抗震性和防火性能等，以最大限度地保护人民的生命财产安全。因此，对结构性能的研究和发展在灾害预防和应对中具有重要的意义。

随着人类社会的发展，人们对于灾害的认知越来越深刻，也对灾害越来越重视。灾害可以分为自然灾害和人为灾害，这两种灾害的影响都是巨大的。以自然灾害为例，自然灾害往往会带来巨大的经济损失，严重制约着国民经济的持续发展。根据中国国家统计局、民政部、应急管理部等官方机构发布的灾害统计报告计算，我国 1949 年以来的灾害损失约占国内生产总值（GDP）的 5.09%，占我国财政收入的 27%。近年来，我国每年因灾害造成的直接经济损失占 GDP 的 3%～5%。除此之外，我国 70% 以上的大城市，半数以上的人口，75% 以上的工农业产值位于灾害频发区。可见，自然灾害严重地威胁着人民的生命和财产安全，也严重制约着国民经济和社会的可持续发展。

随着世界人口的不断增长，经济的不断发展，人类所面对的防灾减灾的形势日趋严峻。由于可发展区域的不足，人类正不断向自然条件较为恶劣且面临灾害风险更大的区域进发，所以灾害发生的危险性随着社会的发展呈现出不断增长的趋势。虽然人们在对灾害的研究方面投入了巨大的精力和财力，但目前人类所掌握的知识和技术还不能完全达到防灾减灾的目标。近几十年来，为了使混凝土结构达到防灾减灾的目标，科学家们在结构设计、结构材料和结构体系等领域展开了一系列的研究和探索，使得混凝土结构面对多灾害时的防灾减灾能力得到了不小的提升。

在工程结构领域，主要面对的灾害有地震、火灾、爆炸和环境与材料时变等。近年来，应对这些灾害的结构防灾减灾措施也在迅速发展。以结构抗震领域为例，过去几十年中，基于性能的结构抗震设计方法逐渐发展成熟。此外，还发展出了隔震技术，消能减震技术，主动、半主动和智能结构振动控制技术等。在混凝土结构材料方面，活性粉末混凝土、FRP 筋混凝土、钢 - 混凝土组合结构等结构材料的研究与应用也促进了混凝土结构防灾减灾性能的提升。

（1）混凝土结构抗震与耐震

关于混凝土结构抗震领域的发展，主要体现在结构的抗震设计方法、抗震材料和抗震体系 3 个方面。

20 世纪 90 年代，美国工程界提出了基于性能的抗震设计（performance-based seismic design, PBSD）方法。过去几十年中，在混凝土结构抗震领域，基于性能的抗震设计方法逐渐成熟并被大规模使用。PBSD 理念是对传统抗震设计理念的改进和完善。PBSD 策略的核心在于对结构抗震性能的深度分析。这种方法首先依据设计标准的差异，对抗震性能进行层级划分。随后，设定明确且合理的抗震性能目标，并采用适当的结构抗震措施。这样做的目的是，在各种地震强度下，都能将结构的潜在损害控制在预期的经济损失范围内。最后，通过全面评估项目的全寿命周期成本，力求在保障结构安全性的同时，实现经济效益的最大化。

PBSD 方法主要有承载力设计方法、基于位移的设计方法和能量设计方法。其中，承载力设计方法已被普遍采用，是最主要的设计方法。而基于位移的抗震设计方法可分为直接基于位移的设计方法、延性系数设计法和能力谱法。当考虑结构耗能时，采用能量设计方法较为合适。

多年来，各国普遍遵循的抗震设计规范——"小震不坏、中震可修、大震不倒"的设防水准，虽已隐含了多重性能指标，但在评估结构抗震能力与需求时，依然存在不确定性。大多数抗震设计规范侧重于安全目标，即在大地震发生时，首要保障人的生命安全，对适用性目标、耐久性目标等的考虑还不完善。

在抗震材料方面，随着混凝土结构材料的飞速发展，高性能混凝土、FRP 筋混凝土和钢－混凝土组合结构的出现使得抗震材料的选择变得多种多样。

对于高性能混凝土，以 RPC 为例，RPC 可以大大提高混凝土结构的抗震性能，RPC 因其高强度和高性能，能够减轻结构的自重，进而使结构所承受的地震惯性力大大降低以达到抗震的效果。另外，RPC 的高强度使得结构构件的截面尺寸变小、柔性增大，结构的变形能力增强，从而使得结构的耗能减震能力得到提高。除此之外，RPC 的抗剪强度较高，也利于混凝土结构的抗震设计。

对于 FRP 筋混凝土结构，以 CFRP 筋混凝土为例，因其轻质高强，可以减轻结构的自重，进而减轻地震惯性力以达到抗震效果。除此之外，CFRP 筋混凝土结构的自振频率很高，可避免结构早期共振，且内阻很大，发生激振时衰减较快，故 CFRP 筋混凝土结构的减震和抗震性能较为优越。

对于钢－混凝土组合结构，其可以减轻结构自重，减小结构受到的地震作用，增加构件和结构的延性，故抗震性能较好。但是，针对钢－混凝土组合结构抗震性能的评价理论和设计方法还需要进一步的研究。

在抗震体系方面，较为常见的有隔震体系、消能减震体系和可恢复功能结构。现代结构隔震技术于 20 世纪 60 年代出现。1994 年美国洛杉矶北岭地震和 1995 年日本阪神地震中，采用隔震技术的建筑展现出了卓越的减震和抗震性能，引起了世界各国对隔震技术的广泛关注和积极推广。隔震体系是一种特殊的结构体系，通过在结构底部或某层间设置隔震层来实现减震和抗震，该隔震层由隔震装置组成。这个体系主要由上部结构、隔震层和下部结构三部分构成。在实际应用中，常用的隔震装置包括叠层橡胶隔震支座、滑动摩擦装置、滚动隔震装置、钢筋－沥青隔震层以及砂垫隔震层等。这些装置在隔震体系中发挥着关键作用，有效提高了建筑结构的抗震性能。当发生地震时，上部结构在柔性隔震层上，只作缓慢的水平整体平动，起到隔震的作用。结构采用隔震体系时的地震反应仅为传统结构地震反应的 1/8～1/4，所以采用隔震体系的结构抗震安全性很高。隔震体系可以同时保护建筑结构中结构构件和非结构构件的安全，适用于生命线工程的抗震。此外，隔震结构在地震时上部结构保持弹性，结构在地震中不损坏，震后的修复工作也相对更简单方便。

20 世纪 70 年代初，美国科学家提出了消能减震的概念。80 年代，一些科学家在结构消能减震领域进行了一系列的研究。消能减震体系是把结构的某些非承重构件设计成消能构件，或在结构的节点或连接处安装耗能装置，在中强震发生时，随着结构受力和变形的增大，这些消能构件和阻尼器先于主体结构进入非弹性变形状态，产生较大的阻尼，消耗输入结构的地震能量并迅速衰减结构的地震反应，从而避免主体结构在地震中遭受明显破坏。其中，常用的消能构件有屈曲约束支撑和阻尼填充墙等，常用的耗能装置有黏滞阻尼器、黏弹性阻尼器、摩擦阻尼器、金属阻尼器、调谐质量阻尼器、调谐液体阻尼器等。据统计，消能减震体系可衰减 20%～50% 的结构受到的地震反应，故消能减震体系是较为安全可靠的。此外，消能构件和阻尼器易于更换，利于结构的震后修复，适用于需要快速恢复使用的重要工程。

近年来，随着对抗震设计理念的深入研究，可恢复功能结构的概念逐渐受到关注。这种结构的主要特点是在地震后无需或仅需进行简单的修复，便可迅速恢复其使用功能。常见的可恢复功能结构类型包括可更换构件结构、自复位结构和摇摆结构。从摇摆结构和自复位结构的基本原理来看，放松结构与基础交界面处或结构构件间交界面处的约束，使该界面仅有受压能力而无受拉能力，进而结构在地震作用下发生摇摆而结构本身并没有太大弯曲变形，最终恢复到原有位置时没有永久残余变形，这样的结构被称为自由摇摆结构；对自由摇摆结构施加预应力以保证其结构体系稳定的结构称为受控摇摆结构。如果放松约束的结构在地震作用下首先发生一定的弯曲变形，超过一定限值后发生摇摆，通过预应力使结构恢复到原有位置，这样的结构则称为自复位结构。可见，自复位结构是摇摆结构和传统结构之间的中间形式。可恢复功能结构可以做到在大幅度消能减震的同时使结构迅速恢复其使用功能，有非常大的应用价值。但是，针对自复位结构和摇摆结构的设计方法还未完全明确，需要建立一套有实用意义的设计方法来推广可恢复功能结构。

（2）混凝土结构抗火

火灾属于高频灾种，对人民生产生活的危害很大。混凝土结构在火灾发生后，建筑室内温度在 30 min 内可达 800～1 200 ℃，在高温下结构往往因承载力和刚度降低而发生倒塌。

19 世纪末，国外就有关于火灾和混凝土结构抗火性能的研究。而在我国，1965 年前后，一批公安部直属消防研究所建立起来。20 世纪 80 年代以来，人们在混凝土结构抗火研究领域投入了巨大的精力，取得了不小的进展，其中，主要研究的方向有混凝土结构抗火设计方法和混凝土结构抗火性能提升方法。

在混凝土结构的抗火设计策略上，存在三种主要方法：试验基础、计算基础和性能基础。其中，试验基础和计算基础的设计方法均依赖构件的关键性、火灾特性以及结构功能等参数，对照相应的设计规范或表格来确定所需的抗火性能。需要强调的是，试验基础的抗火设计依赖标准火灾试验来评估构件的耐火能力，虽然这种方法在工程实践中易于应用，但它未全面考虑火灾环境下构件的承载能力，并且在确定耐火等级时可能忽略了关键因素，同时试验成本也相对较高。基于计算的抗火设计方法通过理论或数值分析计算确定构件的抗火能力，这种设计方法虽然考虑了高温下构件的力学性能，但其研究对象一般为混凝土梁、板、柱等构件，缺乏涉及结构体系的研究。而基于性能的抗火设计方法根据结构的安全性等性能指标确定抗火需求，同时根据结构的性能、环境因素和可燃物性质等确定结构的抗火能力，相较于前两种传统设计方法更加合理、科学。但是，目前还没有国家完全采用基于性能的抗火设计规范，故针对基于性能的抗火设计方法仍需要进一步的研究。

在混凝土结构抗火性能的提升方法方面，可分为材料和构造两个层面。在材料层面，可采用纤维增强混凝土来提高混凝土结构的抗火性能。例如，聚丙烯纤维可以提高混凝土的抗爆裂性能，钢纤维可以提高混凝土结构在受高温后的剩余承载能力。在构造层面，提升混凝土结构的抗火能力主要通过以下三种方法实现：一是适度增加保护层的厚度，二是适当增大构件的截面尺寸，三是涂抹防火涂层。值得注意的是，在特定范围内，适度地增大构件的截面尺寸和保护层的厚度能够有效提升结构的耐火极限。然而，过度增大构件的截面尺寸和保护层的厚度可能会导致结构承载力的下降，并且在高温环境下，混凝土结构更易发生开裂。因此，应结合实际情况确定混凝土结构的构造形式。

在混凝土结构抗火领域，对于高温下结构构件温度传递与内力重分布的规律、火灾与其他灾害多灾害耦合作用下对结构的损伤和灾变机制均尚不明确，需要进一步的深入研究。

（3）混凝土结构抗爆

在军用建筑领域，关于结构抗爆的加固与防护早有研究。但是，在民用建筑领域，发生"9·11"事件后，民用建筑结构抗爆的重要性才逐渐引起国内外学者的重视。近年来，在结构抗爆领域进行了一系列的研究，其中主要的研究方向有混凝土结构抗爆设计方法和混凝土结构抗爆加固与防护方法。

在混凝土结构抗爆设计方法方面，主要考虑采用基于性能的结构抗爆设计方法。虽然在抗震设计领域，基于性能的设计方法已经非常成熟，但是在抗爆领域，基于性能的设计方法还有许多问题亟待解决，如爆炸条件下结构构件的性能水平划分、性能目标和具体的抗爆设计计算方法都还需要进一步的深入研究。

在混凝土结构抗爆加固与防护方面，可以分为复合材料、缓冲材料和刚性材料的加固与防护。其中，复合材料的加固与防护就是采用纤维增强材料对钢筋混凝土结构进行外部加固，或者采用纤维增强筋混凝土结构来改善结构在爆炸后的动力响应，从而提高混凝土结构的抗爆性能。对于缓冲材料加固，也就是利用橡胶混凝土中橡胶颗粒的缓冲消能性质来抵消爆炸时的能量。对于刚性材料加固，则是对混凝土结构采用如粘贴钢板等加固方法以提高一定的抗爆效果。

在混凝土结构抗爆领域，抗爆设计方法和抗爆加固与防护方法离成熟和可靠还有一定的距离，仍有许多问题需要解决，需要进一步的研究和完善。

（4）混凝土结构抗环境与材料时变影响

对于混凝土结构抗环境与材料时变影响的研究，也就是对于混凝土结构全寿命周期内耐久性提升的研究。恶劣的环境会加速混凝土结构的劣化，常见的恶劣环境有腐蚀环境和冻融循环环境等。对于混凝土结构抗环境与材料时变影响的方法，可以从混凝土结构全寿命周期设计方法、高耐久性混凝土和合理的监测维护三方面来考虑。

传统的结构设计方法应用广泛，但是传统方法主要考虑结构初建性能满足要求，对于结构全寿命周期内耐久性能随时间劣化的综合考虑有所欠缺。20世纪中后期，随着欧美国家建设高峰期的出现，大量采用传统的结构设计方法的建筑物在服役期中慢慢暴露出了许多耐久性不足的问题并引起国外科学家的重视。

20世纪末，许多科学家投入结构耐久性领域的研究中，采用结构全寿命周期设计方法来考虑结构在全寿命周期内的耐久性。结构全寿命周期设计方法以结构"设计—建造—使用—维护—修复—加固—拆除—再利用"的全寿命周期为研究对象，针对不同服役环境、受力状态、设计使用年限开展材料与结构的时变性能研究，把握工程结构劣化机理，提出提高工程结构耐久性对策。[①]

---

① 金伟良，牛荻涛. 工程结构耐久性与全寿命设计理论 [J]. 工程力学，2011，28（增刊2）：31-37.

此外，全寿命周期设计方法将设计指标分为可靠性指标（安全性、耐久性、适用性指标）和可持续性指标（经济、环境、社会指标），从而能够在工程结构的可靠性与可持续性之间寻求平衡，在提高混凝土结构全寿命周期内耐久性的同时提高建筑的可持续性，使建筑满足一定的社会友好属性。

在高耐久性混凝土方面，主要考虑到腐蚀和冻融循环环境，采用了如 FRP 筋混凝土、环氧涂层钢筋混凝土、抗渗混凝土、抗冻混凝土等应对恶劣环境作用的混凝土。其中，FRP 筋和环氧涂层钢筋都具有较好的抗腐蚀性，可以使得长期处于腐蚀环境下的结构保持良好的性能。此外，为了提高混凝土结构在腐蚀环境下的耐久性能，还可以采用降低混凝土水胶比、内掺矿物掺合料、内掺混凝土防腐阻锈剂、采用抗硫酸盐水泥来替代普通硅酸盐水泥等措施。抗渗混凝土和抗冻混凝土都通过采用外加剂改善混凝土内的孔隙结构以提高混凝土的抗渗性和抗冻性，从而提高混凝土结构在腐蚀和冻融循环环境下的耐久性能。

除此之外，还有在绿色高性能混凝土、高性能膨胀混凝土、混杂纤维增强混凝土的基础上开发的绿色高耐久性混凝土。这种绿色高耐久性混凝土既具有高耐久性（高抗渗性、抗冻性及抗腐蚀性）、高工作性和经济适用性，又具有保护环境、节约能源、有益于社会可持续发展的优越性能，值得进一步研究论证与推广。

要做到混凝土结构全寿命周期内耐久性的提升，合理的健康监测与定期的维护是必不可少的。混凝土结构面临的材料时变劣化有麻面、露筋、孔洞、裂缝、钢筋锈蚀等，其中钢筋锈蚀是影响混凝土结构受力性能最主要的方面。因此，大多数维护手段都是针对钢筋除锈进行的。传统的修复方法主要是凿除已劣化的保护层，对钢筋进行除锈防锈处理。对严重锈蚀的钢筋，进行旁焊补强或更换，然后对锈蚀的钢筋做除锈及阻锈处理，再使用环丙砂浆、丙乳砂浆等进行填补。但是，传统的修复方法难以满足维护后长期的耐久性要求。

因此，科学家们提出了电化学修复方法并进行了研究，如阴极保护法、电化学再碱化法、电沉积修复法、电化学除氯法和电渗阻锈法。对于大多数混凝土结构，电化学修复方法可长期可靠地抑制钢筋的锈蚀，大大降低全寿命周期内的维护成本。近年来，一些学者在结合电迁移型阻锈剂和电化学除氯技术特点的基础上提出了一种新型的混凝土耐久性提升方法，即双向电渗修复法。需要注意的是，双向电渗必须考虑电化学除氯与电迁阻锈剂的耦合作用，合理化相应的双向电渗影响参数，才能得到良好的阻锈效果，从而提升混凝土维护后的长期性能。

在混凝土结构抗环境与材料时变影响领域，虽然已经有许多试验和理论成果，但是各国都缺少统一的规范指引，也缺乏大规模的工程应用论证。所以，应该尽早将全寿命周期设计方法引入规范作为理论指引，并结合高耐久性混凝土和新型监测维护技术的应用，使得在未来实际工程中，混凝土结构的全寿命周期耐久性能够提升到一个新的水平。

二、混凝土结构的应用

（一）混凝土应用取得的成绩

新中国成立后我国经历了两个发展时期：第一个发展时期 1949—1978 年是快速发展时期，这一时期我国建设了大量的基础设施，使用混凝土修建了大量建筑、桥梁和隧道；

第二个时期是 1978 年改革开放至今，我国经过了混凝土结构的高速发展时期，这个时期随着我国现代化水平的提高，混凝土逐渐走向高强度和高性能，钢材逐渐走向高强度和高延性，我国陆续建造大量混凝土结构超级工程，使我国逐渐成为世界上混凝土结构的强国。

1. 创建了完备的混凝土结构理论体系

新中国成立之初，我国混凝土结构理论以引进消化吸收为主，20 世纪 50 年代初期，钢筋混凝土的计算理论，由按弹性方法的允许应力的计算法过渡到考虑材料塑性的按破损阶段设计法。60 年代开始，我国对混凝土结构开始系统研究，随着科学研究的深入和经验的积累，于 1966 年颁布了按多系数极限状态计算的设计规范《钢筋混凝土结构设计规范》（BJG 21—66）。1970 年起又提出了单一安全系数极限状态设计法，并于 1974 年正式颁布了《钢筋混凝土结构设计规范》（TJ 10—74）。改革开放以后，我国开始对混凝土结构进行大规模、高水平的科学研究，在研究成果和经验积累的基础上，1991 年我国又颁布了近似全概率的可靠度极限状态设计法国家规范《建筑抗震设计规范》（GBJ 11—89），经过应用实践和地震等灾害的考验验证，2001 年又颁布全面修订后的《混凝土结构设计规范》（GB 50010—2001）。2008 年"5·12"汶川地震之后，总结了震害经验，在提高结构设计安全度、耐久性和材料强度的基础上，再次完善了全概率的极限状态设计方法和构造要求。2010 年又颁布了《混凝土结构设计规范》（GB 50010—2010），并于 2015 年进行了一次小修；随着技术的发展、材料强度的提高和对耐久性设计的新认识，2020 年再次对该规范进行了一次小修。其最新版规范发布于 2024 年 4 月 24 日，标准名称修改为《混凝土结构设计标准》，标准编号修改为 GB/T 50010—2010。总体来说，我国混凝土结构的理论研究和应用水平处在世界前列。

2. 混凝土结构设计及应用处于世界领先水平

美国地质勘探局的统计数据显示，2019 年全球水泥产量为 41 亿吨，中国水泥产量为 23.5 亿吨，占世界水泥总产量的 57.32%。2019 年全球粗钢产量达到 18.699 亿吨，中国的粗钢产量为 9.963 亿吨，占全球粗钢产量 53.3%，其中建筑行业钢材消费量约 4.86 亿吨。目前，我国混凝土结构在各种结构中占比超过 70%，超过世界 50%。整理相关行业报告发现，2019 年，我国商品混凝土总产量为 27.38 亿 m³，混凝土用量超过 75 亿 m³，占世界混凝土结构总量超过 60%；2021 年我国商品混凝土总产量为 30.6 亿 m³，较上一年同比增长 5.53%；2022 年我国商品混凝土产量达到 32.93 亿 m³，同比增长 15.83%，年均复合增长速度为 12.3%。自 2019 年以来，我国商品混凝土产量快速增长，成为世界混凝土结构的大国和强国。

当今我国的基本建设已进入高速发展阶段，重大基础工程规模空前，高速公路和高速铁路建设加快，城市地下铁路和管廊工程大面积铺开，城镇化高速推进，水电工程建设高速发展，为混凝土结构大量使用创造了条件。大量的混凝土结构超级工程出现在中华大地上。跨越大江、大河、深谷、海峡的大跨与超大跨桥梁工程建设正遍及全国各省。我国在建桥梁总量已达世界的 50%，很多桥梁技术指标已达世界先进水平，如杭州湾大桥（长度达 36 km）、胶州湾大桥、港珠澳大桥都属超级混凝土结构工程。目前，我国大量的地铁线路正在建设，另外，还有数百个城市正在建设地下管廊和城市地下工程，这些无一例外都是混凝土结构。这些超大型工程的发展无一不与混凝土材料息息相关，并对混凝土提出了高强度、高韧性、高流动性、高耐久性等更新、更高的要求。

目前，我国的基本建设工程在整个国民经济中不仅占有极大的比例，而且起着火车头一般的牵引作用。世界上的财富大部分由建筑物及构筑物组成。在我国，基本建设工程也是国家的主要财富。我国"嫦娥一号"的全部研制费用仅仅是 $2\sim3\,km$ 地铁的建设费。由于混凝土是基本建设工程的主体，混凝土在国家总财富中占有相当大的部分，因此，怎样把现代混凝土从应用技术提高到科学的境地，从而提高现代混凝土安全服役年限，是国家急需解决的重大理论课题，也是实现国家可持续发展的关键和重大工程建设的重中之重。[①]

（二）混凝土结构的应用领域

混凝土结构广泛应用于土木工程的各个领域，其主要应用情况如下。

1. 建筑工程

建筑结构就是房屋的骨架系统。它除了承担房屋自身重力以外，还要承受楼面（屋面）的使用可变荷载（活荷载），抵御风荷载，抵抗地震作用等。混凝土建筑结构的结构形式有排架结构、框架结构、剪力墙结构、框架－剪力墙结构和筒体结构等。

（1）排架结构

混凝土排架结构多用于单层工业厂房，结构体系由排架柱、屋架或屋面大梁、基础、各种支撑等组成。其中排架柱为预制钢筋混凝土构件；屋架或屋面大梁通常为预制预应力混凝土构件；大型屋面板也为预制预应力混凝土板；基础为现浇杯形基础。

排架柱和屋面横梁或屋架构成平面排架，其中屋面横梁或屋架在柱顶处铰接，柱脚与基础顶面固接。排架结构承受竖向荷载和水平风荷载、水平地震作用等。各榀排架由屋盖支撑和柱间支撑连接形成空间结构，保证结构构件在安装和使用阶段的稳定性和安全性。

（2）框架结构

框架结构为梁和柱通过刚性连接组成的刚架，柱脚与基础固接。框架结构要承受楼盖（屋盖）传来的竖向荷载，也要承受水平风荷载、水平地震作用。钢筋混凝土框架结构通常采用整体现浇的方法建造，整体性和刚度都较高。

框架结构建筑平面布置灵活，施工简便，可以形成较大的使用空间，适应性强，在多层和高层建筑中应用较广泛。但因其侧向刚度较小，在水平荷载或水平地震作用下，侧向变形较大，因此限制了其适用高度。根据《高层建筑混凝土结构技术规程》（JGJ3—2010）中的规定，非抗震设计中，框架结构的最大适用高度为 $70\,m$；抗震设计中，设防烈度为 6 度、7 度、8 度和 9 度时，其最大适用高度分别为 $60\,m$、$50\,m$、$40\,m$ 和 $24\,m$。

（3）剪力墙结构

结构中布置的钢筋混凝土墙体具有较高的承受侧向力（水平剪力）的能力，这种墙体称为剪力墙。利用剪力墙承担竖向荷载、抵抗水平荷载和水平地震作用的结构称为剪力墙结构。剪力墙具有双重功能，既是承重构件，又是分隔、维护构件。剪力墙的空间整体性强，侧向刚度大，侧移小，有利于抗震，故又称为抗震墙。剪力墙结构的适用范围很大，常见于十几层到三十几层的高层建筑，更高的高层建筑也适用。非抗震设计时，可建造的高度为 $130\sim150\,m$。

---

① 李宗津，孙伟，潘金龙. 现代混凝土的研究进展 [J]. 中国材料进展，2009，28（11）：1–7，53.

剪力墙的间距不大，平面布置不灵活，通常用于旅馆、办公楼、住宅等小开间建筑。另外，剪力墙结构自重较大，施工较麻烦，造价较高。

（4）框架－剪力墙结构

在框架结构中增设部分剪力墙，形成的结构体系称为框架－剪力墙结构。它同时兼具框架和剪力墙的优点，既能形成较大的空间，又具有较好的抵抗水平荷载的能力，因而在实际工程中应用较为广泛。20 层左右的高层建筑通常采用框架－剪力墙结构。

（5）筒体结构

筒体结构是一种空间筒状结构，整体性强、空间刚度大，适合于修建超高层建筑。筒体的形成有三种方式，即由剪力墙围成实腹筒、由密柱深梁围成框筒、由桁架围成桁架筒。框架和实腹筒组成框架－核心筒体系，实腹筒和框筒组成筒中筒体系，框筒和桁架筒组成束筒体系。

厂房、住宅、办公楼等多高层建筑广泛采用混凝土结构。在 7 层以下的多层房屋中，虽然墙体大多采用砌体结构，但其楼板几乎全部采用预制混凝土楼板或现浇混凝土楼盖。采用混凝土结构的高层和超高层建筑已十分普遍，例如，香港中环广场（高 374 m，78 层）、广州的中天广场办公大楼（高 332 m，80 层）都采用了混凝土结构。

2. 跨空间结构

预应力混凝土屋架、薄腹梁、V 形折板、钢筋混凝土拱和薄壳等结构形式在现代建筑中占据了一席之地。例如，法国巴黎的国家工业与发展技术展览中心大厅，其独特的三角形平面设计引人注目。大厅的屋盖结构更是创新性地采用了装配整体式的钢筋混凝土薄壁落地拱，其壮观的 206 m 跨度成为该建筑的一大亮点；美国旧金山地下展厅，采用 16 片钢筋混凝土拱，跨度为 83.8 m；意大利都灵展览馆拱顶由装配式混凝土构件组成，跨度达 95 m；澳大利亚悉尼歌剧院的主体结构由 3 组巨大的壳片组成，壳片曲率半径为 76 m，建筑为白色，状如帆船，已成为世界著名的建筑。

3. 桥梁工程

桥梁是为了让公路或铁路能跨越江河、湖泊或其他障碍物而修建的跨越结构，根据受力方式和变形形式不同，桥梁结构可以分成梁式桥、拱桥、刚构桥、斜拉桥和悬索桥五种类型。桥梁可以用砖石、木材、钢材和混凝土建造，但在现代桥梁结构中，混凝土桥是主流。梁式桥通常采用钢筋混凝土、预应力混凝土建造；拱桥除传统的石拱桥之外，还有素混凝土拱桥、钢管混凝土拱桥，更多的则是钢筋混凝土拱桥；刚构桥多为钢筋混凝土或预应力混凝土结构；斜拉桥和悬索桥的桥塔（索塔）也大多采用钢筋混凝土修建，加筋梁可以采用预应力混凝土箱梁，也可以采用钢箱梁与钢筋混凝土面板组合。

中小跨度的桥梁主要以混凝土结构为主，这得益于其优越的承载能力和耐久性。即使在面临更大跨度挑战时，混凝土结构也同样展现出了强大的适应性。许多大跨度桥梁也选择采用混凝土结构，证明了这种结构形式的广泛适用性和高度可靠性。例如，1991 年建成的挪威斯堪桑德（Skarnsundet）预应力斜拉桥，跨度达 530 m；重庆长江二桥为预应力混凝土斜拉桥，跨度达 444 m；虎门大桥的辅航道桥为预应力混凝土连续刚构公路桥，跨度达 270 m。公路混凝土拱桥的应用也较多，其中突出的有：1997 年建成的万县长江大桥（今万州长江大桥），采用钢管混凝土和型钢骨架组成三室箱形截面，跨长 420 m，为世界第一长跨拱桥；330 m 的贵州江界河桁架式组合拱桥；312 m 的广西邕宁江中承式拱桥；2018 年通车的港珠澳大桥，总长度 55 km，大桥主体由长 6.7 km 的海底隧道和长 22.9 km 的桥梁组成，是世界上最长的跨海大桥。

4. 水利工程

水利工程结构简称水工结构，包括水坝和河堤，其作用是阻挡或拦束水流，壅高或调节上游水位。水坝主要承受上游水压力作用，除了满足强度以外，还要有较好的抗渗性和自身的稳定性，因此相当多的水坝采用混凝土或钢筋混凝土建造。重力坝通常采用圬工材料修建，有土坝、石坝、混凝土坝等类型；拱坝通常采用钢筋混凝土修建。通航河流的船闸，通常也采用钢筋混凝土建造。

水电站、拦洪坝、引水渡槽、污水排灌管等均采用钢筋混凝土结构。目前，世界上最高的重力坝为瑞士的大狄桑坝，高 285 m；其次为俄罗斯的萨扬 – 舒申斯克坝，高 245 m。在我国，1989 年建成的青海龙羊峡大坝，高 178 m；四川二滩水电站拱坝，高 242 m；贵州乌江渡拱形重力坝，高 165 m；三峡水利枢纽，水电站主坝高 185 m，设计装机容量 1 820 万 kW，发电量居世界第一；举世瞩目的南水北调大型水利工程，沿线建造了很多预应力混凝土渡槽。

5. 岩土工程结构

岩土工程结构是指与岩土体相接触的结构物，它除了承受一般结构的荷载作用以外，还要承受土体的作用（土压力）。岩土工程结构通常分为结构基础和衬砌结构（挡土结构）两大类。

（1）结构基础

所谓基础，就是将结构所承受的各种作用传递到地基上的结构组成部分。由于基础位于地面以下，故又称为下部结构。

现代结构的基础除少量为砖石基础和素混凝土基础以外，大部分的基础为钢筋混凝土基础。钢筋混凝土基础包括浅基础（墙下条形基础、柱下独立基础、柱下条形基础、柱下交叉基础、筏形基础、箱形基础），桩基础（预制桩基础、灌注桩基础）等。除此之外，还有预制预应力混凝土管桩基础、方桩基础等。

（2）衬砌结构

在地下工程、隧道工程结构中，与岩土接触处必须要有衬砌结构，其作用是承受岩土层和爆炸等静力和动力作用，并防止地下水和潮气进入隧道。衬砌结构除砖石等圬工材料以外，一般采用钢筋混凝土。

隧道及地下工程多采用混凝土结构建造。中国国家统计局、交通运输部以及中国铁路总公司等官方机构发布的统计报告显示，新中国成立后，修建了约 17 000 km 长的铁道隧道，其中成昆铁路线有隧道 427 座，总长 341 km，占全线路长 31%；修建了约 14 000 座公路隧道，总长约 13 000 km。日本 1994 年建成的青函海底隧道，全长 53.8 km。我国许多城市已有地铁或正在建造地铁，且许多城市建有地下商业街、地下停车场、地下仓库、地下工厂、地下旅店等。

6. 特种结构

特种结构是指除上述结构以外的具有特殊用途的工程结构，如自来水水塔有锥壳式、足球式等类型；火力发电厂的双曲冷却塔是钢筋混凝土薄壁结构；电视塔为空间筒体悬臂结构，通常由塔基、塔座、塔身、塔楼及桅杆组成。

烟囱、筒仓、储水池、核电站反应堆安全壳、近海采油平台等特种结构也有很多采用混凝土结构建造，如1989年建成的挪威北海近海混凝土采油平台，水深216 m；世界上最高的电视塔——加拿大多伦多电视塔，高553.3 m，为预应力混凝土结构；上海东方明珠电视塔由3个钢筋混凝土筒体组成，高456 m，居世界高塔第三位。

第三节　水工混凝土结构分析原则

结构分析（structural analysis）是一个综合性的过程，它依赖于已确定的结构方案、结构布置、构件截面尺寸以及材料性能等关键因素。在这一过程中，首先要确定合理的结构计算简图和分析方法，这是为了有效地模拟结构的实际受力状态。随后，通过荷载（或作用）计算，科学地评估结构在不同工况下的受力情况。这些计算分析旨在精确地求出结构的内力和变形，这些数据是评估结构性能和安全性的重要依据。最后，根据这些计算结果，可以进行构件设计，并采取相应的构造措施，以确保结构的稳定性和安全性。整个结构分析流程旨在通过科学计算和精确分析，为结构设计和施工提供可靠的技术支持。

进行水工混凝土结构分析时，应遵守以下基本原则。

第一，在计算水工混凝土结构的承载能力极限状态和验算正常使用极限状态时，需要对整体作用（荷载）效应进行全面分析。此外，对于结构中的关键部位、形状突变处以及内力和变形出现异常变化的区域，例如，大型孔洞周边、节点及其附近、支座和集中荷载附近等，还需要进行更为详尽的受力状况分析。这种精细化分析有助于更准确地评估结构的性能和安全性，从而确保水工混凝土结构在各种极限状态下都能表现出良好的性能。

第二，结构在施工和使用期的不同阶段（如结构的施工期、检修期和使用期，预制构件的制作、运输和安装阶段等）面对多种受力状况时，需分别对各种情况进行结构分析，以确定出最不利的作用效应组合。特别是当结构可能面临火灾、飓风、爆炸、撞击等偶然作用时，必须遵循国家现行的相关标准，进行专门的结构分析。

第三，在进行结构分析时，所采纳的计算简图、几何尺寸、计算参数、边界条件、结构材料的性能指标及构造措施等，必须紧密贴合实际工作情况。结构可能承受的作用（荷载）及其组合、初始应力和变形状况等，同样需要符合结构的实际运行状况。所有采用的近似假设和简化，都应当有理论支撑、试验依据或经过工程实践的验证。计算结果的精确性必须满足工程设计的标准。同时，这些计算结果还需通过相应的构造措施来保障。例如，固定端和刚节点的弯矩承受能力及变形限制、塑性铰的充分转动能力、适筋截面的配筋率或受压区相对高度的限制等，以确保结构的安全性和稳定性。

第四，结构分析方法的构建，其基石在于三类基本方程：力学平衡方程、变形协调（几何）条件和本构（物理）关系。其中，结构整体或其中任何一部分的力学平衡条件都必须满足；结构的变形协调条件，包括节点和边界的约束条件等，若难以严格地满足，也应在不同的程度上予以满足；材料或构件单元的力变形关系，应合理地选取，尽可能符合或接近钢筋混凝土的实际性能。

第五，进行水工混凝土结构分析时，需要综合考虑结构类型、材料性能以及受力特点等因素，从而选择出最为合理的分析方法。目前，按力学原理和受力阶段不同，混凝土结构常用的计算方法主要有线弹性分析方法、塑性内力重分布分析方法、弹塑性分析方法、塑性极限分析方法、试验分析方法。上述分析方法中，又各有多种具体的计算方法，如解析法或数值解法、精确解法或近似解法。结构设计时，应根据结构的重要性和使用要求、结构体系的特点、荷载（作用）状况、要求的计算精度等加以选择；计算方法的选取还取决于已有的分析手段，如计算程序、手册、图表等。

第六，目前，结构设计中一般采用计算机进行结构分析。为了确保计算结果的正确性，应用于结构分析的计算软件必须经过严格的考核和验证，确保其技术条件与现行的国家规范和相关标准相符。此外，计算分析的结果需要经过深入的判断和细致的校核，只有在确认其合理性和有效性之后，才能应用于工程设计的实际操作。这一过程需要不断地进行迭代和优化，以确保设计方案的精准性和可行性。

第二章　钢筋混凝土结构材料及性能

钢筋混凝土是一种广泛应用于建筑和基础设施工程中的结构材料。它的优越性能使其成为许多工程项目的首选。钢筋混凝土结构由混凝土和钢筋组成,混凝土提供了压力强度,而钢筋提供了拉力强度,使结构能够承受各种荷载和力的作用。正因为其独特的材料组合,钢筋混凝土结构具有高强度、耐久性和耐火性等优点,同时也具备较好的抗震性能。本章围绕钢筋及其性能、混凝土及其性能、钢筋与混凝土黏结及其性能等内容展开研究。

第一节　钢筋及其性能

一、钢筋

（一）钢筋的化学成分

钢筋的性能,尤其是力学性能的好坏,主要由其化学成分决定。化学成分的含量对钢筋性能产生不同程度的影响。

1. 碳（C）

钢筋的强度和硬度受到碳含量的影响,较低碳含量会降低钢筋的强度和硬度,但塑性和韧性提高。碳含量的增加虽然可以增强钢筋的强度和硬度,但也会相应地削弱其塑性和韧性。当碳含量过高时,钢筋的焊接性能会受到严重影响,甚至可能导致局部脆裂的风险增加。

钢与生铁的主要区别在于其碳含量。钢的碳含量通常为 0.04%～2%,而碳含量超过2% 的则被称为生铁。碳含量的差异是区分钢与生铁的关键标志。

2. 锰（Mn）

锰在钢筋中主要起到脱氧去硫的作用,有助于减轻热脆性的影响,进而改善钢筋的可焊性。当锰的含量控制在 1.0% 以下时,不会对钢筋的塑性和韧性产生明显的负面影响。然而,一旦含锰量超过 1.0%,钢筋的塑性和韧性将会下降,脆性会增加,同时其可焊性也会变差。

3. 硫（S）

硫是一种对钢筋有害的杂质,它会增大钢筋的热脆性,导致在不同程度上降低了钢筋力学性能和疲劳强度。高硫含量的钢材在焊接或热处理后更容易出现裂纹。所以，为了确保钢筋的质量，通常将其硫含量控制在 0.05% 以下。

4. 硅（Si）

硅在钢筋中起到多种有益作用，它不仅能够增强钢筋的抗拉强度和硬度，还能促进钢的脱氧，从而提高其耐热性和耐酸性。当硅的含量控制在 1% 以下时，这些效果尤为显著，能够大幅度提升钢筋的强度、硬度以及耐热和耐高温疲劳性能。然而，当硅的含量超过 1% 时，可能会对钢筋的塑性和冲击性产生不利影响，导致其可焊性变差。

5. 磷（P）

磷被视为钢筋中的有害物质，它在低温条件下极易导致钢筋发生脆性断裂，这种现象被称为"冷脆"。这种冷脆现象对于需要承受冲击荷载或在负温环境下使用的钢筋尤为有害。此外，在高温条件下，磷还会导致钢筋的塑性和韧性降低。磷的危害程度会随着碳含量的增加而加剧，但在低碳钢中的影响相对较小。为了确保建筑安全，建筑用钢筋的磷含量一般被严格控制在 0.05% 以下。

6. 钒（V）

钒是一种有益的微量元素，能够有效提升钢筋的强度，并改善其塑性和韧性，同时也有助于提高钢筋的可焊性。为了确保钢筋的性能稳定，通常将其钒含量控制在 0.05%～0.15% 的范围内。

除了前面提到的几种化学成分外，钢筋中还包含钛（Ti）、铌（Nb）、铬（Cr）等元素。这些元素的含量也需控制在特定的范围内，它们各自对钢筋的性能具有不同程度的影响。

（二）钢筋的品种划分

1. 按化学成分划分

我国生产的钢筋按化学成分可分为碳素钢和普通低合金钢。

（1）碳素钢

在碳素钢中，根据碳的含量的不同，可以分为低碳钢（碳含量小于 0.25%）、中碳钢（碳含量为 0.25%～0.6%）和高碳钢（碳含量大于 0.6%）。随着碳含量的增加，钢材的强度和硬度会相应提升。然而，这种提升并非没有代价。随着碳含量的增加，钢材的塑性和韧性会逐渐降低，这意味着钢材在受到外力时更容易发生断裂。此外，过高的碳含量还会导致钢材的焊接性能变差，给施工带来困难。

（2）普通低合金钢

普通低合金钢是通过在炼钢过程中向碳素钢中添加少量的合金元素来制造的。常用的合金元素有锰、硅、钒、钛等，这些合金元素可提高钢材的屈服强度和变形性能，因而使低合金钢钢筋具有强度高、塑性及可焊性好的特点，应用较为广泛。

2. 按表面形状划分

（1）光圆钢筋

光圆钢筋是光面圆钢筋的意思，由于表面光滑，也叫"光面钢筋"，或简称"圆钢"。一般情况下 I 级钢筋均轧制为光面圆形截面。光圆钢筋如图 2-1 所示。

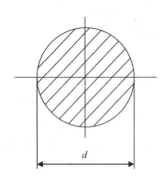

图 2-1 光圆钢筋

（2）变形钢筋

钢筋的表面设计独特，由纵向凸缘（纵肋）与众多等距离的斜向凸缘（横肋）交织而成。当两条纵肋与纵肋两侧多道等距离、等高度且斜向一致的横肋结合时，形成了具有螺旋纹的表面。若横肋的斜向发生变化，则会呈现出人字纹的表面。这两种表面形态的钢筋通常被称作螺纹钢筋，而在国家标准中，它们被称为等高肋钢筋。然而，需要注意的是，这两种钢筋在国内已经基本停止生产。

月牙肋钢筋是一种特殊设计的钢筋，其斜向凸缘与纵向凸缘并不相交，甚至在某些情况下没有纵肋。这种钢筋的剖面呈现出月牙形状。相比于相同直径的等高肋钢筋，月牙肋钢筋在凸缘处的应力集中得到了有效改善。然而，它与混凝土之间的黏结强度略低于等高肋钢筋。

（3）竹节钢筋

竹节钢筋是将钢筋表面轧制成横肋与纵肋垂直又不相交的外形，进口热轧钢筋多用这种外形。目前，我国的部分钢厂也已成批生产这种标有生产厂家厂名、钢筋级别和规格标记的竹节钢筋。

（4）钢丝

钢丝可分为碳素钢丝和冷拔低碳钢丝两种。

碳素钢丝又叫高强度钢丝或预应力钢丝，它是将热轧的大直径高碳钢加热后，然后经淬火，使之具有较高的塑性，再进行多次冷拔达到所需要的直径和强度。为了保证钢丝与混凝土具有可靠的黏结，钢丝的表面一般要进行刻痕处理，这种经过刻痕处理的钢丝称为刻痕钢丝。

冷拔低碳钢丝由直径为 6～8 mm 的热轧圆盘条拔制而成。将钢筋盘条在一种特制的拔丝机上，以强力拉拔的方式通过比其直径略小的冷拔孔。经过冷拔孔的钢筋盘条受到拉力和侧压力的作用，直径变小，塑性降低，但得到的钢丝强度明显提高。

3．按加工工艺划分

我国生产的钢筋按加工工艺有热轧钢筋、冷加工钢筋、热处理钢筋及高强钢丝和钢绞线等。

（1）热轧钢筋

热轧钢筋是钢材在高温（1 200～1 400 ℃）状态下轧制而成的，按其强度从低到高分为Ⅰ、Ⅱ、Ⅲ、Ⅳ四个级别。

①Ⅰ级钢筋是Q235钢热轧制成的光圆钢筋,它是一种低碳钢,质量稳定,具有良好的塑性,易于焊接和加工成型,但是其强度较低,并且与混凝土的黏结性稍差。主要用于中小型钢筋混凝土结构构件的受力钢筋,以及各种构件的箍筋和构造钢筋。

②Ⅱ级钢筋是由20MnSi和20MnNb低碳合金钢热轧而成的变形钢筋,其强度较高,且与混凝土有良好的黏结性能,塑性好,焊接性能也好,易于加工成型。主要用于大、中型钢筋混凝土结构构件的受力钢筋。

③Ⅲ级钢筋是由20MnTi、20MnSiV低碳合金钢经热轧而成的变形钢筋,多为月牙肋钢筋,其强度高且与混凝土有良好的黏结性能,但由于碳含量高,塑性、焊接性能稍差。由于其强度高,如果用于普通钢筋混凝土构件,要充分发挥其强度,就会使混凝土裂缝开展很大,故一般经冷拉后作为预应力钢筋。

④Ⅳ级钢筋是由40Si2MnV、45SiMnV、45Si2MnRi等低碳合金钢热轧而成的变形钢筋,强度高,但由于含碳量高,塑性、焊接性能都很差,一般经冷拉后作为预应力钢筋,用于预应力混凝土结构。

（2）冷加工钢筋

冷加工钢筋是热轧钢筋在常温下经冷加工而成的。冷加工的加工工艺有冷拉、冷拔、冷轧带肋和冷轧扭等。冷加工后,钢筋内部组织发生了变化,其屈服强度提高了,但伸长率明显下降。

①冷拉钢筋是热轧钢筋在常温下通过机械拉伸而成的,其强度提高,可节约钢材。钢筋冷拉后性质变脆,承受冲击荷载或重复荷载的构件及处于负温下的结构,一般不宜采用冷拉钢筋。

②冷拔钢筋是将钢筋用力拔过比其本身直径小的合金拔丝模,使其直径变小而成的。

③冷轧带肋钢筋是以低合金热轧圆盘条为母材,经多道冷轧和冷拔减径后,在其表面压肋,形成月牙肋的变形钢筋。这种钢筋与母材相比,屈服强度明显提高,与混凝土的黏结性能也有了很大改进。

冷轧带肋钢筋按其强度从低到高可分为三个级别:LL550、LL650、LL800。其中,LL550级钢筋可应用于普通钢筋混凝土结构;LL650级和LL800级钢筋可用作中、小型预应力混凝土构件的预应力钢筋。冷轧带肋钢筋也可用于焊接钢筋网,但因其具有脆性,不能用于直接承受冲击荷载的结构构件。

④冷轧扭钢筋是以热轧圆盘条为母材,经冷轧成扁平状并扭转而成的,应用也较广泛。

（3）热处理钢筋

热处理钢筋是强度为Ⅳ级的某些牌号（如40Si2Mn、48Si2Mn）热轧钢筋通过淬火和回火处理后制成的,表面一般为螺纹形。热处理后钢筋的强度提高了很多,塑性却降低不多,可直接用作预应力钢筋。

（4）高强钢丝和钢绞线

直径小于6 mm的钢筋称为钢丝,国产的钢丝有碳素钢丝（中）、刻痕钢丝（中）等。碳素钢丝是用优质碳素钢经冷拔和应力消除矫直回火等工艺而形成的光面钢丝;刻痕钢丝是由碳素钢经压痕轧制低温回火而成的。钢丝的直径越细,强度越高,故用作预应力钢筋。钢绞线由七根光面钢丝绞制而成，它与混凝土的黏结优于光面钢丝，常用于预应力混凝土结构。

4.按钢筋作用划分

钢筋在结构中的作用多种多样，按照其功能可以分为受拉钢筋、受压钢筋、弯起钢筋、分布钢筋、箍筋和架立钢筋等。在这些钢筋中，受拉钢筋、受压钢筋和弯起钢筋被归类为受力钢筋，通常称为主筋，它们的尺寸和数量是通过精确的计算得出的。架立钢筋、箍筋和分布钢筋则属于构造钢筋，这些钢筋的配置通常不是通过计算得出的，而是为了满足构件的构造要求和施工条件。这样的分类有助于理解和应用不同类型的钢筋在结构中的作用。

（1）受力钢筋

受力钢筋又称主筋，根据它抵抗荷载形式的不同又可分为受拉钢筋、弯起钢筋、受压钢筋和分布钢筋。

①受拉钢筋。受拉钢筋是钢筋混凝土构件中的重要组成部分，其主要功能是在结构中承受拉力。

简支梁、门窗过梁、矩形梁、T形梁以及平板、槽形板、空心板等构件在受力时，其受拉区通常位于构件的下部，因此，受拉钢筋需要配置在这些构件的下部位置。然而，当构件的受拉区位于构件的上部时，如在雨篷、悬挑阳台等结构中，受拉钢筋则应配置在构件的上部。这样的依据具体受力情况的配置方式是为了确保钢筋能够有效地承受拉力，从而提高整个结构的稳定性和承载能力。

②弯起钢筋。弯起钢筋是一种特殊的受拉钢筋，主要在简支梁的支座处使用。为了抵抗由受弯和受剪产生的斜向拉力，这些钢筋会被特意弯起，因此得名弯起钢筋。弯起钢筋的配置如图2-2所示。

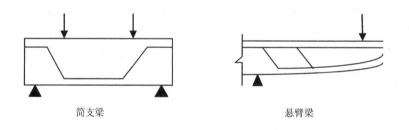

简支梁　　　　　　　　　　　　　悬臂梁

图2-2　弯起钢筋配置示意图

③受压钢筋。在某些构件中的受压区域需要配置钢筋来承受压力，在混凝土构件中配置受压钢筋可以减小受压构件的截面尺寸，减轻构件的自重。受压钢筋的配置如图2-3所示。

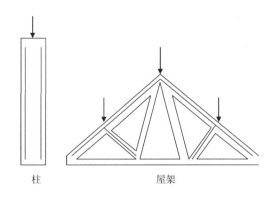

柱　　　　　　　　　　屋架

图 2-3　受压钢筋配置示意图

④分布钢筋。分布钢筋在单向板或墙板结构中至关重要。它们不仅固定受力钢筋的位置，确保结构稳定性，还能将构件上承受的荷载均匀地向受力钢筋进行传递。此外，分布钢筋还能有效抵抗因混凝土温度变化及凝固过程中产生的收缩拉力，从而增强结构的耐久性和安全性。

（2）构造钢筋

构造钢筋是指不通过计算，其配置规格、数量根据有关规范来确定的钢筋。构造钢筋根据其位置、形状、作用不同，通常分为分布钢筋、架立钢筋、箍筋、腰筋等。

①分布钢筋。分布钢筋一般用在墙、板中，其作用是将集中荷载均匀地分布给受力钢筋，并且可以抵抗混凝土因温度变化及凝固时收缩而产生的拉力；同时与受力钢筋绑扎在一起，以保证浇筑时各受力钢筋位置的正确。

②架立钢筋。架立钢筋通常仅应用于梁类构件，其主要功能在于塑造钢筋的骨架，并确保受力钢筋和箍筋的位置。架立钢筋的直径通常为 8～12 mm。如果梁的高度不超过150 mm 并且没有设置箍筋，那么就可以省略架立钢筋的使用。此外，如腰筋、吊筋和锚固筋等，也可省略。

③箍筋。箍筋在梁、柱、屋架等大多数构件中都是不可或缺的元素。它的主要功能是固定受力钢筋在构件中的位置，帮助形成坚固的钢筋骨架。此外，箍筋还能够承受构件中的部分剪力和拉力，增强结构的整体性能。根据结构需要和设计要求，箍筋可以分为开口式箍筋和闭口式箍筋两种类型，箍筋直径一般为 4～8 mm。

④腰筋。为了确保受力钢筋与箍筋整体骨架的稳固性，以及承受构件中部混凝土因温度变化和收缩而产生的拉力，规范要求在架的两侧设置纵向构造钢筋，这种钢筋被称为腰筋。腰筋的设置对于增强结构的稳定性和安全性至关重要。腰筋要用拉筋连接，拉筋直径一般为 6～8 mm。

二、钢筋的力学性能

不同的钢筋由于化学成分不同、制作工艺不同，其力学性能也不同。关于钢筋的性能方面，在此主要围绕力学性能展开论述。按力学的基本性能来分，钢筋可分为三类：软钢、硬钢、冷拉钢筋。热轧Ⅰ、Ⅱ、Ⅲ、Ⅳ级钢筋为软钢；热处理钢筋和高碳钢丝为硬钢；冷加工的钢筋属冷拉钢筋。

（一）软钢的力学性能

1.应力－应变曲线

将软钢试件置于试验机上拉伸，从开始加载到试件断裂，记录每个时刻的应力、应变，得到应力－应变曲线，如图2-4所示。从曲线的变化特点可以将软钢的受力过程分为四个阶段：弹性阶段、屈服阶段、强化阶段、破坏阶段。从图2-4可知，自开始加载到应力达到A点以前，应力－应变成线性关系，A点的应力称为比例极限，OA段属于线弹性阶段；超过A点后，应力－应变曲线不再为直线；应力达到B点后，钢筋进入屈服阶段，产生很大的塑性，B点的应力称为屈服强度（流限），在应力－应变曲线中成一水平段BC，称为流幅；超过C点后，应力－应变曲线重新表现为上升的曲线，为强化阶段，随着荷载的增加，曲线上升到最高点D点，D点的应力称为极限抗拉强度；随着荷载的增加，试件产生颈缩现象，应力－应变曲线开始下降，到E点后钢筋被拉断而破坏，这一阶段称为破坏阶段。

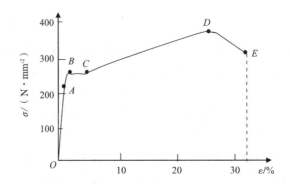

图2-4　Ⅰ级钢筋的应力－应变曲线

2.钢筋的性能指标

钢筋的性能指标有强度指标和塑性指标。

（1）强度指标

对于那些具有明显流幅特性的钢筋，当结构构件中的某一截面钢筋应力达到其屈服强度时，这些钢筋会在荷载几乎不增加的情况下发生显著且持续的塑性变形。在钢筋尚未进入强化阶段之前，构件可能已经遭受破坏或产生了过大的变形和裂缝。所以，钢筋的屈服强度被视为一个重要的强度指标，对于评估结构构件的性能和安全性至关重要。

除此之外，钢筋的屈强比，即其屈服强度与极限抗拉强度的比值，是评估结构可靠性潜力的关键指标。在抗震设计中，这一点尤为重要，因为必须考虑到受拉钢筋可能会进入强化阶段，对于抗震等级较高的结构构件，要求钢筋屈强比不大于某一数值（此类钢筋在订货时在相应钢筋牌号后加 E，如 HRB400E），所以钢筋的极限抗拉强度是对钢筋质量进行检验的另一强度指标。

对于无明显流幅的钢筋，由于其条件屈服点不容易测定，所以这类钢筋的质量检验以极限抗拉强度作为主要强度指标。

（2）塑性指标

反映钢筋性能的另一种指标是塑性指标。软钢的塑性指标有两个，即伸长率 δ 和冷弯性能。伸长率 δ 是钢筋拉断后的伸长值与原长的比率，即

$$\delta = \frac{l_2 - l_1}{l_1} \times 100\% \qquad (2-1)$$

式中，δ——伸长率，%；

　　　　l_1——试件拉伸前的标距长度，一般短试件 $l_1 = 5d$，长试件 $l_1 = 10d$，d 为试件直径；

　　　　l_2——试件拉断后的标距长度。

钢筋的伸长率越大，塑性性能越好，拉断前有明显预兆。钢筋的塑性除用伸长率表示外，还可以用冷弯试验来检验。冷弯就是把钢筋围绕直径为 D 的钢辊弯转 α 角而不发生裂纹、起层和断裂。常用冷弯角度 α 和弯心直径 D 与钢筋直径 d 的比值来反映冷弯性能，D 越小，α 值越大，则钢筋的冷弯性能越好。

（3）弹性模量 E_s

钢筋屈服前，应力 / 应变的比值称为钢筋的弹性模量，用 E_s 表示。

（4）各级钢筋的力学性能比较

钢筋的级别越高，屈服极限和抗拉强度就越高，但流幅短，塑性降低。

软钢在受力过程中会展现出明显的屈服点，即在达到特定应力水平后，其塑性变形显著。此外，在达到破坏状态之前，软钢会展现出明显的预兆，如出现较大的变形，这为结构的安全预警提供了重要依据。

（二）硬钢的力学性能

硬钢强度高，但塑性差，脆性大。从加载到突然拉断，基本上不存在屈服阶段（流幅）。

硬钢没有明显的屈服台阶（流幅），所以计算中以"协定流限"（也称条件屈服强度）作为强度标准。条件屈服强度指的是，经过加载和卸载后尚有 0.2% 永久残余应变时所对应的应力值，用 $\sigma_{0.2}$ 表示。但 $\sigma_{0.2}$ 不易测定，一般相当于抗拉强度的 70%～90%，规范取 $\sigma_{0.2} = 0.8\sigma_b$。

极限抗拉强度、伸长率、冷弯性能是反映无流幅钢筋的力学性能的三项指标。在对硬钢进行质量检验时，主要测定这三项指标。

硬钢塑性差，伸长率小，因此用硬钢配筋的钢筋混凝土构件，受拉时会突然断裂，不像软钢那样有明显的预兆，属脆性破坏。

材料的塑性特性的优劣对结构构件的破坏性质具有直接且深远的影响。因此，在选择钢筋时，应优先考虑那些塑性性能良好的材料。

第二节　混凝土及其性能

一、混凝土概述

（一）混凝土的概念

混凝土是现代工程结构的常用建筑材料，以混凝土为主要材料制作而成的工程结构，广泛地应用于房屋、道路、桥梁、隧道、港口、码头等土木交通工程项目。

混凝土是用胶凝材料、粗集料、细集料、水以及外加剂等，按照适当的比例配制，并经拌和、养护、硬化而成的具有一定强度的人工石材。胶凝材料包括水泥、石灰、水玻璃、粉煤灰和矿粉等，其中工程结构中使用最为广泛的是以水泥为胶凝材料的混凝土。

混凝土结构主要是由混凝土制成的结构，根据配置钢筋的不同，可以分为几种类型。其中，没有配置受力钢筋或仅配置少量非受力钢筋的结构称为素混凝土结构。若配置了普通的受力钢筋，则该结构被称为钢筋混凝土结构。而当配置了高强度的钢筋或钢绞线，并通过张拉或其他工艺预先施加应力时，则称之为预应力混凝土结构。

混凝土材料的抗压强度较高而抗拉强度很低，因此，素混凝土结构的应用受到很大限制。

目前，在土木工程中应用最为广泛的是钢筋混凝土结构，这是一种由钢筋和混凝土两种力学性能不同的材料组合而成的材料，其优点是分别利用了混凝土相对较高的抗压强度和钢筋较强的抗拉强度，通过合理组合，使钢筋主要承受拉力，而混凝土主要承受压力，二者处于共同工作状态，充分发挥两种材料的性能优势，以满足工程结构安全可靠性和经济合理性的要求。

所谓结构，是指建筑材料按一定的方式组成并能承受外部作用或变形影响的物体或体系，即依据特定的组成规则、通过正确的连接方式形成能承受并传递各种作用的空间受力体系（骨架），如房屋、桥梁等。实体结构也可称为实心结构，如桥墩、房屋的地基、墙体等。不同材料组成的结构有其自身材料性能特点，本节主要研究的是以混凝土和钢筋为主要材料的各类结构构件和结构体系，如梁、板、柱、框架、剪力墙、筒体等。

（二）混凝土的性能特点

1. 优点

混凝土作为用量最大的土木工程材料，必然有其独特之处。它的优点主要体现在以下几个方面。

（1）易塑性

现代混凝土以其卓越的工作性能，使得建筑师和工程师能够几乎随心所欲地设计和塑造出形态各异的建筑物及其构件。通过巧妙的设计和精确的模板制作，现代混凝土可以满足各种建筑需求和审美要求。

（2）黏结性

混凝土与钢筋等有牢固的黏结力。混凝土与钢材有基本相同的线膨胀系数，能在其中配筋或埋设钢件制作钢筋混凝土构件或整体结构。

（3）经济性

同其他材料相比，混凝土价格较低，容易就地取材，结构建成后的维护费用也较低。

（4）安全性

硬化混凝土具有较高的力学强度，目前工程构件最高强度可达 130 MPa，同时与钢筋有牢固的黏结力，使结构安全性得到充分保证。

（5）耐火性

混凝土一般可有 1～2 h 的防火时效，比起钢铁较为耐火，不会出现钢结构建筑物在高温下很快软化而造成坍塌的现象。

（6）多用性

混凝土在土木工程中适用于多种结构形式，满足多种施工要求，可以根据不同要求配制出不同的混凝土加以满足，所以被称为"万用之石"。

（7）耐久性

混凝土是一种耐久性很好的材料，古罗马建筑经过几千年的风雨仍然屹立不倒，这昭示着混凝土"历久弥坚"。

（8）能耗低

生产混凝土及其制品，相对其他建筑材料能耗较低。

2. 缺点

混凝土具有许多优点，当然相应的缺点也不容忽视，主要表现为以下几点。

（1）抗拉强度低

混凝土抗拉强度是混凝土抗压强度的 1/10 左右，是钢筋抗拉强度的 1/100 左右。

（2）延展性不高

混凝土属于脆性材料，变形能力差，只能承受少量的张力变形（约 0.3%），否则就会因无法承受而开裂；抗冲击能力差，在冲击荷载作用下容易产生脆断。

（3）自重大，比强度低

高层、大跨度建筑物要求材料在保证力学性质的前提下，以轻为宜。

（4）体积不稳定性

尤其是当水泥浆量过大时，这一缺陷表现得更加突出。随着温度、湿度、环境介质的变化，容易引发体积变化，产生裂纹等内部缺陷，直接影响建筑物的使用寿命。

二、混凝土的力学性能

（一）抗压强度

抗压强度是混凝土结构设计的重要指标，是混凝土配合比设计的重要参数。

1. 抗压强度的种类

混凝土抗压强度有标准立方体抗压强度和标准轴心抗压强度两种。

（1）标准立方体抗压强度

水工混凝土结构的抗压强度等级（或强度标号）是以标准立方体抗压强度为基准的。根据设计规范，设计强度标准值的确定需遵循一定程序：首先，需按照标准方法制作并养护边长为 150 mm 的立方体试件；其次，在设计龄期时，应用标准试验方法对这些试件进行强度测试；最后，根据测试结果，结合规定的保证率，来确定设计强度标准值。水利水电工程包括大坝、水闸和水电站厂房等建筑物的标准，对混凝土设计强度标准值保证率的规定是不同的，工业与民用建筑保证率为 95%，水闸工程为 90%，混凝土大坝为 80%。

（2）标准轴心抗压强度

立方体试件测定混凝土抗压强度，由于试件横向膨胀受到端面压板约束而产生摩阻力（剪力），使试件受力条件复杂，而不是单独的轴向抗拉力，试件破坏成"双锥体"。要测定混凝土轴心抗压强度，则必须将试件端面与压板接触面的摩阻力消除。消除摩阻力的方法有两种：其一，在试件端面与压板之间放置刷形承压板或加 2～5 mm 厚度的聚四氟乙烯板，均可将摩阻力消除；其二，增加试件高度，试件端面约束所产生的剪应力，由试件端面向中间逐渐减小，其影响范围（高度）约为试件边长 b 的 $\frac{\sqrt{3}}{2}$ 倍。当试件高度增加到 1.7b 时，端面约束可认为减弱到不予考虑的程度。

测定轴心抗压强度通常采用第二种方法。圆柱体试件高径比为 2∶1，即高度为直径的 2 倍，棱柱体试件高边比为 3∶1，即高度为边长的 3 倍。此时，混凝土破坏是单轴压缩荷载产生的。测定轴心抗压强度的标准圆柱体尺寸为 Φ150 mm × 300 mm。

水工结构设计采用线弹性理论、许用应力计算方法，计算出最大点压应力 σ_{max} 应小于或等于 f_{max}/K，其中 f_{max} 为混凝土轴心抗压强度，K 为安全系数。所以，轴心抗压强度也是一个设计抗压强度指标。

（3）标准圆柱体和标准立方体的抗压强度比

英国 BS1881∶Part 4 标准规定：标准圆柱体的抗压强度通常设定为标准立方体抗压强度的 80%。实验数据揭示，标准圆柱体试件与标准立方体试件在抗压强度上的比值，与混凝土的抗压强度密切相关。具体而言，混凝土的强度越高，这一比值也会相应增大。在水工混凝土中，通常采用的这一比值为 0.82，这意味着水工混凝土抗压强度更高。

2. 对抗压强度试验要求

①为了确保试验的准确性，试件的轴线必须与试验机的轴线完全重合。这种重合的偏离度应严格控制在试件端面尺寸的 4% 以内。以边长为 15 cm 的立方体试件为例，其轴线与试验机轴线的偏离度不应超过 6 mm。

②在进行试验时，试件的轴心必须与压板表面保持垂直。同时，压板表面必须保持平整，其不平整度不得超过试件边长的 0.02%。这样可以确保试验过程中压力分布均匀，避免产生不必要的误差。

③为了进一步减小偏心影响，提高试验的精度，试验机压板下方应放置同心球座。同心球座能够有效地调整试件与压板之间的位置，确保试验过程中的压力作用点始终与试件轴心重合。

④对于混凝土芯样试件（或圆柱体试件）的端面处理，应选用其强度和弹性与试件混凝土相近的材料进行处理或磨平。这样可以确保试件端面的平整度和质量，为后续的试验提供准确的测试结果。

⑤加荷速率是影响混凝土抗压强度的重要因素。加荷速率的变化会影响混凝土内部的应力分布和裂缝的发展过程。较快的加荷速率可能使得混凝土内部的微裂缝没有足够的时间进行扩展和闭合，导致测得的抗压强度值偏高。相反，较慢的加荷速率则允许混凝土内部的应力更加均匀地分布，并且给微裂缝提供了更多的扩展和闭合的时间，从而可能得到更加接近实际情况的抗压强度值。因此，在进行混凝土抗压强度测试时，需要严格控制加荷速率，以确保测试结果的准确性和可比性。通常，相关的测试标准会规定具体的加荷速率范围或推荐值，以指导测试工作的进行。

3.影响混凝土抗压强度的因素

在振动条件下使混凝土液化，达到密实体积，混凝土抗压强度不再受成型条件影响。所以，在此讨论的抗压强度是指充分密实的混凝土。

（1）水灰比

在工程实践中，龄期一定和养护温度一定的混凝土的强度仅取决于两个因素，即水灰比和密实度。对充分密实的混凝土，其抗压强度服从于阿布拉斯（D. A. Ablams）水灰比定则。

1918 年，阿布拉斯提出"水灰比定则"，即当混凝土充分密实时，混凝土强度 R_c 与水灰比 W/C 成反比，即

$$R_c = \frac{K_1}{K_2^{\frac{W}{C}}} \tag{2-2}$$

式中，K_1、K_2——试验常数。

式（2-2）近似为双曲线关系，使用不方便。

试验表明，当灰水比 C/W 为 0.8～2.5 时，混凝土强度 R_c 与 C/W 近似为直线关系。

（2）砂率

砂率只影响混凝土工作性，而对混凝土抗压强度无影响。这对现场质量管理是方便的，当现场砂的细度模数波动超过 ±0.20 时，调整配合比的砂率，不会影响混凝土的抗压强度。

（3）外加剂

①减水剂。混凝土掺加减水剂的目的是降低用水量，从而提高灰水比，相应增加强度和耐久性。对国产减水剂进行减水率检验，六种减水剂的减水率相近，所以其提高混凝土强度的功效也相近。

②引气剂。掺加引气剂的混凝土试验结果表明：保持同样工作性，掺加引气剂可减少用水量；如果水灰比不变，则可减少水泥用量，但是抗压强度随着含气量增加而降低。掺加引气剂，每增加 1% 含气量的效益，如表 2-1 所示。

表 2-1　掺加引气剂，每增加 1% 含气量的效益

含气量 2%				含气量 3%			增加 1% 含气量的结果			
							水泥用量不变		水灰比不变	
水胶比	用水量 / (kg·m⁻³)	水泥用量 / (kg·m⁻³)	28 d 抗压强度 / MPa	用水量 / (kg·m⁻³)	水灰比	28 d 抗压强度 / MPa	强度增加 / MPa	水灰比减少	强度降低 / MPa	减少水泥 / (kg·m⁻³)
0.80	113	141	17.0	107	0.76	18.8	+1.8	0.04	−1.7	7
0.55	105	191	32.4	99	0.52	35.0	+2.6	0.03	−2.9	11

表 2-1 表明，保持混凝土工作性和水泥用量不变，掺加引气剂不但能够使混凝土的耐久性得到提高，还会使混凝土的和易性得到改善，同时会使混凝土的抗压强度有所增加。

掺加引气剂的混凝土应严格控制含气量，否则会因含气量过大而降低抗压强度，造成工程质量事故。

（4）粉煤灰掺量

粉煤灰掺合料在碾压混凝土中的主要作用是改善其和易性、密实性和可碾性。当胶材用量达到要求时，掺加需水量比小于或等于 100% 的粉煤灰，增加粉煤灰掺量不会影响其可碾性，但会降低水泥用量，减少碾压混凝土温升，有利于控制温度裂缝，是有效的防裂措施。

增加粉煤灰掺量置换水泥用量，碾压混凝土的抗压强度降低，但要以满足设计强度等级要求为限。

（5）龄期

混凝土强度增长在一定程度上与胶凝材料的水化程度有关，通常而言，混凝土抗压强度与龄期的对数值近似成直线关系，即

$$\frac{R_{c}}{R_{28}} = 1 + m \ln \frac{t}{28} \tag{2-3}$$

式中，R_{c}——t 龄期混凝土抗压强度，MPa。

R_{28}——28 d 龄期混凝土抗压强度，MPa。

t——龄期，d。

m——试验常数，与水泥品种、掺合料品质有关，m 值为直线的斜率，表示混凝土强度增长速率。

（二）抗剪强度

碾压混凝土坝施工的特点是通仓、薄层、连续浇筑，水平层面要比常规混凝土坝多出很多倍，因此对碾压混凝土提出抗剪强度试验。测定碾压混凝土本体及其层面的抗剪强度，为评定碾压混凝土坝的整体抗滑稳定性提供依据。对常规混凝土也可进行混凝土本体及其与岩基接触面的抗剪强度试验。

混凝土抗剪强度试验需要使用二向应力状态试验设备，由垂直法向荷载和水平剪切荷

载两部分组成。采用直剪仪专用试验仪器，造价昂贵。也可以在已建置的材料试验机上增加水平加荷装置，改造成两轴试验机。为节省投资和使更多单位能进行此项试验，特介绍中国水利水电科学研究院在伺服万能试验机上增加水平加荷装置，改造成二向加荷试验机的结构。垂直荷载与水平荷载用专用同心棒找正，使垂直荷载轴心与水平荷载轴心在试件中心相交。施加到试件上的水平推力应扣除滚轴排的水平摩擦力。

混凝土抗剪强度计算公式为

$$\tau = f'\sigma + c' \tag{2-4}$$

式中，f'——摩擦系数。

c'——黏聚力，MPa。

σ——法向应力，MPa。

f'、c' 可通过混凝土剪切试验求得，$f' = \tan\alpha$（直线斜率），c' 为直线截距。

三、混凝土的热性能

大体积混凝土浇筑后，水泥水化热不能很快散发，结构物混凝土温度升高，早期混凝土处于塑性状态。随着历时增长，混凝土逐渐失去塑性，变成弹塑性体。降温时混凝土不能承受相应体积变形，作用到混凝土的拉应力超过混凝土抗拉强度时会在结构物内产生裂缝。

结构设计和施工要求防止因初始温度升高而导致的裂缝。采取的措施有：混凝土搅拌前原材料人工冷却和（或）埋设冷却水管浇筑后冷却。这些措施实施前必须掌握混凝土的热性能。

大体积混凝土温控设计必须了解混凝土中温度的变动（分布）。混凝土的热性能决定了这种变动（分布），并提供了大体积混凝土温度分布和内部多余热量冷却、降温体系的计算所需参数。这些热性能参数包括绝热温升、比热、导温系数（又称热扩散率）、导热系数和热胀系数，是混凝土体内温度分布、温度应力和裂缝控制的基本资料。

上述五个热性能参数按其特征可分为两类：一类是其特性主要由组成混凝土原材料自身的热性能参数所决定，如导热系数、比热、导温系数和热胀系数；另一类是其特性主要由水泥和掺合料的品质与用量所决定，如绝热温升。

据理论推导，导温系数、导热系数、比热和混凝土表观密度的关系如下。

$$\alpha = \frac{\lambda}{\rho C} \tag{2-5}$$

式中，α——导温系数，m^2/h；

λ——导热系数，$kJ/(m \cdot h \cdot ℃)$；

C——比热，$kJ/(kg \cdot ℃)$；

ρ——表观密度，kg/m^3。

对给定配合比的混凝土，表观密度为定值。因此，导温系数、导热系数和比热三个参数中若已取得两个参数，则第三个参数可由式（2-5）计算取得。

近年来，中国生产的混凝土热性能测试仪器已实现了显著的技术进步，广泛采用了如温度传感器、智能仪表以及计算机测控等先进的测试手段。这些新仪器在结构设计上也进行了诸多优化与改进。然而，值得注意的是，尽管测试技术和仪器结构发生了变化，但其背后的测试原理仍然保持不变。

（一）导温系数

1. 物理意义

导温系数的物理意义在于量化描述材料在冷却或加热过程中，其内部各点达到相同温度的速率。简单来说，它反映了热量在材料内部传导的速度。当导温系数数值较大时，意味着热量在材料内部传递更为迅速，从而使得各点更快地达到相同的温度状态。导温系数的单位是 m^2/h。

2. 测试原理及方法

试件为一个初始温度均匀分布的圆柱体，直径为 D，高度为 L_0。将试件浸没在温度较低的恒温介质中，试件中热量就沿试件径向（r）和轴向抗拉（Z）向介质传导。根据热传导原理，对长径比为 2（$L/D = 2$）的试件，在坐标 $r = 0$、$Z = L/2$ 的点，即试件中心，任一时刻的温度 θ 可表示为

$$\frac{\theta}{\theta_0} = f\left(\frac{at}{D^2}\right) \tag{2-6}$$

式中，θ_0——初始温差（试件置于冷介质时的温度与冷介质温度的差），℃；

$\quad\quad\theta$——历时 t 的温差（经冷却 t 时间后，试件中心温度与冷介质温度的差），℃；

$\quad\quad t$——冷却时间，h；

$\quad\quad D$——圆柱体试件直径，m；

$\quad\quad \alpha$——导温系数，m^2/h。

导温系数测定方法见《水工混凝土试验规程》（SL/T 352—2020）"混凝土导温系数测定"。

3. 导温系数的影响因素

①不同岩质的骨料是对混凝土导温系数影响的主要因素，温度 21 ℃时石英岩骨料拌制的混凝土导温系数为 0.005 745 m^2/h，而流纹岩骨料拌制的混凝土为 0.003 372 m^2/h，石英岩混凝土是流纹岩混凝土的 1.7 倍。

②温度对混凝土导温系数的影响次之，温度增高，导温系数降低，温度由 21 ℃升高到 54 ℃，导温系数大约降低 10%。

③用水量对混凝土导温系数的影响为，用水量与混凝土表观密度的比值每增加 1%，混凝土导温系数就减少 3.75%。

④在保持水灰比和骨料相同的条件下，无论是使用普通硅酸盐水泥、中热硅酸盐水泥还是低热硅酸盐水泥，混凝土的导温系数都几乎保持不变。这意味着水泥品种对混凝土的导温系数没有显著影响。

⑤混凝土掺加掺合料（粉煤类、矿渣粉等），其胶材用量（水泥＋掺合料）及和易性相同时，混凝土导温系数几乎相等。

⑥混凝土龄期从 3 d 到 180 d，导温系数增加约 2%，所以龄期的影响可不予考虑。

（二）导热系数

1. 物理意义

材料或构件两侧表面存在着温差，热量由材料的高温面传导到低温面的性质，称为材料的导热性能，用导热系数 λ 表示。

设材料两侧面温差为 ΔT，材料厚度为 h，面积为 A，则在稳定热流传导下，t 小时内通过材料内部的热量 Q 为

$$Q = \lambda \frac{\Delta T}{h} At \tag{2-7}$$

所以

$$\lambda = \frac{Qh}{\Delta T A t} \tag{2-8}$$

导热系数的物理意义为：厚度为 1 m、表面积为 1 m^2 的材料，当两侧面温差为 1 ℃时，在 1 h 内所传导的热量（kJ），单位为 kJ/（m·h·℃）。导热系数 λ 值越小，材料的隔热性越好。

2. 导热系数的影响因素

①粗骨料的不同岩质对混凝土导热系数有显著影响，粗骨料的导热系数差异极大，温度为 21 ℃时，石英岩的导热系数为 16.91 kJ/（m·h·℃），而流纹岩的导热系数为 6.77 kJ/（m·h·℃），石英岩骨料拌制的混凝土导热系数比流纹岩的高出 2.5 倍。所以，骨料本身的导热系数对混凝土的导热系数起主导作用。流纹岩骨料拌制的混凝土导热系数为 7.49 kJ/（m·h·℃），石英岩骨料拌制的混凝土导热系数为 12.71 kJ/（m·h·℃），后者约为前者的 1.7 倍。

②温度对混凝土导热系数的影响次之。当混凝土导热系数 ≤ 2.0 kJ/（m·h·℃）时，温度增高，导热系数增大或不变；而当导热系数 > 2.0 kJ/（m·h·℃）时，温度增高，导热系数减小。

③用水量对混凝土导热系数的影响为，用水量与混凝土表观密度的比值每增加 1%，混凝土导热系数减少 2.25%。

④水泥品种对混凝土导热系数的影响与对导温系数的影响相当，因此在考虑导热系数时，水泥品种的影响可以忽略。

⑤当混凝土中掺入掺合料时，其对导热系数的影响与对导温系数的影响相似。在胶材用量以及和易性保持不变的情况下，掺入掺合料与不掺入掺合料的混凝土在导热系数上几乎没有差异。

⑥混凝土龄期从 3 d 到 180 d，导热系数约增加 3.8%，龄期影响可不予考虑。

（三）比热

1. 物理意义

质量为 1 kg 的物质温度升高或降低 1 ℃时所吸收或放出的热量称为比热，其单位为 kJ/（kg·℃）。

2. 测试原理和方法

试件为空心圆柱体，将试件浸入盛有水的绝热容器中（容器中的水不与外界发生热交换），由加热器均匀加热。试件由初温 T_1 升高到终温 T_2 所需热量 Q 可以用下式表达。

$$Q = M \int_{T_1}^{T_2} C \mathrm{d}T \qquad (2-9)$$

式中，Q——试件温度由 T_1 升高到 T_2 所吸收的热量，kJ；

M——试件的质量，kg；

C——试件的比热，kJ/（kg·℃）；

T——试件温度，℃；

T_1——试件初温，℃；

T_2——试件终温，℃。

混凝土的比热 C 是温度 T 的函数，令

$$C = K_1 + K_2 T + K_3 T^2 \qquad (2-10)$$

将式（2-10）代入式（2-9），积分得

$$\frac{Q}{M} = K_1(T_2 - T_1) + \frac{K_2}{2}(T_2^2 - T_1^2) + \frac{K_3}{3}(T_2^3 - T_1^3) \qquad (2-11)$$

式中，K_1、K_2、K_3——待定试验常数。

在不同的初温 T_1 和终温 T_2 条件下，进行三次试验。每次测定结果代入式（2-11）得一个三元一次方程式。三次试验得三个三元一次方程式，联立方程组，求解 K_1、K_2、K_3，再代入式（2-10）得混凝土的比热 – 温度关系式。

混凝土的比热与温度成抛物线关系，在 40 ℃时最大。

3. 比热的影响因素

①不同岩质骨料拌制混凝土，其比热相差不多。温度为 21 ℃时石英岩骨料拌制混凝土的比热为 0.909 kJ/（kg·℃），而流纹岩骨料拌制混凝土的比热为 0.946 kJ/（kg·℃）。所以，骨料岩质对混凝土的比热无显著影响。

②混凝土的比热与温度成抛物线关系，温度由 21 ℃升高到 54 ℃，石英岩骨料混凝土的比热约增加 12%，流纹岩骨料混凝土的比热约增加 10%。

③混凝土用水量对比热的影响为，用水量与混凝土表观密度的比值每增加 1%，混凝土的比热增加 2.5%。

④水泥品种对混凝土比热的影响微乎其微，因此可以忽略不计。在保持水灰比和骨料相同的条件下，无论是采用普通硅酸盐水泥、中热硅酸盐水泥还是低热硅酸盐水泥，混凝土的比热都是相等的。

⑤混凝土中掺入掺合料对其比热的影响与对导温系数的影响相似。在胶材用量以及和易性保持一致的条件下，掺入掺合料与不掺入掺合料的混凝土在比热上几乎没有差异。

⑥混凝土龄期从 3 d 到 180 d，比热约增加 1.8%，龄期影响可不予考虑。

四、混凝土的变形性能

影响混凝土变形的因素很多，主要有两类：一类是由于荷载作用而产生的变形，包括一次短期加荷时的变形和荷载长期作用下的变形；另一类是非荷载作用下的变形，包括混凝土的化学收缩、干湿变形、温度变形等。

（一）受力变形

1. 混凝土在一次短期荷载作用下的变形

混凝土在短期荷载作用下的应力－应变曲线通常用棱柱体试件进行测定，它是研究钢筋混凝土构件强度、裂缝、变形、延性所必需的依据。

混凝土的极限压应变 ε_{cu} 越大，表示混凝土的塑性变形能力越大，即延性越好。

混凝土受拉时的应力－应变（σ-ε）曲线与受压时的相似，但其峰值时的应力、应变都比受压时的小得多。计算时，一般混凝土的最大拉应变可取（$1\sim1.5$）$\times 10^{-4}$。

2. 混凝土在重复受压荷载作用下的变形

混凝土棱柱体在重复受压荷载的作用下，其应力－应变曲线与一次短期加载下的曲线有明显不同。在荷载加至某一较小应力值后再卸载，混凝土的部分应变（弹性应变）可以立即得以恢复或经过一段时间后得以恢复；而另一部分应变（弹性应变）则不能恢复。所以，在一次加／卸载循环中，混凝土的应力－应变曲线会形成一个闭合环。随着加载和卸载过程的重复，混凝土的残余变形会逐渐减小。同时，其应力－应变曲线的上升段（加载阶段）与下降段（卸载阶段）也会逐渐接近，显示出材料在反复受力下的稳定性增强；经过一定次数（$5\sim10$ 次）的加／卸载，混凝土应力－应变曲线退化为直线且与一次短期加载时混凝土应力－应变曲线上过原点的切线基本平行，表明混凝土此时基本处于弹性工作状态。

当在较高的应力水平下对混凝土施加重复荷载时，经多次重复加／卸载后，应力－应变曲线仍会退化为一条直线。但若继续重复加／卸载，应力－应变曲线则逐渐由向上凸的曲线变成向下凸的曲线，同时加／卸载循环的应力－应变曲线不再形成闭合环。这种现象标志着混凝土内部裂缝显著地开展。随着重复加／卸载的次数逐渐增加，应力－应变曲线的倾斜角度逐渐减小。最终，混凝土试件会因为裂缝宽度过大或变形过大而遭受破坏。这种由于荷载的重复作用导致的破坏，被称为混凝土的疲劳破坏。疲劳破坏是混凝土在长时间或重复荷载作用下的一种典型失效模式。

3. 混凝土在长期荷载作用下的变形——徐变

（1）徐变的概念

徐变和松弛是两个描述材料变形和应力随时间变化所产生的现象的术语。徐变是指当试件上施加的荷载保持不变时，试件随时间推移发生的变形逐渐增加的现象。相反，松弛则是指试件在保持一定形变的情况下，其内部应力随时间逐渐减小的现象。

混凝土处于任何较低的应力状态下，都会发生徐变，并且徐变会导致体积发生变化。在施加荷载时，很难将瞬时弹性应变与早期徐变进行区分，而且随着时间的推移，弹性应变会减少。所以，徐变被视为超过初始弹性应变的额外应变增量。尽管在理论上可能不精确，但在实际应用中却很方便。

在保持恒定应力和试件与周围介质湿度达到平衡的条件下，随时间推移而增加的应变被称为基本徐变。当试件在干燥的过程中同时受到荷载作用时，通常认为徐变和收缩是两种可以相互叠加的现象。

当卸除混凝土持续施加的荷载时，应变会立即减小，这一现象被称为瞬时回复。瞬时回复的应变量等于相应卸荷龄期的弹性应变，一般这个值会比刚施加荷载时的弹性应变要小。紧接着瞬时回复，应变会经历一个逐渐减小的阶段，这个阶段被称为徐变回复或弹性后效。在徐变回复之后，剩余的变形部分被称为永久变形，它不会随着时间的推移而进一步恢复。

残余变形的产生是由于卸荷后具有弹性变形的骨料将力图恢复它原来的形状，但受到被硬化了的水泥石阻止，所以骨料只能部分恢复，而剩余一部分不可恢复的残余变形。

（2）徐变产生的原因

在荷载长期持续作用且应力水平保持不变的条件下，混凝土材料会随时间的推移而产生逐渐增大的变形，这种现象被称为混凝土的徐变。

混凝土产生徐变的原因主要有两方面：一是在荷载的作用下，混凝土内的水泥凝胶体产生过程漫长的黏性流动；二是混凝土内部微裂缝在荷载长期作用下的扩展和增加。

（3）影响徐变的因素

混凝土的组成成分和配合比是影响徐变的直接因素。

骨料的弹性模量越大，以及骨料在混凝土中所占的体积比例越高，由凝胶体流变传递给骨料的压力所引起的变形就会越小，因此徐变也会相应减小。当水泥用量较大时，凝胶体在混凝土中所占的比重也会增加。而水灰比高意味着水泥水化后残存的游离水较多，这会导致徐变增大。此外，养护期间若温度高、湿度大，则水泥水化作用会更加充分，从而减小徐变。值得注意的是，混凝土在受荷载后，若处于湿度低、温度高的环境中，其产生的徐变会明显大于湿度高、温度低时的情况。

构件体表比（构件体积与构件表面积的比值）越小，徐变越大。受荷载时混凝土龄期越长，水泥石中结晶所占的比例越大，凝胶体黏性流动相对越少，徐变也越小。

（4）徐变的影响

徐变对钢筋混凝土结构的影响有时是明显的，例如，钢筋混凝土轴心受压构件在不变荷载的长期作用下，混凝土将产生徐变。由于钢筋与混凝土的黏结作用，两者共同变形，混凝土的徐变将迫使钢筋的应变增大，钢筋应力也相应增大，但外荷载保持不变，由平衡条件可知，混凝土的应力必将减小，这样就产生了应力重分布，使得构件中钢筋和混凝土的实际应力和设计计算时所得出的数值不一样。另外，徐变使受弯构件和偏压构件变形增大。在轴压构件中，徐变使钢筋应力增加，混凝土应力减小；在预应力构件中，徐变使预应力发生损失；在超静定结构中，徐变使内力发生重分布。

（二）非受力变形（温度变形和干缩变形）

1. 温度变形和干缩变形产生的原因

混凝土因外界温度的变化及混凝土初凝期的水化热等原因而产生温度变形，这是一种非直接受力的变形。当构件变形受到限制时，温度变形将在构件中产生温度应力。大体积混凝土常因水化热而产生相当大的温度应力，甚至超过混凝土的抗拉强度，造成混凝土开裂，严重时会导致结构承载能力和耐久性的下降。

混凝土的温度变形和温度应力除了与温差或水化热有关外，还与混凝土的温度膨胀系数有关。

当混凝土处在干燥的外界环境下时，其体内的水分逐渐蒸发，导致混凝土体积减小（变形），此种变形称为混凝土的干缩变形，这也是一种非直接受力的变形。当混凝土构件受到内部、外部约束时，干缩变形将产生干缩应力。干缩应力过大会使构件产生裂缝。对于厚度较大的构件，干缩裂缝多出现在表层范围内，仅对其外观和耐久性产生不利影响；而对于水利工程的薄壁构件而言，干缩裂缝多为贯穿性裂缝，对结构将产生严重的损害。水工混凝土多处在潮湿环境下，因体内水分得以补充而导致混凝土体积膨胀。由于体积增大值比缩小值小很多，加之体积膨胀一般对结构将产生有利影响，因此设计中可以不考虑湿胀对结构的影响。

干缩变形的大小与混凝土的组成、配合比、养护条件等因素有关。施工过程中，水泥用量多、水灰比大，振捣不密实，养护条件不良，构件外露表面积大等因素都会造成干缩变形增大。

2. 防止措施

为了减小温度变形和干缩变形对结构的不利影响，可以从施工工艺、施工管理及结构形式等方面采取措施减小结构的非受力变形。例如，三峡水利枢纽工程采用添加冰块来拌制混凝土或布置循环水管道，利用快速浇筑设备（塔带机）浇筑、缩短浇筑时间等措施来减小温度变形；可以通过减小构件的外表面积和加强混凝土振捣及养护等来减小干缩变形；还可以通过设置伸缩缝来降低温度变形和干缩变形对结构的不利影响。对处在环境温度及湿度剧烈变化的混凝土表面区域内设置一定数量的钢筋网可以减小裂缝宽度。

五、混凝土的抗裂性能

（一）大体积混凝土产生裂缝的原因

随着外界环境和混凝土自身因素的作用，大体积混凝土自浇筑结构要经受各种力的影响，从而导致结构中的位移和变形不断发生，产生应力。一般而言，当应力超过混凝土的极限强度或应力变形超过混凝土的极限变形值时，混凝土结构会出现裂缝。随着裂缝的不断发展，如果达到严重的程度，结构物将失去其承载能力并发生破坏。综合来讲，可以将这种破坏力分为以下几种类型。

①温度应力包含两个方面：一是由结构混凝土自身水化热产生的应力，二是由环境温度变化引起的应力。

②干缩应力是由于结构混凝土表面水分蒸发散失所引发的拉应力，这种应力通常会导致混凝土表面浅层的裂缝产生。

③外荷载应力则涵盖了一系列由内外部因素施加在混凝土结构上的力，包括自重、水压、泥沙压力、扬压力、地震力、动水压力、冰压力、设备重量以及其他在设计过程中考虑的可变荷载和永久荷载。

④基础变形和模板走样产生的应力。

⑤自生体积变形应力，可能是膨胀变形，也可能是收缩变形。前者会增加压应力，后者会产生拉应力[①]。

众所周知，混凝土的抗压强度和极限压缩变形值均较高，相比之下，其抗拉强度和极限拉伸值则相对较低。具体而言，抗拉强度仅为抗压强度的1/10，而极限拉伸值约为100×10^{-6}。所以，在大体积混凝土中出现的裂缝，绝大部分是由于拉应力超过了混凝土的抗拉强度，或者拉伸应变超过了混凝土的极限拉伸值。

（二）防止混凝土裂缝的技术措施

为防止出现危害性裂缝，采取的技术措施分为两类：一类是提高混凝土的抗裂能力；另一类是为减小混凝土结构中的应力和变形，从而使结构中的应力或变形与混凝土的抗裂能力相适应，使工程既安全又经济。

提高混凝土的抗裂能力是一个综合措施，从原材料优选到配合比设计，包括以下几点。

①提高混凝土的抗拉强度和极限拉伸值，以增强其抗拉性能。

②提高混凝土的徐变度，有助于应力在混凝土中的松弛，从而减轻其对结构的影响。

③降低混凝土的热胀系数。

④降低混凝土的弹性模量，以改善其某些性能。

⑤提高混凝土的比热并选择适当的导热系数。

⑥适当地增加混凝土的自生体积膨胀量，并尽量避免使用具有自生体积收缩特性的混凝土，可以有效防止裂缝的产生。

⑦降低混凝土的绝热温升总量，并确保其发展曲线与分缝分层、降温措施等施工细节相匹配。

⑧降低混凝土的干缩率。

上述8条技术措施应根据施工条件能取得的原材料和配合比优化设计实现，也不可能全部达到要求。

精心设计、合理施工，最大限度地防止裂缝发生，采取的措施有以下几点。

①在施工过程中，应合理选择分层厚度。

②通过适当分缝和减小浇筑块长度，有效降低约束应力，提高混凝土的耐久性。

③为减小恶劣环境对结构的影响，应选择较为合理的体型，尽量减小暴露面，降低应力产生的可能性。

④在结构设计时，应尽量采用能够减小应力集中的布置方案，以提高结构的整体稳定

---

① 李进亮. 浅议水工混凝土裂缝的预防与控制[J]. 科技资讯，2011（9）：57.

性和安全性。

⑤加强表面养护或采取适当的表面保温措施。

⑥充分利用温度控制措施，减小温差而降低温度应力。

六、混凝土的耐久性能

混凝土结构设计中不仅要考虑其所承受的荷载，而且要考虑环境的影响，即耐久性（durability）。混凝土结构耐久性是指混凝土结构（包括钢筋或预应力钢筋混凝土）抵抗环境中各种因素作用而保持正常使用功效的能力，包括抗渗性、抗冻性、抗碳化性、抗化学侵蚀性、抗碱－骨料病害、耐火性等方面。衡量混凝土结构耐久性的指标是设计使用年限。

耐久性是指一定的混凝土结构在规定或预期的服务寿命期内，保持设计所需要功能的性能。耐久性是针对一定的应用和环境提出来的，一切不以环境为前提而提出的耐久性都是不准确的，也是没有意义的。《混凝土结构耐久性设计标准》（GB/T 50476—2019）就针对一般环境、冻融环境、氯化物环境和化学腐蚀环境等不同的环境类别分别对耐久性设计作出规定。严格来说，真正衡量混凝土耐久性的核心物理量是时间。但遗憾的是，与人的生命一样，混凝土的耐久性难以通过简单的方法进行精确预测。所以，在实际应用中，不得不依赖于其他指标来参考性地评估混凝土的耐久性。

（一）混凝土的抗渗性

1.抗渗性的定义、意义及渗透原理

混凝土的抗渗性（impermeability），是指其抵抗水、油等压力液体渗透作用的能力。它是决定混凝土耐久性最基本的因素。混凝土品质劣化的四大主要原因分别是钢筋锈蚀、冻融破坏、硫酸盐侵蚀和碱－骨料反应。这些病害的发生都依赖于水可以渗透到混凝土内部这一前提条件。若水无法直接作用于混凝土或作为侵蚀性介质的扩散载体进入其内部，这些病害就不会产生。

混凝土是一种由水泥、砂石骨料和水经过搅拌、固化而成的复杂材料，具有气、液、固三相共存的特性，呈现出非匀质的多孔结构。这种多孔性导致了混凝土具有一定的透水性。主要原因包括：首先，为确保混凝土在施工过程中的和易性和流动性，实际用水量往往超过水泥水化所需的水量，多余的水分会在固化过程中形成孔隙和孔洞，这些孔洞相互连接，构成了透水的通道；其次，混凝土本身存在多种固有的缺陷，如界面裂缝等，这些裂缝为水分提供了渗透的通道；最后，水泥水化产生的产物体积通常小于水泥和水混合后的原始体积，导致硬化后的水泥石无法完全占据原有的空间，从而在内部形成更多的孔隙，进一步增加了混凝土的透水性。

2.抗渗性的影响因素和提高措施

（1）混凝土抗渗性的影响因素

①水胶比。水胶比高，混凝土抗渗性相对较低；反之则抗渗性较高。

②骨料最大粒径。随着骨料最大粒径的增大，界面应力也会相应增大，导致界面缺陷增多，进而使得混凝土的抗渗性能降低。

③骨料渗透性。在硬化混凝土中，水泥浆体的毛细管孔隙率通常在30%～40%的范

围内，而大部分天然骨料的孔体积一般小于3%，很少超过10%。所以，从这些数据上看，骨料的渗透性似乎应该远低于典型的水泥浆体。然而，实际情况并非如此。某些类型的骨料，如花岗岩、石灰岩、砂岩和燧石，其渗透性实际上远大于水泥浆体。这主要是因为骨料中的毛细管平均孔径大于10 μm，而水泥浆体中大多数毛细管孔径则在10～100 nm范围内。因此，骨料的种类对混凝土的抗渗性具有显著影响。

④养护方法。加强混凝土养护，可以促进水化，提高混凝土密实性和抗渗性；反之，则混凝土面层质量差，水密性差，抗渗性差。

⑤胶凝材料粉体堆积状态和需水行为。粉体堆积合理、密实，需水行为良好，则用水量低，水胶比低，抗渗性提高。

⑥混凝土拌和物的离析与泌水。混凝土拌和物出现离析、泌水，导致混凝土抗渗性下降。

⑦龄期。随着龄期增长，水化程度越来越高，混凝土结构密实度提高，抗渗性提高。

（2）提高混凝土抗渗性的措施

影响混凝土抗渗性的核心要素在于其孔隙率和孔隙特征。当混凝土的孔隙率降低且连通孔数量减少时，其抗渗性能会得到显著提升。为增强混凝土的抗渗性，可采取以下主要措施：选择优质的骨料，以优化混凝土的内部结构和孔隙分布；通过掺入粉煤灰等矿物掺合料，改善混凝土的工作性能和硬化特性；合理选择水泥品种和用量，确保混凝土硬化过程中形成的孔隙结构有利于提高其抗渗性；采用较低的水胶比；引气剂与减水剂共掺，保证混凝土拌和物具有一定的含气量；合理选择混凝土配合比；适当振捣，加强施工养护等。

（二）混凝土的抗冻性

1.抗冻性的定义和冻融破坏机理

混凝土的抗冻性（frost resistance），也被称为其抵抗霜冻的能力，是指在混凝土达到水饱和状态后，经过多次的冷冻和融化循环，它仍能保持其强度和外观完整性的能力。在实际应用中，混凝土最常见的受冻形式是水泥浆基体在反复经历冻融作用后，由于逐渐膨胀而导致的开裂和剥落现象。

混凝土作为一种多孔材料，如果其内部含有水分，再遭遇负温环境，水分会结冰并导致体积膨胀约9%。但是，在低温条件下，水泥浆体和骨料会收缩，这使得水分结冰时产生的膨胀压力直接作用于混凝土的内部结构。当温度回升，冰融化时，水的体积会收缩，这种冻融循环对混凝土结构产生巨大的影响。在结冰过程中，水结冰体积膨胀引发静水压力，以及在融化过程中的渗透压力（由冰水蒸气压差异推动未冻结水向冻结区迁移造成），这两个过程产生的内应力，都可能对混凝土产生破坏。当这些内应力超过混凝土的抗拉强度时，混凝土就会产生裂缝。随着冻融循环的反复进行，裂缝会不断扩展，最终导致混凝土被破坏。混凝土的密实度、孔隙结构以及孔隙的充水程度是决定其抗冻性的关键因素。密实的混凝土和具有封闭孔隙的混凝土能够更好地抵抗冻融循环带来的破坏，因此具有较高的抗冻性。

2.除冰盐对混凝土的破坏

冬季，为了预防高速公路和城市道路因结冰和积雪导致的汽车打滑和交通事故，常见的做法是在路面上撒盐，如氯化钠（NaCl）或氯化钙（$CaCl_2$），以此来降低冰点，从而去除冰雪。然而，近年来，交通行业和学术界对除冰盐对混凝土路面和桥面造成的潜在危害表示了越来越多的关注。研究显示，盐冻剥蚀破坏是冻融破坏中最为严重的一种形式。在实际工程应用中，人们发现除冰盐不仅加速了冻害的发生，而且渗入混凝土中的氯盐还导致了严重的钢筋锈蚀问题，进一步加剧了碱－骨料反应。

（1）破坏机理

①渗透压增大导致混凝土孔隙饱和吸水度提高，结冰压增大。

②盐的结晶压力。

③盐的浓度梯度使受冻时因分层结冰产生应力差。

（2）破坏特征

①破坏从表面开始，逐渐向内部发展，表面砂浆剥落，骨料暴露。

②剥落层内部的混凝土保持坚硬完好。

③这种破坏非常快，少则一冬，多则数冬，可产生严重剥蚀破坏。

④剥蚀表面及裂纹内可见白色粉末 NaCl 晶体。

（3）主要预防措施

①混凝土必须引气，含气量应在 5%～6.5% 范围内。

②降低混凝土水胶比。

③适量掺粉煤灰、矿渣，提倡掺硅灰。

④适当增加保护层厚度。

3. 提高混凝土抗冻性的措施

①降低混凝土水胶比，降低孔隙率。

②为优化混凝土的性能，可以掺加适量的引气剂，确保混凝土的含气量维持在 5%～6.5% 的理想范围内。

③在保持相同含气量的条件下，混凝土强度的提升将直接增强其抗冻性。为提高混凝土的抗冻性，要致力于提升混凝土的强度。

④为获得更好的混凝土性能，倾向于使用粒径较小的粗骨料。同时，也避免选择那些吸水率较高且含有较多 4～5 μm 孔的骨料，以确保混凝土的抗渗性。

⑤掺加适量的矿物细粉掺合料。

第三节　钢筋与混凝土黏结及其性能

一、钢筋与混凝土之间的黏结力

（一）钢筋与混凝土黏结的作用

钢筋与混凝土黏结是保证钢筋和混凝土组成混凝土结构或构件并能共同工作的前提。如果钢筋和混凝土不能良好地黏结在一起，混凝土构件受力变形后，在小变形的情况下，钢筋和混凝土不能协调变形；在大变形的情况下，钢筋就不能很好地锚固在混凝土结构中。

钢筋与混凝土之间的黏结性能可以用两者界面上的黏结应力来说明。当钢筋与混凝土之间有相对变形（滑移）时，其界面上会产生沿钢筋轴线方向的相互作用力，这种作用力称为黏结应力。

在钢筋上施加拉力，钢筋与混凝土之间存在黏结力，将钢筋的部分拉力传递给混凝土使混凝土受拉，经过一定的传递长度后，黏结应力为零。当截面上的应变很小时，钢筋和混凝土的应变相等，构件上没有裂缝，钢筋和混凝土界面上的黏结应力为零；当混凝土构件上出现裂缝时，开裂截面之间存在局部黏结应力，因为开裂截面钢筋的应变大，未开裂截面钢筋的应变小，黏结应力使远离裂缝处钢筋的应变变小，混凝土的应变从零逐渐增大，使裂缝间的混凝土参与工作。

在混凝土结构设计中，当钢筋伸入支座或在连续梁的顶部负弯矩区段被截断时，需将钢筋延伸一定长度，这被称作钢筋的锚固。这种锚固长度的重要性在于，只有钢筋具备足够的锚固长度，才可以积累足够的黏结力，从而使其可以承受拉力。这种在锚固长度上分布的黏结应力，被称为锚固黏结应力。

（二）黏结力的组成

钢筋与混凝土之间的黏结力与钢筋表面的形状有关。

1. 光圆钢筋与混凝土之间的黏结

光圆钢筋与混凝土之间的黏结作用主要由三部分组成：化学胶着力、摩阻力和机械咬合力。化学胶着力是由水泥浆体在硬化前对钢筋氧化层的渗透、硬化过程中晶体的生长等产生的。化学胶着力一般较小，当混凝土和钢筋界面发生相对滑动时，化学胶着力会消失。混凝土硬化会发生收缩，从而对其中的钢筋产生径向的握裹力。在握裹力的作用下，当钢筋和混凝土之间有相对滑动或有滑动趋势时，钢筋与混凝土之间产生摩阻力。摩阻力的大小与钢筋表面的粗糙程度有关，表面越粗糙，摩阻力越大。机械咬合力是由于钢筋表面凹凸不平，与混凝土咬合嵌入产生的。轻微腐蚀的钢筋其表面有凹凸不平的蚀坑，摩阻力和机械咬合力较大。

光圆钢筋的黏结力主要由化学胶着力、摩阻力和机械咬合力组成，相对较小。光圆钢筋的直接拔出试验表明，达到抗拔极限状态时，钢筋直接从混凝土中拔出，滑移大。为了增加光圆钢筋与混凝土之间的锚固性能，减少滑移，光圆钢筋的端部要加弯钩或采取其他机械锚固措施。

2. 带肋钢筋与混凝土之间的黏结

带肋钢筋与混凝土之间的黏结也由化学胶着力、摩阻力和机械咬合力三部分组成。但是，带肋钢筋表面的横肋嵌入混凝土内并与之咬合，能显著提高钢筋与混凝土之间的黏结性能。

在拉拔力的作用下，钢筋的横肋对混凝土形成斜向挤压力，此力可分解为沿钢筋表面的切向力和沿钢筋径向的环向力。当荷载增加时，钢筋周围的混凝土首先出现斜向裂缝，钢筋横肋前端的混凝土被压碎，形成肋前挤压面。同时，在径向力的作用下，混凝土产生环向拉应力，最终导致混凝土保护层发生劈裂破坏。例如，混凝土的保护层较厚（$c/d > 6$，c 为混凝土保护层厚度，d 为钢筋直径），混凝土不会在径向力作用下产生劈裂破坏，而是达到抗拔极限状态时，肋前端的混凝土完全被挤碎而拔出，产生剪切型破坏。所以，带肋钢筋的黏结性能明显地优于光圆钢筋，锚固性能良好。

（三）影响钢筋和混凝土黏结性能的因素

影响钢筋和混凝土黏结性能的因素很多，主要有钢筋的表面形状、混凝土强度及组成成分、浇筑位置、混凝土保护层厚度、钢筋净间距、横向钢筋约束和侧向压力作用等[①]。

1. 钢筋表面形状的影响

一般用单轴拉拔试验得到的锚固强度和黏结滑移曲线表示黏结性能。达到抗拔极限状态时，钢筋与混凝土界面上的平均黏结应力称为锚固强度，用下式表示。

$$\tau = \frac{N}{\pi d l} \tag{2-12}$$

式中，τ——锚固强度；

N——轴向拉力；

d——钢筋直径；

l——黏结长度。

拉拔过程中得到的平均黏结应力与钢筋和混凝土之间的滑移关系，称为黏结滑移曲线，如图 2-5 所示。带肋钢筋不仅锚固强度高，而且达到极限强度时的变形小。对于带肋钢筋，月牙纹钢筋的黏结性能比螺纹钢筋稍差。通常来讲，相对肋面积越大，钢筋与混凝土的黏结性能越好，相对滑移越小。

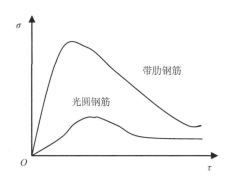

图 2-5 钢筋的黏结滑移曲线

2. 混凝土强度及组成成分的影响

混凝土的强度越高，则锚固强度越高，相对滑移越小。混凝土的水泥用量越大，水灰比越大，砂率越大，则黏结性能越差，锚固强度越低，相对滑移量越大。

---

① 叶文亚，李国平. 考虑黏结退化的预应力混凝土梁整体性能研究 [J]. 公路，2014，59（10）：129–134.

3. 浇筑位置的影响

混凝土硬化过程中会发生沉缩和泌水。水平浇筑的构件（如混凝土梁）的顶部钢筋，受到混凝土沉缩和泌水的影响，钢筋下面与混凝土之间容易形成空隙层，从而削弱钢筋与混凝土之间的黏结性能。浇筑位置对黏结性能的影响，取决于构件的浇筑高度及混凝土的坍落度、水灰比、水泥用量等。浇筑高度越高，坍落度、水灰比和水泥用量越大，影响越大。

4. 混凝土保护层厚度和钢筋净间距的影响

混凝土的保护层越厚，对钢筋的束缚作用越强，这样需要更大的径向力才能使混凝土发生劈裂破坏，从而提高锚固强度。钢筋的净间距越大，锚固强度也越高。当钢筋的净间距太小时，水平劈裂可能会导致整个混凝土保护层发生脱落，明显降低锚固强度。

5. 横向钢筋约束和侧向压力的影响

利用横向钢筋约束或侧向压力对混凝土产生作用，可以有效地减缓裂缝的扩展速度并限制裂缝的宽度，从而增强锚固的能力。所以，在直径较大的钢筋锚固或搭接长度范围内，并且在有多层并列钢筋的情况下，应该适当地增加附加箍筋的数量，以确保混凝土保护层不会出现劈裂崩落的情况。

二、钢筋的锚固与连接

（一）受拉钢筋的锚固长度

根据上述对影响钢筋与混凝土之间黏结性能的因素分析，通过大量试验研究并进行可靠度分析，得出考虑主要因素即钢筋的强度、混凝土的强度和钢筋的表面特征。

钢筋的强度越高、直径越粗，而混凝土的强度越低时，为确保钢筋与混凝土之间的有效连接和传递力，所需的锚固长度要求会相应增长。

为了确保光面钢筋黏结强度可靠，相关规范规定在绑扎骨架中，受力的光圆钢筋的末端应做成180°的弯钩，而带有肋纹的钢筋、焊接骨架、焊接网以及受压构件的轴心中的光圆钢筋则可以不做弯钩处理。

当板的厚度小于120 mm时，可以将板的上层钢筋制成直接抵达板底的直钩形状。

对于水闸或溢流坝的闸墩等结构构件，如果其底部是固定在大体积混凝土中的，那么受拉钢筋需要伸入大体积混凝土中，直到拉应力数值小于0.7倍的混凝土抗拉强度的位置，然后再延伸一个锚固长度 l_a。如果尚未具体确定底部混凝土内的应力分布，可以根据已建工程的经验来确定伸入长度。

当边墩设置上述的锚固钢筋时，还需要按照边墩的受力情况，在底部混凝土表面布置一定数量的水平钢筋。

对于水池或输水道等边墙，如果其底部是普通的底板而不是大体积混凝土，那么边墙与底板交接处的受力钢筋连接方式应遵循框架顶层节点的处理原则。

（二）机械锚固的修正

当受力钢筋的锚固长度受到限制，仅靠自身的锚固性能无法满足承载力需求时，可在受力钢筋的末端采取机械锚固措施。然而，当机械锚头充分受力时，可能会引发显著的滑移和裂缝。所以，为了确保结构的整体稳定性和安全性，即使采用机械锚固，仍需保持一定的钢筋锚固长度与之配合使用，对于 HRB335、HRB400、RRB400 级和 HRB500 级钢筋，其锚固长度应取 $0.7l_a$。同时，为增强锚固区域的局部抗压能力，避免出现混凝土局部受压破坏，锚固长度范围内的箍筋不应少于 3 个，其直径不应小于锚固钢筋直径的 0.25 倍，间距不应大于锚固钢筋直径的 5 倍及 100 mm。当锚固钢筋的保护层厚度大于钢筋直径的 5 倍时，可不配上述箍筋。

（三）受压钢筋的锚固长度

受压钢筋的黏结锚固机制与受拉钢筋相似，但钢筋受压后产生的镦粗效应会增加界面间的摩擦力和咬合作用，有助于增强锚固效果。因此，在满足设计要求的前提下，可以适当缩短受压钢筋的锚固长度。当设计中充分利用纵向钢筋的受压性能时，其锚固长度可以设定为受拉锚固长度的 0.7 倍。

（四）钢筋连接的原则

由于结构中实际配置的钢筋长度与供货长度不一致，将产生钢筋的连接问题。钢筋的连接需要满足承载力、刚度、延性等基本要求，以便实现结构对钢筋的整体传力。钢筋的连接形式有机械连接、焊接和绑扎搭接，应遵循如下基本设计原则。

①接头应尽量设置在受力较小处，以降低接头对钢筋传力的影响程度。

②应尽量减少在同一钢筋上设置连接接头，以避免过多地削弱钢筋的传力性能。

③相邻纵向受力钢筋的接头应相互错开，限制同一连接区段内接头钢筋的面积率，以避免变形、裂缝集中于接头区域，从而对传力效果产生不利影响。

④为确保钢筋连接区域的配箍效果和对被连接钢筋的有效约束力，避免连接区域的混凝土纵向劈裂，应采取相应的构造措施，包括适当增加连接区域混凝土的保护层厚度，以及合理调整钢筋之间的间距。

（五）绑扎搭接连接

钢筋的绑扎搭接连接利用了钢筋与混凝土之间的黏结锚固作用，因比较可靠且施工简便而得到广泛应用。但是，因直径较粗的受力钢筋绑扎搭接容易产生过宽的裂缝，故受拉钢筋直径大于 28 mm 或受压钢筋直径大于 32 mm 时不宜采用绑扎搭接。轴心受拉及小偏心受拉构件的纵向钢筋，因构件全截面受拉，为防止连接失效引起结构破坏等严重后果，不得采用绑扎搭接。承受疲劳荷载的构件，为避免其纵向受拉钢筋接头区域的混凝土疲劳破坏而引起连接失效，也不得采用绑扎搭接接头。双面配置受力钢筋的焊接骨架，不得采用绑扎搭接接头。

在使用绑扎接头时，为了确保结构的稳定性，需要对接头的位置和数量进行合理控制。具体来说，从任何一个接头中心到 1.3 倍搭接长度的范围内，受拉钢筋的接头数量占比不应超过 1/4。若接头数量占比达到 1/3 或 1/2 时，钢筋的搭接长度应分别增加 10% 和 20%，即乘以相应的系数 1.1 和 1.2。对于受压钢筋，其接头数量占比则不应超过 1/2，以确保结构的整体性能。

成束钢筋的搭接长度应根据束中钢筋的数量进行相应调整。具体而言，当钢筋束中包含两根钢筋时，搭接长度应为单根钢筋搭接长度的 1.4 倍；若钢筋束中包含三根钢筋，则搭接长度应增加至单根钢筋搭接长度的 1.7 倍。

无论在任何情况下，纵向受拉钢筋的绑扎搭接接头长度都应满足最低要求。这一最低长度应为 $1.2l_a$，同时，该长度不应低于 300 mm。对于构件中的纵向受压钢筋，当采用搭接连接方式时，其受压搭接长度也应满足一定的要求。具体而言，受压搭接长度不应小于 $0.85l_a$，同时，为确保连接的有效性，这一长度也不应低于 200 mm。

（六）机械连接

钢筋的机械连接是通过外部的套筒，该套筒连贯地套接在两根钢筋上，以实现力的传递。这种连接方式依赖于套筒与钢筋之间的机械咬合力来实现力的有效过渡。机械连接的主要形式包括挤压套筒连接、锥螺纹套筒连接、镦粗直螺纹连接以及滚轧直螺纹连接等。

机械连接比较简便，是相关规范鼓励推广应用的钢筋连接形式，但与整体钢筋相比性能总有削弱，所以应用时应遵循如下规定。

①钢筋机械连接接头的连接区域长度为 $35d$（d 代表纵向受力钢筋的最大直径）。若接头的中点落在这个连接区域长度内，则该机械连接接头被视为属于同一连接区段。

②当在受拉钢筋受力较大的位置设置机械连接接头时，同一连接区段内的纵向受拉钢筋接头面积的百分比应控制在 50% 以下。

③对于机械连接接头连接件，其混凝土保护层的厚度应满足纵向受力钢筋最小保护层厚度的要求。此外，连接件之间横向钢筋的净间距应不小于 25 mm。

（七）焊接

钢筋焊接是一种通过电阻、电弧或燃烧气体产生的热量来熔化钢筋端部的连接方式，在此过程中，通过加压或添加熔融的金属焊接材料，使钢筋连接成一个整体。根据加热方式的不同，钢筋焊接主要分为闪光对焊、电弧焊、气压焊和点焊等类型。钢筋焊接接头的优点在于其能够有效地节省钢筋材料，降低接头成本，同时接头尺寸较小，对钢筋间距和施工操作的影响较小。在保证质量的前提下，焊接接头是一种非常理想的连接方式。对于钢筋直径 d 小于等于 28 mm 的焊接接头，推荐采用闪光对焊或搭接焊。当钢筋直径 d 大于 28 mm 时，更适宜采用帮条焊，此时帮条的截面面积应为受力钢筋截面面积的 1.5 倍。值得注意的是，不同直径的钢筋不应采用帮条焊进行连接。在搭接焊和帮条焊的接头中，应该采用双面焊缝，这样可以确保接头的强度和稳定性。钢筋的搭接长度也是关键参数之一，不应小于 $5d$。在施焊条件受限只能采用单面焊缝时，搭接长度应增加到不小于 $10d$，以确保接头的质量和安全性。

三、钢筋混凝土结构对钢筋性能的要求

钢筋混凝土结构对钢筋性能的要求主要有以下几个方面。

（一）强度高

使用强度高的钢筋可以节省钢材，取得较好的经济效益。然而，钢筋混凝土结构中，钢筋能否充分发挥其高强度，取决于混凝土构件截面的应变。钢筋混凝土结构中受压钢筋所能达到的最大应力为 400 MPa 左右，所以选用设计强度超过 400 MPa 的钢筋，并不能充分发挥其高强度；钢筋混凝土结构中如果使用高强度受拉钢筋，在正常使用条件下，要使钢筋充分发挥其强度，混凝土结构的变形与裂缝控制就会不满足正常使用要求，所以高

强度钢筋只能用于预应力混凝土结构。

（二）变形性能好

为了保证混凝土结构构件具有良好的变形性能，在破坏前能给出即将破坏的预兆，不发生突然的脆性破坏，要求钢筋有良好的变形性能，并通过延伸率和冷弯试验来检验。HPB300、HRB335 级和 HRB400 级热轧钢筋的延性和冷弯性能很好；钢丝和钢绞线具有较好的延性，但不能弯折，只能以直线或平缓曲线应用；余热处理 RRB400 级钢筋的延性、可焊性及冷弯性能较差，一般用于对变形和加工性能要求不高的构件，如大体积混凝土、墙体等构件。

（三）可焊性好

混凝土结构中钢筋需要连接，连接可采用机械连接、焊接和搭接，其中焊接是一种主要的连接形式。可焊性好的钢筋焊接后不产生裂纹及过大的变形，焊接接头具有良好的力学性能。钢筋焊接质量除外观检查外，一般通过直接拉伸试验检验。

（四）与混凝土有良好的黏结性能

钢筋和混凝土之间必须具备良好的黏结性能，才可以保证钢筋和混凝土能共同工作。钢筋的表面形状是影响钢筋和混凝土之间黏结性能的主要因素。

（五）经济性

衡量钢筋经济性的关键指标是强度价格比，代表了每单位货币所能购买到的钢筋强度。当强度价格比较高时，意味着钢筋的经济性更好。使用这种高性价比的钢筋不仅可以降低所需的配筋量，从而简化施工过程，还能有效地减少加工、运输、施工等一系列附加成本。

第三章 钢筋混凝土结构设计原理

钢筋混凝土结构设计原理是指在设计钢筋混凝土结构时所遵循的基本原则和理论。钢筋混凝土结构设计是建筑工程设计的重要基础，合理的设计原理能够确保结构的安全、经济和实用。钢筋混凝土结构设计原理涉及结构功能与设计极限状态、结构抗力和作用效应、结构可靠度等多个方面，需要综合考虑结构的受力特点、使用环境等，以实现结构的安全、经济、美观和耐久。设计人员在进行钢筋混凝土结构设计时应该深入理解这些原理，并且结合具体的项目要求和可行性进行综合设计。

第一节 结构的功能与设计的极限状态

一、结构的安全等级与功能要求

（一）结构的安全等级

建筑物结构破坏可能导致的后果（如威胁生命安全、造成严重社会影响或经济损失等），即建筑物的重要性，可以作为确定其安全等级的依据。据此，可将建筑物分为三个不同的安全等级，如表3-1所示。需要注意的是，对于那些人员流动频繁、人流量大的场所，如影剧院和体育馆等，其安全等级应设定为一级，以确保最高级别的安全标准。而对于一些特殊的建筑物，其设计安全等级则应根据实际情况进行个别评估和确定。大量的一般性建筑物（如住宅、办公楼等）按二级设计，小型的或临时性的建筑可按三级设计。

表3-1 建筑结构的安全等级

安全等级	破坏后果的影响程度	建筑物的类型
一级	很严重	重要建筑物
二级	严重	一般建筑物
三级	不严重	次要建筑物

建筑物中各类结构构件的安全等级原则上应与整体结构保持一致。然而，根据具体情况，可以对部分结构构件的安全等级进行适当调整，这主要基于其重要性和综合经济效益的考虑。举例来说，如果促成某一构件安全等级提升所需的额外费用相对较低，并且这样

做能有效减少整体结构的损坏，进而大幅减少财产和人员方面的损失，那么可以将该构件的安全等级提升一级，超越整体结构的安全等级。反之，若是某一构件的损坏并不会对其他构件或整个结构的安全性造成显著影响，那么可以考虑将其安全等级降低一级，但不得低于三级。

（二）结构的功能要求

任何建筑结构都是为了完成所要求的某些功能而设计的，建筑结构应满足以下功能要求。

1. 安全性

在正常施工和正常使用时，能承受可能出现的各种作用（包括荷载及外加变形或约束变形）；在偶然事件（如强烈地震、爆炸、冲击力等）发生时及发生后，仍能保持必需的整体稳定性（即结构仅产生局部的损坏而不致发生连续倒塌）。

2. 适用性

结构在正常使用时具有良好的工作性能，如不发生过大的变形或过宽的裂缝等。

3. 耐久性

在正常维护的条件下，结构应在预定的设计使用年限内满足各项功能的要求，即应具有足够的耐久性，如混凝土不发生严重的脱落、剥离，钢筋不发生严重的锈蚀，以免影响结构安全或正常使用。

结构的安全性、适用性和耐久性统称为结构的可靠性，即结构在规定的时间内，在规定的条件下，完成预定功能的能力。

不同的结构，重要性不同，在使用期间达不到预定功能所产生的后果也不同。因此，应根据结构破坏可能产生后果的严重性程度对结构的重要性分级，进而确定不同的可靠度水准。

二、结构设计的极限状态

（一）极限状态设计的基础知识

1. 结构极限状态的定义

钢筋混凝土结构的设计原则和计算理论，经过允许应力法、破坏阶段法和多系数分析单一安全系数表达的极限状态设计法等几个阶段，逐步发展到现在基于概率统计可靠度分析的极限状态设计法。

极限状态设计法自 20 世纪 50 年代由苏联提出并开始被采用，70 年代美国、日本、欧洲混凝土委员会等国家和组织均采用了极限状态设计法，尽管国际上还有一些国家仍在采用允许应力法，但从总的趋势看，采用极限状态设计法是大势所趋。

所谓结构的极限状态是一个临界点，一旦结构或其某一部分超过这个状态，它就无法满足设计时所规定的某一特定功能要求。这个特定的状态，可以称之为该功能的极限状态。

当结构能够正常运行且有效地满足其设计功能时，可以称之为结构的可靠或有效状态。相反，如果结构无法满足这些功能要求，那么它就处于不可靠或失效的状态。因此，极限状态是判断结构是否可靠或失效的关键标志。

2. 结构极限状态的分类

通常情况下，极限状态可以被划分为以下两大类。

（1）承载能力极限状态

承载能力极限状态对应于结构或构件达到最大承载能力、出现疲劳破坏、发生不适于继续承载的变形或结构局部破坏的极限状态。一旦结构或结构构件出现以下任何一种状态，即可认为其承载能力已超出极限状态。

①结构构件或连接件因所受应力超过材料强度而破坏，或因过度变形而不适于继续承载。

②整个结构或结构的一部分作为刚体失去平衡（如倾覆等）。

③结构转变为机动体系。

④结构或结构构件丧失稳定（如压屈等）。

⑤结构因局部破坏而发生连续倒塌（如从初始的局部破坏发展到整个构件直至整个结构倒塌）。

⑥地基丧失承载能力而破坏（如失稳等）。

⑦结构或结构构件的疲劳破坏。

承载能力极限状态是关于安全性功能要求的，所以满足承载能力极限状态的要求是结构设计的首要任务，因为这关系到结构能否安全的问题，一旦失效，后果严重，所以应具有较高的可靠度水平。相关规范规定，所有结构构件均应进行承载力计算，必要时应进行结构的抗倾、抗滑、抗浮验算；对需要抗震设防的结构，尚应进行结构的抗震承载力计算。

（2）正常使用极限状态

当结构或构件达到影响正常使用或耐久性能的某项规定限值的状态时，称该结构或构件达到正常使用极限状态。

当结构或构件出现下列状态之一时，就认为超过了正常使用极限状态：

①变形过大，影响结构的外观或正常使用。

②对结构的外形、耐久性、抗渗性有影响的局部破坏。

③使人们心理上产生不安全的局部破坏，如过宽的裂缝。

④使运行人员、设备等有过大的振动，影响正常使用的变形。

⑤产生影响正常使用的其他特定状态。

正常使用极限状态是关于适用性和耐久性功能要求的，当结构或构件达到正常使用极限状态时，虽然会影响结构的使用性、耐久性或使人们的心理感觉无法承受，但一般不会造成生命财产的重大损失。所以正常使用极限状态设计的可靠度水平，允许比承载能力极限状态的可靠度适当降低，相关规范中规定，对使用上需控制变形值的结构构件，应进行变形验算；对使用上要求进行裂缝控制的结构构件，应进行抗裂或裂缝宽度的验算。

结构设计的一般程序是先按承载力极限状态设计结构构件，然后再按正常使用极限状态进行验算。

3. 相关的数理统计基础知识

为了更好地理解结构极限状态以及进行相应的极限状态设计，需要对相关的数理统计基础知识进行了解。

（1）随机变量和概率分布函数

具有多种可能发生的结果，而事先不能确定哪种结果的现象，即为随机现象[①]。表示随机现象各种结果的变量称为随机变量，随机变量就个体而言取值具有不确定性，但从总体来看，随机变量的取值又具有一定的规律。对随机变量的分析和处理的科学方法是数理统计和概率论的方法。

研究随机变量时要有大量的统计数据才能从中找出该随机变量的统计规律和特征，了解该随机变量的特点。举例来讲，85 个混凝土立方体试块的抗压强度（f_{cu}）试验结果如表 3-2 所示，表中按 2 N/mm^2 的组距将试验数据排列分组。表中第二列为立方体强度出现在每一组距内的个数 m，称为频数。第三列为频率 f，它是频数 m 除以统计的个体总数 n（本例 $n = 85$），即 $f = m/n$。显然，频率的总和等于 1。以立方体强度为横轴，频率或频率密度为竖轴，可绘出立方体试块强度的频率直方图。

表 3-2　混凝土立方体试块强度统计表

组距 /（N·mm^{-2}）	频数 m	频率 $f = m/n$	频率密度 /（N·mm^{-2}）	统计参数
30～32	2	0.023 5	0.011 8	
32～34	2	0.023 5	0.011 8	
34～36	4	0.047 1	0.023 5	
36～38	10	0.117 6	0.058 8	
38～40	18	0.211 8	0.105 4	$\sum m = 85$
40～42	24	0.282 4	0.141 2	$f = 1.00$ $\mu = 40.34$ N/mm^2
42～44	14	0.164 7	0.082 3	$\sigma = 3.408$ N/mm^2 $\delta = 0.084\ 5$
44～46	8	0.094 1	0.047 2	
46～48	2	0.023 5	0.011 8	
48～50	1	0.011 8	0.005 9	

若试验值的数目 n 很大，而组距分得很小，则直方图形状趋近于一条光滑的直线，这就是频率密度分布曲线 $f(x)$，如图 3-1 所示。图中阴影面积代表随机变量 X（立方体试块强度）$\leq x$（作为自变量的立方体强度）的概率。概率（$X \leq x$）是 x 的一个函数，称为 X 的分布函数，用 $F(x)$ 表示，具体计算公式如下。

$$F(x) = \int_{-\infty}^{x} f(x) \mathrm{d}x \qquad (3-1)$$

---

① 王承忠.误差分析及数理统计　第二讲　概率论基础及数理统计中几个常用的概念 [J].上海钢研，1988（2）：49-64.

$f(x)$ 具有如下性质: $F(-\infty)=0$; $F(+\infty)=0$; $F(x)$ 为连续函数; 随机变量 X 在任何区间内的概率 $F(a \leqslant x \leqslant b)=F(b)-F(a)$, 即图中直线 $x=a, x=b$ 与 $f(x)$ 之间的面积。可见, 随机变量可以用分布函数来完整描述。

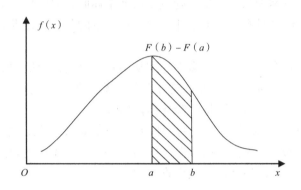

图 3-1　频率密度分布曲线

（2）平均值、标准差和变异系数

算术平均值 μ、标准差（或称均方差）σ 和变异系数 δ 是离散型随机变量的三个主要统计参数。

平均值 μ 表示随机变量的波动中心, 代表随机变量 X_i 平均水平的特征值, 按式（3-2）计算。μ 越大, 曲线峰值离横轴越远。

$$\mu=\sum_{i=1}^{n}\frac{X_i}{n} \tag{3-2}$$

标准差 σ 是表示随机变量 X_i 离散程度的一个特征值, 按式（3-3）计算。

$$\sigma=\sqrt{\frac{\sum_{i=1}^{n}\left(X_i-\mu\right)^2}{n}} \tag{3-3}$$

标准差 σ 数值的大小表示随机变量离散程度的大小。σ 越大, 曲线越扁平, 表示随机变量的离散性越大; 反之, 则表示随机变量的分布越集中。例如, 两个混凝土配制公司生产的 C30 混凝土, 平均值 μ 相同, 但标准差 σ 不同, 则反映了两家公司生产的混凝土质量控制水平不同。但若两家生产的混凝土试块强度的平均值 μ 不同, 则不能用标准差 σ 来判断其离散程度。为此在统计参数上还要引入一个反映随机变量相对离散程度的特征值, 称为变异系数 δ, 计算公式如下。

$$\delta=\frac{\sigma}{\mu} \tag{3-4}$$

表 3-2 中计算出了例子中统计的三大特征值。

（3）正态分布曲线

当随机变量的频率密度函数可表达为式（3-5）时，称为正态分布。

$$f(x) = \frac{1}{\sigma\sqrt{2\pi}} \exp\left[-\frac{(x-\mu)^2}{2\sigma^2}\right] \tag{3-5}$$

式中，μ——平均值；

σ——标准差。

正态分布曲线的特点是一条单峰曲线，与峰值对应的横坐标为平均值 μ，如图 3-2 所示。曲线以峰值为中心，对称地向两边单调下降，在峰值两侧各一倍标准差处，曲线上有一个拐点，然后各以横轴为渐近线趋向于正负无穷大。

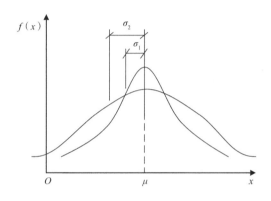

图 3-2　正态分布图

曲线 $f(x)$ 与横轴之间的面积为 1，同样随机变量位于任意区间（a，b）内的概率 $P(a \leq x \leq b)$，可用 $x=a$，$x=b$ 的直线和正态分布曲线 $f(x)$ 所包围的面积来计算。因此，$x \leq \mu$ 的概率 $P(-\infty \leq x \leq \mu)$ 为 50%，亦即 $x > \mu$ 的保证率为 50%，或称 x 的分位数为 0.5。同理，由概率积分表可计算得出。

（二）基于概率理论的极限状态设计

结构必须满足预定的功能要求。设结构的功能函数为 $Z = g(x_1, x_2, \cdots, x_n)$，其中 $x_1, x_2, \cdots, x_n$ 为影响结构作用效应和抗力的诸多因素。根据极限状态的定义可得如下计算式。

$$Z = R-S \begin{cases} <0 & 结构处于失效状态 \\ =0 & 结构处于极限状态 \\ >0 & 结构处于可靠状态 \end{cases} \tag{3-6}$$

式中，$Z = R-S = 0$——极限状态方程。

设 S 和 R 均符合正态分布，则 Z 也符合正态分布，其概率密度函数为 $f(Z)$，μ_Z 和 σ_Z 分别为功能函数 Z 的平均值和标准差，μ_R 和 σ_R、μ_S 和 σ_S 分别为抗力和效应的平均值和标准差，如图 3-3 所示。

结构设计的目的就是要保证结构具有足够的可靠性，即结构的失效概率足够小。结构

的失效概率 P_f 可计算如下。

$$P_f = \int_{-\infty}^{0} f(Z)\mathrm{d}Z = P(Z<0) \qquad (3-7)$$

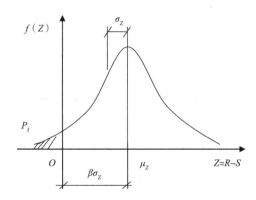

图 3-3　Z 的分布曲线和可靠指标的定义

式（3-7）所表示的失效概率是对 R 和 S 联合概率密度的积分。此式，计算失效概率比较麻烦，为此引入可靠指标 β，其计算公式如下。

$$\beta = \frac{\mu_Z}{\sigma_Z} = \frac{\mu_R - \mu_S}{\sqrt{\sigma_R^2 + \sigma_S^2}} \qquad (3-8)$$

失效概率 P_f 和可靠指标 β 的关系如下。

$$P_f = \Phi(-\beta) \qquad (3-9)$$

显然，β 越大，P_f 越小；反之，P_f 则越大。对于正态分布，P_f 和 β 的大小关系如表 3-3 所示。β 可作为衡量结构可靠性的定量指标。

表 3-3　可靠指标 β 与失效概率 P_f 的对应关系

β	P_f
1.0	1.59×10^{-1}
1.5	6.68×10^{-2}
2.0	2.28×10^{-2}
2.5	6.21×10^{-3}
3.0	1.35×10^{-3}
3.5	2.33×10^{-4}
4.0	3.17×10^{-5}
4.5	3.40×10^{-6}

由于 R、S 都是随机变量，要绝对保证 R 总是大于 S 是不可能的，因此只能做到大多数情况下使 $R \geq S$，并使 $R < S$ 的概率即失效概率 P_f 小到人们可接受的程度，这时便认为结构是可靠的。

在进行结构承载能力极限状态设计时，为了确保结构能够按照预定的功能要求稳定运行，必须保证其完成这些功能的概率达到或超过某一设定的可接受水平。为实现这一目标，需要为不同情境下的目标可靠指标 β 值设定明确的标准。

就结构和构件的破坏类型而言，主要可以分为两种，即延性破坏和脆性破坏。延性破坏在发生前会有明显的预兆，这意味着一旦发现预兆，可以及时采取补救措施来防止破坏的发生。因此，对于这种破坏类型，可以将目标可靠指标设定得相对较低。相反，脆性破坏通常具有突发性，且在破坏前缺少显而易见的预兆，这就需要将目标可靠指标设定得相对较高以确保结构的安全性。

目标可靠指标 β 的具体数值如表 3-4 所示。这些数值是基于结构的安全等级和破坏类型，在对代表性构件进行可靠度分析后确定的，用于指导按承载能力极限状态进行设计。

表 3-4 目标可靠指标 β

安全等级	一级	二级	三级
延性破坏	3.7	3.2	2.7
脆性破坏	4.2	3.7	3.2

（三）极限状态设计的实用表达式

1. 结构设计状况与荷载组合

在进行结构设计时，应根据结构在施工、安装、运行、检修等不同时期可能出现的不同结构体系、荷载和环境条件，按以下三种设计状况进行设计。

①持久状况。在结构使用过程中一定出现且持续期很长，一般与设计使用年限为同一数量级的设计状况。

②短暂状况。在结构施工（安装）、检修或使用过程中出现的概率较大且短暂出现的设计状况。

③偶然状况。在结构使用过程中出现的概率很小，且持续期很短的设计状况[①]，如地震、校核洪水等。

上述三种设计状况均应进行承载能力极限状态设计。对于持久状况应进行正常使用极限状态设计；对于短暂状况可以根据需要进行正常使用极限状态设计；对于偶然状况可以不进行正常使用极限状态设计。不同设计状况所需要的可靠度水平可以有所不同。按承载能力极限状态设计时，不同设计状况下的可靠度水平可以通过设计状况系数 ψ 来加以调整。

结构设计时，应根据两类极限状态的要求，对可能同时出现的各种荷载，通过不同设计状况下的荷载组合求得最不利的荷载效应组合值（如最不利的内力、变形或裂缝宽度

---

① 崔学宇，舒涛，孙晓彦. 中欧结构规范中作用和设计状态异同的辨析 [J]. 山西建筑，2019，45（9）：240-242.

等），作为结构设计的依据。

对于承载能力极限状态，一般应考虑基本组合和偶然组合两种荷载组合，具体来讲，包括三种情况，即：承载能力极限状态—持久状况—基本组合（永久荷载＋可变荷载的组合）；承载能力极限状态—短暂状况—基本组合（永久荷载＋可变荷载的组合）；承载能力极限状态—偶然状况—偶然组合（永久荷载＋可变荷载＋一种偶然荷载的组合）。

对于正常使用极限状态，在持久状况下应考虑荷载的标准组合（用于抗裂计算）或标准组合并考虑长期作用的影响（用于裂缝宽度和挠度计算）；在短暂状况下应考虑荷载的标准组合。所谓标准组合，是指结构构件按正常使用极限状态验算时，采用荷载标准值作为荷载代表值的组合，用于抗裂度验算；所谓标准组合并考虑长期作用的影响，是指在裂缝宽度和挠度计算的公式中，结构构件的内力和钢筋应力按标准组合进行计算，并对标准组合下的裂缝宽度和刚度计算公式考虑长期作用的影响进行了修正。

2. 荷载代表值和材料强度指标

荷载代表值和材料强度都是随机变量，按照可靠度理论进行设计，荷载代表值和材料强度指标应采用概率方法来确定。

（1）荷载代表值

荷载代表值即设计中用以验算极限状态所采用的荷载量值。可变荷载有 4 种代表值，即标准值、组合值、频遇值及准永久值。其中，标准值为基本代表值，其他值可由标准值分别乘以相应系数（小于 1.0）而得。

①荷载标准值。荷载标准值是建筑结构按极限状态设计时采用的荷载基本代表值。永久荷载标准值 G_k 可按结构设计规定的尺寸和材料容重平均值确定。可变荷载标准值 Q_k 应根据设计基准期内最大荷载概率分布的某一分位值确定[1]，即取比统计平均值大的某一荷载值。可变荷载标准值 Q_k 的公式如下。

$$Q_k = \mu_Q + \alpha_Q \sigma_Q \qquad （3-10）$$

式中，Q_k——可变荷载标准值；

μ_Q——设计基准期内最大荷载概率分布的平均值；

σ_Q——最大荷载分布的标准差；

α_Q——与保证率有关的系数。

根据统计资料和长期使用经验，《建筑结构荷载规范》（GB 50009—2012）（以下简称《荷载规范》）对结构自重、楼面和屋面活荷载、雪荷载、风荷载以及其他一些荷载给出了荷载标准值。

结构自重一般按照均匀分布的原则计算，建筑常用材料和构件的自重详见《荷载规范》的相关规定。

楼面和屋面活荷载可分为民用建筑楼面均布活荷载、工业建筑楼面活荷载、屋面活荷载、屋面积灰荷载、施工和检修荷载及栏杆荷载。例如，我国办公楼、住宅楼面均布活荷载标准值取为 2.0 kN/m²；工业建筑楼面（包括工作平台）上无设备区域的操作荷载，包括操作人员、一般工具、零星原料和成品的自重，可按均布活荷载 2.0 kN/m² 考虑；对设

---

① 陈海斌，郑昊，王霁新. 民用建筑楼面活荷载标准值取值分析 [J]. 工业建筑，2003（10）：64-65，89.

计生产中有大量排灰的厂房及其邻近建筑时，应考虑屋面积灰荷载的影响。详见《荷载规范》的相关规定。

屋面水平投影面上的雪荷载标准值应按下式计算。

$$S_k = \mu_r S_0 \tag{3-11}$$

式中，S_k——雪荷载标准值，kN/m^2；

$\quad\quad \mu_r$——屋面积雪分布系数（详见《荷载规范》相关规定）；

$\quad\quad S_0$——基本雪压，kN/m^2，一般按当地空旷地面上积雪自重的观测数据，经概率统计的50年一遇的最大值，详见《荷载规范》相关规定。

屋面均布活荷载不与雪荷载同时考虑，取两者中的较大值。

风荷载是建筑结构以及其他工程结构上的一种主要的直接作用，垂直于建筑物表面上的风荷载标准值，当计算主要受力结构时，应按下式计算。

$$\omega_k = \beta_z \mu_s \mu_z \omega_0 \tag{3-12}$$

式中，ω_k——风荷载标准值，kN/m^2；

$\quad\quad \omega_0$——基本风压，kN/m^2，是以当地比较空旷平坦地面上离地10 m高处统计所得的50年一遇10 min平均最大风速为标准确定的风压值；

$\quad\quad \beta_z$——高度z处的风振系数；

$\quad\quad \mu_s$——风荷载体型系数；

$\quad\quad \mu_z$——风压高度变化系数，均详见《荷载规范》相关规定。

目前，由于对很多可变荷载未能取得充分的资料，难以给出符合实际的概率分布，因此，我国现行规定的荷载标准值，除了对个别不合理做了适当调整外，大部分仍沿用或参照了传统的数值。

②永久荷载（恒荷载）标准值G_k。永久荷载标准值G_k可按结构设计规定的尺寸和统一规定的材料重度（或单位面积的自重）平均值确定，一般相当于永久荷载概率分布的平均值。对于自重变异性较大的材料，尤其是制作屋面的轻质材料，在设计中应根据荷载对结构不利或有利，分别取其自重的上限值或下限值。

③可变荷载（活荷载）标准值Q_k。按照相关规定，办公楼、住宅楼面均布活荷载标准值Q_k均为2.0 kN/m^2。根据统计资料，这个标准值对于办公楼相当于设计基准期最大活荷载概率分布的平均值加3.16倍标准差，对于住宅则相当于设计基准期最大活荷载概率分布的平均值加2.38倍的标准差。可见，对于办公楼和住宅，楼面活荷载标准值的保证率均大于95%，但住宅结构构件的可靠度低于办公楼。

（2）材料强度指标

①材料强度的变异性及统计特性。材料强度的变异性主要是指材质以及工艺、加载、尺寸等因素引起的材料强度的不确定性。例如，按同一标准生产的钢材或混凝土，各批之间的强度常有变化，即使是同一炉钢轧成的钢筋或同一次搅拌而得的混凝土试件，按照统一方法在同一试验机上进行试验，所测得的强度也不完全相同。

统计资料表明，钢筋和混凝土强度的概率分布均基本符合正态分布。根据全国各地的调查统计结果，热轧钢筋强度的变异系数δ_s如表3-5所示。混凝土立方体抗压强度的变

异系数 δ_{fcu} 如表 3-6 所示。

表 3-5　热轧钢筋强度的变异系数 δ_s

强度等级		δ_s
HRB335	屈服强度	0.050
	抗拉强度	0.034
HRB400	屈服强度	0.045
	抗拉强度	0.036
HRB500	屈服强度	0.039
	抗拉强度	0.036

表 3-6　混凝土立方体抗压强度的变异系数 δ_{fcu}

强度等级	δ_{fcu}
C15	0.21
C20	0.18
C25	0.16
C30	0.14
C35	0.13
C40	0.12
C45	0.12
C50	0.11
C55	0.11
C60 ～ C80	0.10

②材料强度标准值。钢筋和混凝土的强度标准值是混凝土结构按极限状态设计时采用的材料强度基本代表值。材料强度标准值应根据符合规定质量的材料强度的概率分布的某一分位值确定。由于钢筋和混凝土强度均服从正态分布，故它们的强度标准值 f_k 可统一表示如下。

$$f_k = \mu_f - \alpha\sigma_f \qquad (3-13)$$

式中，α——与材料实际强度 f 低于材料强度标准值 f_k 的概率有关的保证率系数；

μ_f——材料强度平均值；

σ_f——材料强度标准差。

由此可见，材料强度标准值实际上是在材料强度概率分布中选取的一个偏低且具备某个特定保证率的材料强度值。

对于钢筋的强度标准值，为了确保钢材质量得到有效保障，国家相关标准明确要求钢材在出厂前必须接受抽样检查，并以"废品限值"作为检查的标准。具体到各级热轧钢筋，这个废品限值通常是基于其屈服强度平均值减去两倍标准差来确定的，这样的设定使得保证率达到了 97.73%。

在实际应用中，钢筋的强度标准值往往要求至少具备 95% 的保证率。因此，可以看出，国家标准规定的钢筋强度废品限值是符合该要求的，并且在安全方面是有保障的。基于这些考虑，应当以国家标准规定的数值为依据来确定钢筋的强度标准值。至于具体的取值方法，可以参照以下标准进行。

对有明显屈服点的热轧钢筋，取国家标准规定的屈服点作为强度标准值。

对无明显屈服点的钢筋、钢丝及钢绞线，取国家标准规定的极限抗拉强度 σ_b 作为强度标准值，但设计时取 $0.85\sigma_b$ 作为条件屈服点。

此外，混凝土的强度标准值为具有 95% 保证率的强度值。

③材料强度设计值。为了充分考虑材料的离散性和施工中不可避免的偏差带来的不利影响，将材料强度标准值除以一个大于 1 的系数，即得材料强度设计值，相应的系数称为材料分项系数，计算公式如下。

$$f_c = \frac{f_{ck}}{\gamma_c}, f_s = \frac{f_{sk}}{\gamma_s} \tag{3-14}$$

式中，f_c——混凝土轴心抗压强度设计值；

f_{ck}——混凝土轴心抗压强度标准值；

γ_c——混凝土材料分项系数，取 1.4；

f_s——钢筋抗拉强度设计值；

f_{sk}——钢筋抗拉强度标准值；

γ_s——钢筋材料分项系数，对 400 MPa 级及以下的热轧钢筋取 1.10；对 500 MPa 级热轧钢筋取 1.15；对预应力筋取 1.20。

3. 承载能力极限状态的设计表达式

（1）设计表达式

《水工混凝土结构设计规范》（NB/T 11011—2022）中规定的承载能力极限状态的设计表达式如下。

$$\begin{cases} \gamma_0 \psi S \leqslant \dfrac{1}{\gamma_d} R \\ R = R(f_c, f_y, a_k) \end{cases} \tag{3-15}$$

式中，S——承载能力极限状态下荷载组合的效应设计值；

R——结构构件的抗力设计值；

$R(\cdot)$——结构构件的抗力函数；

γ_0——结构重要性系数，对于结构安全级别为Ⅰ、Ⅱ、Ⅲ级的结构构件，γ_0 的取值分别不应小于 1.1、1.0、0.9，如表 3-7 所示；

ψ——设计状况系数，对应于持久状况、短暂状况、偶然状况，应分别取 ψ 为 1.0、0.95、0.85；

γ_d——结构系数，按相关规定采用，具体规定如表 3-8 所示；

f_c——混凝土强度设计值；

f_y——钢筋强度设计值；

a_k——结构构件的几何参数标准值。

表 3-7　水工建筑物结构安全级别及结构重要性系数 γ_0

水工建筑物级别	水工建筑物结构安全级别	结构重要性系数 γ_0
1	Ⅰ	1.1
2、3	Ⅱ	1.0
4、5	Ⅲ	0.9

表 3-8　承载能力极限状态计算时的结构系数 γ_d 值

素混凝土结构		钢筋混凝土及预应力混凝土结构
受拉破坏	受压破坏	
2.0	1.3	1.2

注：1. 承受永久荷载为主的构件，结构系数 γ_d 应按表中数值增加 0.05。

2. 对新型结构或荷载不能准确估计，γ_d 应适当提高。

但须注意，在各种结构构件的承载力计算中，所有内力设计值系都是指由各荷载标准值乘以相应的荷载分项系数后所产生的效应总和（荷载组合的效应设计值），并再乘以结构重要性系数 γ_0 及设计状况系数 ψ 后的值。

（2）关于结构安全级别与水工建筑物级别的关系

在设计水工混凝土结构时，必须根据水工建筑物的级别来确定相应的结构安全级别，确保结构的稳定安全。表 3-7 中列出了水工建筑物的级别与其对应的结构安全级别的关系。而为了确保不同安全级别的结构构件具备相应的可靠性，还需引入结构重要性系数 γ_0 来调整其可靠度水平。

在确定水工混凝土结构或其构件的具体安全级别时，应综合考虑其在整个建筑物中的位置以及一旦发生破坏对建筑物整体安全的影响程度。通常情况下，可以考虑将结构的安全级别与水工建筑物的安全级别保持一致，或采用降低一级的处理方式，但最低不应低于Ⅲ级。

（3）关于结构系数 γ_d 的取值

在概率极限状态设计法中，结构系数 γ_d 占据重要的地位。它的设定是为了保证结构在达到承载能力极限状态时，能够满足预定的目标可靠指标，并作为一个分项系数来使用。这个系数的存在意义，主要在于将各种不确定性因素涵盖在内，包括但不限于结构构件抗力计算模式和荷载效应计算模式的不确定性，以及其他一些分项系数如 γ_G、γ_Q、γ_c、γ_s 及 γ_0、ψ 等未能充分反映的不利变异性。

为了确定这一结构系数，在《水工混凝土结构设计规范》（NB/T 11011—2022）中，强调了采用可靠度分析和工程经验校准相结合的方法。在实践中，设计师在进行结构设计时，可以直接参考表 3-8 来选择合适的结构系数。

在利用"可靠度分析法"以求确定结构系数的过程中，其关键在于依据可靠度校准分析的结果来明确目标可靠指标，并全面考虑各基本变量的变异性。在此基础上，可预先选择恰当的分项系数，包括但不限于荷载及材料性能等。这一过程需要运用概率方法，并通过优化计算，同时适度融入工程经验，最终确定分项系数设计表达式中的最后一个分项系数 γ_d。

相较于"可靠度分析法"，在运用"工程经验校准法"确定结构系数的过程中，至关重要的是对各基本变量的变异性进行全面把握和充分考虑。基于这些变量的变动范围，需要预先对荷载及材料性能等分项系数进行合理选择。随后，通过确保分项系数设计表达式的相当安全系数与选定的安全系数相一致，可以进一步推导出分项系数设计表达式中的最后一个分项系数 γ_d。这一方法强调了理解变量变异性的重要性，确保了结构系数的准确性。

当结合这两种方法得到结构系数后，为了保障实际应用中的便捷性和安全度设置的稳定性，还需对所得的结构系数进行相应的整合与取整处理。这样可以确保最终确定的结构系数取值既符合工程实际需求，又具有一定的优化效果。详细情况可以参阅武汉大学和西北勘测设计研究院完成的规范修编专题研究报告"分项系数论证研究"的 WHU-01～WHU-12 及"材料性能设计指标的修订方案研究"的 WHU-13～WHU-18。

（4）关于荷载组合的效应设计值的计算规定

按式（3-15）进行承载能力极限状态设计时，荷载组合的效应设计值 S 的具体计算规定如下。

对于基本组合，荷载组合的效应设计值 S 应按下列公式计算。

$$S = \gamma_G S_{Gk} + \gamma_{Q1} S_{Q1k} + \gamma_{Q2} S_{Q2k} \tag{3-16}$$

式中，S_{Gk}——永久荷载效应的标准值；

$\quad$ S_{Q1k}——一般可变荷载效应的标准值；

$\quad$ S_{Q2k}——可控制的可变荷载效应的标准值。可控制的可变荷载指的是在作用过程中，其大小能够被严格限制在规定范围内的可变荷载，例如，在水库的正常蓄水位下，静水压力就是一种可控制的可变荷载；

$\quad$ γ_G、γ_{Q1}、γ_{Q2}——永久荷载、一般可变荷载和可控制的可变荷载的分项系数，如表 3-9 所示。

表 3-9　《水工混凝土结构设计规范》（NB/T 11011—2022）中荷载分项系数的取值

荷载类型	永久荷载	一般可变荷载	可控制的可变荷载	偶然荷载
	γ_G	γ_{Q1}	γ_{Q2}	γ_A
荷载分项系数	1.10（0.95）	1.30	1.20	1.00

注：当永久荷载效应对结构有利时，γ_G 应按括号内数值取用。

对于偶然组合，荷载组合的效应设计值 S 可以按下列公式计算，其中与偶然荷载同时出现的某些可变荷载，可以对其标准值做适当折减，偶然组合中每次只考虑一种偶然荷载，计算公式如下。

$$S = \gamma_G S_{Gk} + \gamma_{Q1} S_{Q1k} + \gamma_{Q2} S_{Q2k} + \gamma_A S_{Ak} \tag{3-17}$$

式中，S_{Ak}——偶然荷载代表值产生的效应值，偶然荷载代表值可以按《水工建筑物荷载标准》（GB/T 51394—2020）和《水电工程水工建筑物抗震设计规范》（NB 35047—2015）中的有关规定确定。

γ_A——偶然荷载分项系数，按表 3-9 取用。

在计算荷载组合的效应设计值时，一般是先求出荷载标准值作用下的荷载效应标准值 S_{Gk}、S_{Q1k}、S_{Q2k}，在进行荷载效应组合时，再乘以相应的荷载分项系数。

需要特别指出的是，《水工混凝土结构设计规范》（NB/T 11011—2022）中的荷载分项系数 γ_G、γ_Q 主要是考虑荷载本身的变异性确定的，而《建筑结构荷载规范》（GB 50009—2012）中的 γ_G、γ_Q，除考虑了荷载本身的变异性外，还考虑了荷载效应计算模式的不定性等因素对结构可靠度的影响，其数值也比前者大得多。因此，两者不可混用。

4. 正常使用极限状态的设计表达式

正常使用极限状态设计主要是验算结构构件的变形、抗裂或裂缝宽度。结构超过正常使用极限状态虽然会影响结构的正常使用，但不会危及结构的安全，因此，正常使用极限状态下的可靠度要求可以适当降低。

《水工混凝土结构设计规范》（NB/T 11011—2022）中规定，对于正常使用极限状态的验算，荷载分项系数、材料性能分项系数、结构系数、设计状况系数等都取 1.0，而结构重要性系数则仍按前述取值。

由于结构构件的变形、裂缝宽度等均与荷载持续时间的长短有关，故对正常使用极限状态的验算，应分别考虑可变荷载的频遇值和准永久值并考虑长期作用的影响进行验算。

（1）可变荷载的频遇值和准永久值

荷载标准值是在设计基准期内最大荷载的意义上确定的，它没有反映荷载作为随机过程而具有随时间变异的特性。当结构按正常使用极限状态的要求进行设计时，如要求控制结构和构件的变形、裂缝、局部破坏以及引起不舒适的振动时，就应根据不同的要求来选择荷载的代表值。

可变荷载有 4 种代表值，即标准值、组合值、频遇值和准永久值。下面说明频遇值和准永久值的概念。

在可变荷载 Q 的随机过程中，荷载超过某水平 Q_x 的表示方式，可用超过 Q_x 的总持续时间 T_x（$T_x = \sum t_i$），与设计基准期 T 的比率 $\mu_x = T_x/T$ 来表示，如图 3-4 所示。

可变荷载的频遇值是指在设计基准期内，其超越的总时间为规定的较小比率（$\mu_x < 0.1$）或超越频率为规定频率的荷载值，即在结构上较频繁出现且量值较大的荷载值，但总小于荷载标准值（如一般住宅、办公建筑的楼面均布活荷载频遇值为 0.5～0.6 的标准值）。

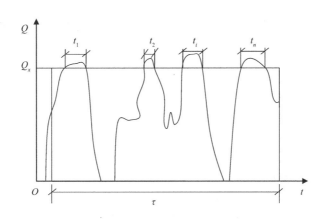

图 3-4　可变荷载的一个样本

可变荷载的准永久值是指在设计基准期内，其超越的总时间约为设计基准期的一半，即（$\mu_x \approx 0.5$）的荷载值，即在设计基限期内经常作用的荷载值（接近于永久荷载）。

（2）正常使用极限状态设计表达式

在正常使用极限状态下，结构构件的设计需要依据荷载效应的不同组合来进行。这些组合包括标准组合、频遇组合和准永久组合。此外，设计时还需要考虑长久作用力所带来的影响，这通常通过将这些作用力纳入相应的组合或采用特定的系数来考虑。设计时，需采用特定的极限状态设计表达式来确保结构的安全性和可靠性。

$$S \leqslant C \tag{3-18}$$

式中，S——正常使用极限状态荷载组合的效应设计值，主要涉及应力、变形等参数的设计值；

C——结构构件在正常使用状态下，对于应力、变形等所规定的限值。

通常情况下，可以通过特定的公式来计算标准组合的效应设计值 S。这种设计方式确保了结构构件在正常使用状态下能够满足预定的性能要求。具体来讲，相应的计算公式如下。

$$S = S_{Gk} + S_{Qk} + \sum_{i=2}^{n} \psi_C S_{Qk} \tag{3-19}$$

这种组合主要用于当一个极限状态被超越时将产生严重的永久性损害的情况，即标准组合一般用于不可逆正常使用极限状态。

此外，频遇组合的效应设计值 S 可按下式确定。

$$S = S_{Gk} + \psi_f S_{Qk} + \sum_{i=2}^{n} \psi_q S_{Qk} \qquad (3-20)$$

式中，ψ_f、ψ_q——可变荷载 Q_1 的频遇值系数、可变荷载 Q_i 的准永久值系数。

频遇组合涉及的是永久荷载标准值、主导可变荷载的频遇值以及伴随可变荷载的准永久值之间的效应结合。这种组合主要是为了应对那些可能导致局部损害、短暂振动或显著变形等极限状态被超越的情况。简而言之，频遇组合通常用于描述那些可以恢复到正常状态的正常使用极限状态。

另外，准永久组合的效应设计值 S 可按下式确定。

$$S = S_{Gk} + \sum_{i=1}^{n} \psi_q S_{Qk} \qquad (3-21)$$

这种组合特别适用于那些荷载的长期效应占据主导地位的情况。但值得注意的是，只有在荷载与荷载效应之间呈现出线性关系时，才能利用式（3-19）至式（3-21）来确定荷载效应组合值。

此外，在评估正常使用极限状态时，通常所需的可靠指标 β 相对较小，其取值范围通常为 0~1.5。因此，在设计过程中，不会针对荷载应用分项系数做乘法运算，而是直接使用材料的标准强度值。

鉴于已知材料的物理力学性能，可以得出一个结论，即长期荷载作用会导致混凝土发生徐变变形。这种变形会进一步加剧钢筋与混凝土之间的黏结滑移，而这种情况则会显著加大构件的裂缝宽度和变形程度。因此，在设计结构的正常使用极限状态时，必须针对荷载长期效应的影响进行充分考量。这要求在设计中不仅要考虑荷载效应的准永久组合，而且在某些特殊情况下，还需要考虑荷载效应的频遇组合，以确保结构的安全性和持久性。

（3）正常使用极限状态验算规定

①对结构构件进行抗裂验算时，应按荷载标准组合的效应设计值式（3-19）进行计算，其计算值不应超过规范规定的限值。

②对结构构件的裂缝宽度进行验算时，对钢筋混凝土构件，按荷载准永久组合式（3-21）并考虑长期作用影响进行计算；对预应力混凝土构件，按荷载标准组合式（3-19）并考虑长期作用影响进行计算。构件的最大裂缝宽度不应超过规范规定的最大裂缝宽度限值。最大裂缝宽度限值应根据结构的环境类别、裂缝控制等级及结构类别确定。

③对受弯构件的最大挠度进行计算时，对钢筋混凝土构件，按荷载准永久组合式（3-21），对预应力混凝土构件，按荷载标准组合式（3-19），并均应考虑荷载长期作用影响，其计算值不应超过规范规定的挠度限值。

第二节　结构的作用效应和结构抗力

一、结构上的作用和作用效应

（一）作用的概念和类型

1. 作用的概念

所谓结构上的作用，是指施加在结构上的集中或分布荷载，以及引起结构外加变形或约束变形因素的总称。

结构上的作用是一个综合性的概念，它涵盖了施加在结构上的各种力量和影响，这些力量和影响可以是直接的，也可以是间接的。结构上的直接作用通常指的是那些直接作用于结构上的集中荷载和分布荷载。结构上的间接作用则是以变形的形式作用在结构上的，它通常是由外部因素引起的，如地震、地基沉降、混凝土收缩、温度变化、焊接等。这些间接作用通过引起结构的变形来影响结构的性能，这种变形可能是外加变形，也可能是约束变形，会对结构的长期性能和耐久性产生重要影响。值得注意的是，间接作用不仅与外界因素有关，还与结构本身的特性紧密相关。以地震为例，地震对结构物的作用，不仅与地震加速度有关，还与结构自身的动力特性有关。因此，尽管地震是一种对结构产生显著影响的作用，但不能将其简单地称为"地震荷载"，因为它更多地表现为一种变形的作用。

为了更好地理解和分析结构上的作用，可以按照时间变异、空间位置变异以及结构反应对其进行分类，这几种分类分别适用于不同的场合。

2. 作用的类型

（1）按时间变异分类

按时间变异分类，可将结构上的作用分为永久作用、可变作用和偶然作用。

①永久作用。所谓永久作用，指的是在设计基准期内，其值保持恒定或变化幅度相对于其平均值来讲作用极小，可以忽略不计的作用。

②可变作用。所谓可变作用，指的是在设计基准期内，其值随时间发生显著变化，且这种变化幅度相较于平均值不可忽略的作用。

③偶然作用。所谓偶然作用，指的是在设计基准期内并非一定会出现，但一旦出现，其量值通常会非常大且持续时间会相对较短的作用。通常来讲，这些作用是由一些不可预测的事件引起的。

总的来讲，按时间变异分类的作用类型结构框架如图3-5所示。

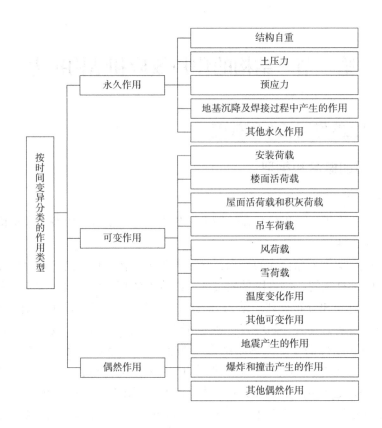

图3-5 按时间变异分类的作用类型结构框架

（2）按空间位置变异分类

按空间位置变异分类，可将结构上的作用分为固定作用和可动作用。

①固定作用。所谓固定作用，指的是那些一旦施加在结构上，其空间位置不会发生变化的作用。

②可动作用。所谓可动作用，指的是在结构空间位置上可以在特定范围内发生变化的作用。

具体来讲，按空间位置变异分类的作用类型结构框架如图3-6所示。

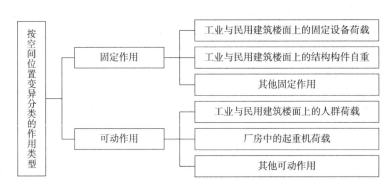

图3-6 按空间位置变异分类的作用类型结构框架

（3）按结构反应分类

按结构反应分类，可将结构上的作用分为静态作用和动态作用。

①静态作用。所谓静态作用，指的是针对结构或构件不产生加速度或者很小，以至能够忽略不计的作用[①]。

②动态作用。所谓动态作用，指的是那些会在结构或构件上产生明显加速度的作用。

具体来讲，按结构反应分类的作用类型结构框架如图3-7所示。

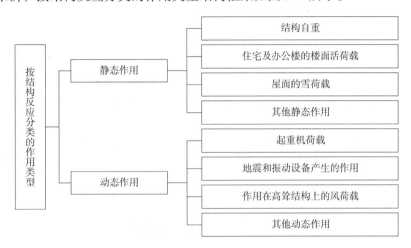

图3-7　按结构反应分类的作用类型结构框架

（二）作用效应

作用效应是指作用引起的结构或构件的内力、变形等。若是结构由于各种作用引起内力（如轴力、弯矩、剪力、扭矩等）和变形（如挠度、转角、裂缝等），则内力和变形可称为作用效应，用 S 表示。当作用为荷载时，其效应也称为荷载效应。荷载 Q 与荷载效应 S 之间，一般近似按线性关系考虑，具体如下。

$$S = CQ \qquad\qquad (3-22)$$

式中，C——荷载效应系数。

例如，受均布荷载 q 作用的简支梁，跨中弯矩 $M = \dfrac{1}{8}ql_0^2$，此处 M 相当于荷载效应 S，q 相当于荷载 Q，$\dfrac{1}{8}l_0^2$ 则相当于荷载效应系数，l_0 为梁的计算跨度。

二、结构抗力

结构抗力通常用字母 R 来表示，代表结构或构件在受到作用效应时所展现出的能力，如构件的承载力、刚度等关键属性。

结构抗力的影响因素多种多样，主要包括以下三个方面。

①材料性能（以 f 表示）的不定性是一个关键因素，涉及材料的内在质量、加工工艺、

① 林维川. 浅析建筑结构设计中荷载取值问题 [J]. 黑龙江科技信息，2012（25）：239.

环境条件以及尺寸等因素，它们均可能导致结构材料性能发生变异，如造成强度、弹性模量等方面发生变化。

②构件几何参数（以 a 表示）的不定性也不容忽视。这主要是由于尺寸偏差和安装误差等因素引起的构件几何参数的变动，这些变异情况会进一步影响结构抗力的表现。

③计算模式（以 p 表示）的不定性同样重要。这主要源于抗力计算中所采用的基本假设和计算公式的不精确性，这种不精确性可能导致计算结果与实际情况之间存在较大差异，从而影响对结构抗力的评估。

由上述因素（均为随机变量）综合影响而形成的结构抗力 R 也是随机变量，一般认为服从对数正态分布。

结构上的作用与效应是随机变量，结构的抗力也是随机变量。结构在使用期间内可能同时受到几种作用，结构的作用效应一般是几种作用效应的组合。结构上的作用（特别是可变作用）与时间有关，结构抗力也随时间变化。为确定可变作用取值而选用的时间参数称为设计基准期。我国的《建筑结构可靠性设计统一标准》（GB 5068—2018）规定房屋建筑结构、港口工程设计基准期为 50 年。

第三节　结构可靠度

一、结构可靠度的内涵

结构的可靠性概率称为结构的可靠度。更确切地说，结构或结构构件在规定的时间内、规定的条件下完成预定功能的概率称为结构的可靠度。由此可见，结构可靠度是结构可靠性概率的度量。

由于结构抗力和作用效应都是随机变量，因而结构不满足其功能要求的事件也是随机变量。一般把结构能够完成预定功能的概率称为可靠概率（P_s）；相对地，结构不能完成预定功能的概率称为失效概率（P_f）。两者互补，即 $P_s + P_f = 1$。因此，可以用 P_s 或 P_f 来度量结构的可靠度。目前，国际上习惯采用失效概率 P_f 来度量结构的可靠性能。

必须指出，结构的可靠度与结构的使用期有关，这就涉及设计基准期的概念。为了对比理解，在此也给出了设计使用年限的概念。

①关于设计基准期。结构设计中所考虑的基本变量，如荷载（尤其是可变荷载）和材料的性能等，大多是随时间而变化的，因此，在计算结构可靠度时，必须确定结构的使用期，即设计基准期。换句话说，设计基准期是为了可变作用及与时间有关的材料性能等取值而选用的时间参数（我国取用的设计基准期为 50 年）。此外，还需特别注意，当结构的使用年限达到或超过设计基准期后，并不意味着结构立即报废，而只意味着结构的可靠度将逐渐降低。

②设计使用年限。设计使用年限是指在设计阶段所确定的一个特定期限，在此期限内，结构或结构构件仅需进行常规的维护保养工作，如必要的检测、日常维护和适当维修，而无须进行大规模的维修或更换。在这一期限内，结构应能够按照预定的功能和目的进行正

常使用，并满足预期的安全性和稳定性要求。这一使用年限是基于正常的设计流程、施工标准、使用条件和维护保养措施所能达到的理想状态。在实践中可参考表 3-10 所示的相关要求来确定结构的设计使用年限。若建设单位提出更高的要求，也可按建设单位的要求确定。

表 3-10　设计使用年限分类

类别	设计使用年限 / 年	示例
1	5	临时性结构
2	25	易于替换的结构构件
3	50	普通房屋和构筑物
4	100	纪念性建筑和特别重要的建筑物

通常情况下，各类工程结构的设计使用年限不一定统一。例如，就总体而言，桥梁应比房屋的设计使用年限长，大坝的设计使用年限更长。应当注意的是，结构的设计使用年限与其使用寿命虽有一定的联系，但并不等同。超过设计使用年限的结构并不是不能使用，而是指它的可靠度降低了。

二、结构可靠度的评价指标

结构的可靠度是对结构可靠性的定量描述，其评价指标有可靠概率、失效概率、可靠指标。

（一）可靠概率和失效概率

为使所设计的结构构件既安全可靠又经济合理，必须确定一个大家能接受的结构允许失效概率 $[P_f]$。要求在设计基准期内，结构的失效概率 P_f 不大于允许失效概率 $[P_f]$。

如图 3-8 所示，μ_Z、σ_Z 分别表示结构的功能函数的平均值和标准差，则功能函数 $Z \geq 0$ 的概率为可靠概率 P_s，即结构在规定的时间内，在规定的条件下，完成预定功能的概率。

$$P_s = \int_0^\infty f(Z)\mathrm{d}z \tag{3-23}$$

$Z < 0$ 的概率为失效概率 P_f，P_f 的大小等于图 3-8 中阴影部分的面积。

$$P_f = \int_{-\infty}^0 f(Z)\mathrm{d}z \tag{3-24}$$

$$P_f + P_s = 1 \tag{3-25}$$

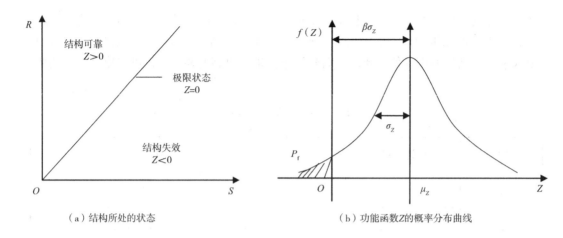

（a）结构所处的状态　　　　　　　　　　（b）功能函数Z的概率分布曲线

图3-8　功能函数Z及其概率分布曲线

用概率论的观点来研究结构的可靠性，失效概率P_f越小，结构的可靠度越高。但绝对可靠的结构（$P_f = 0$）是不存在的，这样做也是不经济的。综合考虑结构所具有的风险和经济效益，只要失效概率P_f小到人们可以接受的程度，就可认为该结构是可靠的。

（二）可靠指标

计算失效概率P_f需要进行积分运算，求解过程复杂，而且失效概率P_f数值极小，表达不变，因此，引入可靠指标β替代失效概率P_f来度量结构的可靠性。可靠指标β为结构功能函数Z的平均值μ_Z与标准值σ_Z的比值，计算公式如下。

$$\beta = \mu_Z / \sigma_Z \tag{3-26}$$

可靠指标β与失效概率P_f之间呈现负相关：当β值增大时，相应的失效概率P_f会减小；相反，β值减小时，P_f值会增大。所以说，β和P_f都可以作为评估结构可靠性的有效参数。

在可靠指标β的实际应用中，通常会设定一个"目标可靠指标β_T"作为设计的参考标准。这意味着在设计基准期内，结构的可靠指标β必须达到或超过这个预设的目标值β_T。为了满足这一要求，需要运用相应的计算公式来确定结构在实际使用中能够满足预定的可靠性标准。具体的表达公式如下。

$$\beta \geqslant \beta_T \tag{3-27}$$

确定目标可靠指标β_T是一个复杂的过程，涉及结构的重要性、破坏后果的严重性，以及社会经济等多重因素的综合考量。理论上，应通过优化方法对这些因素进行全面分析，从而得出最合理的β_T值。然而，由于当前大量的统计资料尚不完整或根本不存在，不得不采用校准法来确定这一指标。

校准法的核心理念在于，那些依据既往设计规范所设计并实际投入使用的结构构件，它们的设计经验是基于长期工程实践的积累，因此，在总体上可以认为这些结构的可靠度水平是可以接受的。基于这一前提，校准法提供了一个相对可靠的参考依据来设定目标可靠指标。运用近似概率法反算出基于以往设计规范设计出的结构构件在不同材料和不同荷载组合下的可靠指标 β_i，再基于综合分析得出较为合理的目标可靠指标 β_T。

通常情况下，承载能力极限状态的目标可靠指标与结构的安全级别成正相关关系。换句话说，当针对结构的安全级别提出更高的要求时，相应的目标可靠指标也应随之增大。此外，目标可靠指标还与构件的破坏性质密切相关，不同的破坏类型可能会对目标可靠指标提出不同的要求。钢筋混凝土受压、受剪等构件，破坏时发生的是突发性的脆性破坏，与受拉、受弯构件破坏前有明显变形或预兆的延性破坏相比，其破坏后果要严重许多，因此脆性破坏的目标可靠指标应高于延性破坏的目标可靠指标。

根据校准法，可以将建筑物划分为三个安全级别，规定了它们各自的承载能力极限状态的目标可靠指标，如表 3-4 所示。

在水利水电工程中，一般将水工建筑物的安全级别分为 I、II、III 三个级别，但水工中的 I 级安全级别对应的建筑物是 1 级水工建筑物；II 级安全级别对应的建筑物是 2、3 级水工建筑物；III 级安全级别对应的建筑物是 4、5 级水工建筑物。

正常使用极限状态时的目标可靠指标显然可以比承载能力极限状态的目标可靠指标低，这是因为正常使用极限状态只关系到使用的适用性，而不涉及结构构件安全性这一根本问题。

———

第四章　钢筋混凝土梁板结构及刚架结构

钢筋混凝土梁板结构和刚架结构是常见的建筑结构形式，具有承载力强、抗震性能好、施工方便等优点，因此在各类建筑物中被广泛使用。钢筋混凝土梁板结构是一种由钢筋混凝土梁和板构成的结构系统。它以钢筋混凝土梁为主要承载构件，板作为辅助承载构件，通过梁和板的相互作用来传递荷载。刚架结构具有良好的刚度和稳定性，能够承受较大的水平荷载和地震力。本章围绕钢筋混凝土梁板结构以及钢筋混凝土的刚架结构等内容展开研究。

第一节　钢筋混凝土梁板结构

钢筋混凝土梁板结构是水工结构中应用较广泛的一种结构形式，如水电站厂房中的屋面和楼面、隧洞进水口的工作平台、闸坝上的工作桥和交通桥、闸门、港口码头的上部结构、扶壁式挡土墙等均可设计成梁板结构。梁板结构整体性好、刚度大、抗震能力强、抗渗性好且灵活性较大，能适应各类荷载和平面布置以及有较复杂的孔洞等情况。

梁板结构一般由板、次梁（小梁）及主梁（大梁）组成，这种梁板结构也被形象地称为肋形结构或肋梁结构。板的四周为梁或墙，作用在楼面上的竖向荷载，首先通过板传给次梁，再由次梁传给主梁，主梁又传给柱或墙，最后传给基础（下部结构）。选定了平面柱网轴线，就决定了主梁的跨度。次梁的跨度则取决于主梁的间距，而次梁间距又决定了板的跨度。因此，如何根据建筑平面和板受力条件以及经济因素来正确决定梁格的布置，一个非常重要的问题。

一、钢筋混凝土梁板结构概述

（一）梁板结构布局

由板及支承板的梁组成的板梁结构，称为肋形结构。肋形结构根据梁格的布置情况可分为单向板肋形结构和双向板肋形结构。常见的有现浇整体式楼盖。单向板肋形结构中荷载的传递路线是：板→次梁→主梁→柱或墙→基础→地基。

在各种现浇整体式楼盖中，板区格的四周一般均有梁或墙体支承。因为梁的刚度比板大得多，所以将梁作为板的不动支承。板上的竖向荷载通过板的双向弯曲传递到四边支承上。传递到支承上荷载的大小主要取决于该板两个方向边长的比值。当板的长短边之比超过一定数值时，沿长边方向所分配的荷载可以忽略不计，当荷载主要集中在短边方向传递时，称之为单向板，这种板是四边支承的。但如果板在长边方向上所承受的荷载不能被忽视，且荷载是沿板的长边和短边两个方向同时传递的，那么这种板就被称为双向板。对于仅有两对边支承，另两对边为自由边的板，不论板平面两个方向的长度比如何，均属单向板。在进行梁板结构布局计算时，一般情况下按照以下规定。

①当长边与短边之比 $l_2/l_1 \geqslant 3$ 时，可按沿短边方向受力的单向板计算。

②当长边与短边之比 $2 < l_2/l_1 < 3$ 时，宜按双向板计算。为了简化计算，当按沿短边方向受力的单向板计算，应沿长边方向布置足够数量的构造钢筋。

③当长边与短边之比 $l_2/l_1 \leqslant 2$ 时，应按双向板计算。

结构平面布置指的是在满足使用需求的前提下，结合经济合理性和施工便捷性，对板、梁的位置、方向和尺寸进行科学合理的规划，同时确定柱的位置和柱网尺寸等。

梁格布置应力求简单、规整、统一，以减少构件类型。

柱的布置：柱的间距决定了主梁、次梁的跨度，因此柱与承重墙的布置不仅要满足使用要求，还应考虑到梁格布置尺寸的合理与整齐，一般应尽可能不设或少设内柱，柱网尺寸宜尽可能大些。根据经验，柱的合理间距即梁的跨度最好为：次梁 4～6 m，主梁 5～8 m。另外，柱网的平面以布置成矩形或正方形为好。

梁的布置：次梁间距决定了板的跨度，将直接影响到次梁的根数、板的厚度及材料的消耗量。从经济角度考虑，确定次梁间距时，应使板厚为最小值。据此并结合刚度要求，次梁间距即板跨一般取 1.5～2.7 m 为宜，不宜超过 3 m。主梁一般宜布置在整个结构刚度较弱的方向，这样可使截面较大、增加房屋的横向刚度，主梁一般沿横向布置较好，这样主梁与柱构成框架或内框架体系，使侧向刚度较大，提高整体性，有利于采光。但当柱的横向间距大于纵向间距时，主梁沿纵向布置可以减小主梁的截面高度，增大室内净空，但刚度较差。

（二）梁板结构的主要构件分类

钢筋混凝土平面楼盖是由梁、板、柱（有时无梁）组成的梁板结构体系，它是土木与建筑工程中应用最广泛的一种结构形式。现浇钢筋混凝土肋梁楼盖，由板、次梁及主梁组成，主要用于承受楼面竖向荷载。楼盖的结构类型可以按照以下方法进行分类。

1. 按照结构形式分类

按结构形式的不同，楼盖可分为单向板肋梁楼盖、双向板肋梁楼盖、井式楼盖、密肋楼盖和无梁楼盖（又称板柱结构）。其中，单向板肋梁楼盖和双向板肋梁楼盖的使用最为普遍。

（1）肋梁楼盖

肋梁楼盖由相交的梁和板组成。其主要传力途径为板→次梁→主梁→柱或墙→基础→地基。肋梁楼盖的特点是用钢量较低，楼板上留洞方便，但支模较复杂。它可分为单向板肋梁楼盖和双向板肋梁楼盖，其应用最为广泛。

（2）无梁楼盖

在楼盖中不设梁，而将板直接支承在带有柱帽（或无柱帽）的柱上，其传力途径是荷载由板传至柱或墙。无梁楼盖结构的高度小，净空大，结构顶棚平整，支模简单，但用钢量较大，通常用在冷库、各种仓库、商店等柱网布置接近方形的建筑工程中。当柱网较小

（3～4 m）时，柱顶可不设柱帽；柱网较大（6～8 m）且荷载较大时，柱顶设柱帽以提高板的抗冲切能力。

（3）密肋楼盖

密铺小梁（肋），间距为 0.5～2.0 m，一般采用实心平板搁置在梁肋上，或放在倒 T 形梁下翼缘上，上铺木地板；或在梁肋间填以空心砖或轻质砌块，后两种构造楼面隔声性能较好，目前也有采用现浇的形式。由于小梁较密，板厚很小，梁高也较肋形楼盖小，结构自重较轻。

（4）井式楼盖

在两个方向上的柱网布局和梁的截面尺寸保持一致时，由于梁需要承受来自两个方向的力，其高度相较于肋形楼盖会有所减小。这种结构形式常用于跨度较大且柱网成方形的建筑，以确保结构的稳定性和承载能力。

2. 按照施工技术分类

按照施工技术的差异，楼盖可分为三种类型：现浇楼盖、装配式楼盖和装配整体式楼盖。现浇楼盖因其卓越的刚度、出色的整体性、优良的抗震抗冲击性能以及良好的防水性能而备受青睐。此外，现浇楼盖对于不规则平面的适应性较强，使得开洞变得相对容易。其缺点是需要大量的模板，现场的作业量大，工期也较长。《高层建筑混凝土结构技术规程》（JGJ 3—2010）规定，在高层建筑中，楼盖宜现浇；对抗震设防的建筑，当高度 ≥ 50 m 时，楼盖应采用现浇；当建筑高度不超过 50 m 时，为了确保结构的稳定性和安全性，顶层、刚性过渡层以及平面复杂或开洞过多的楼层，建议采用现浇楼盖。随着商品混凝土、泵送混凝土和工具式模板的广泛应用，现浇方式已成为钢筋混凝土结构，特别是楼盖施工的主流选择。

装配式楼盖在我国的多层砌体房屋，特别是多层住宅中得到了广泛应用。但在抗震设防区域，其使用受到了某种程度的制约。为了提升装配式楼盖的刚度、整体性和抗震能力，装配整体式楼盖应运而生。其中，一种常见的方法是在板面上增设 40 mm 厚的配筋现浇层，以改善其性能。

3. 按照是否预加应力分类

按照是否预加应力，楼盖可以分为两大类：钢筋混凝土楼盖和预应力混凝土楼盖。在实际应用中，预应力混凝土楼盖尤为常见，特别是无黏结预应力混凝土平板楼盖。当柱网尺寸较大时，预应力楼盖能够显著减少板厚，进而降低建筑的整体层高，从而实现更为经济、高效的建筑设计。

（三）钢筋混凝土梁板楼盖的受力体系

1. 楼盖上作用的荷载

楼盖上作用的荷载分为永久荷载和可变荷载。永久荷载指的是在结构使用过程中，其值不会随时间发生显著变化，或者其变化相较于平均值来说可以忽略不计，抑或是变化呈现单调性并趋于某一限定值的荷载。习惯上称其为恒载。楼盖上的永久荷载主要有梁及板自重、构造层重、隔墙重、抹灰装修重以及固定设备重等。当楼盖采用预应力时，楼盖还承受水平的预压力，这种预压力也是永久荷载，因为它是随时间单调变化而能趋于限值的荷载。恒载一般是以均布荷载的形式作用在楼盖上的。其标准值可按结构构件的几何尺寸及材料的容重计算。

可变荷载是指那些在结构使用过程中，其值会随时间产生显著变化，并且这种变化对荷载的平均值而言不可忽视的荷载。习惯上称其为活荷载。楼盖上的活荷载主要有楼面活荷载、屋面活荷载及屋面雪荷载等。其分布规律不规则，一般均折合成单位楼盖面积上的均布荷载来计算。不同用途的楼面，其使用活荷载、屋面活荷载标准值以及不同地区的雪荷载标准值可由《建筑结构荷载规范》查得。在设计民用建筑的楼盖梁时，如果梁的负荷面积较大，考虑在此面积上全部满载的可能性较小，对楼面活荷载的标准值予以折减，折减系数按楼盖及其楼面梁的不同在 0.6～0.9 取值。具体折减办法见《建筑结构荷载规范》。对于特殊的较重的设备，一般应由梁直接承担，此时可作为一个集中荷载作用在梁上。

2. 单向板与双向板

在梁板结构中，每个区格的板通常四周都被梁或墙所支撑，从而形成了四边支承板的构造。鉴于梁的刚度远大于板的刚度，当分析板的受力情况时，可以近似地忽略梁在竖向的形变，将梁视作板的固定支撑点进行考虑。由于梁、柱布置不同，板上荷载传给支承梁的途径不一样，板的受力情况就不同。如图 4-1 所示，假定为一四边简支的矩形板，板在两个方向的跨度分别为 l_1 和 l_2，且 $l_2 \geq l_1$，板上作用均布荷载 q。若设想把板划分为一些平行于板边并互相垂直交叉的板条，那么板上的荷载就由这些交叉的板条沿互相垂直的两个方向传给支承梁。

如果在板中央取出两个互相垂直的单位宽度的板条，可将荷载 q 分为 q_1 及 q_2，q_1 由 l_1 方向的板条承担，q_2 由 l_2 方向的板条承担。

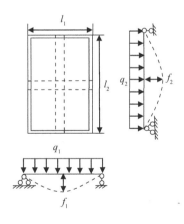

图 4-1　受均布荷载作用的四边支承矩形板

四边支承矩形板两个方向跨度之比对荷载传递的影响很大。由于板作为一个连续的整体，在弯曲时，板内任意点的挠度在两个正交方向上是一致的，因此，板在每个方向上所受的弯矩大小，直接受到各区格板长短边比例的影响。当板的长边和短边长度相等（即 $l_2 = l_1$）时，从图 4-2（a）中可以看出，板在两个正交方向上的中心板带曲率相同，这意味着在竖向荷载作用下，板在两个方向上所承受的弯矩是相等的。而当 $l_2 > l_1$ 时，板沿短跨方向上的曲率大，弯矩也大。而且，l_2 与 l_1 相差越大，板在两个方向所承受的弯矩就相差越多。当 l_2/l_1 超过一定数值后，板沿长跨方向上，除板端局部范围外，大部分范围内的曲率几乎为零，形成筒形弯曲，如图 4-2（b）所示，故板沿长跨方向所承受的弯矩很小，一般在工程上可以忽略不计，因此，在设计上就可以近似地认为板只沿短跨受弯，即认为板上全部竖向荷载都通过短跨传至支承梁。这种主要沿短向受弯的板称为单向板，又称梁式板。在设计中必须考虑双向受弯的板称为双向板。

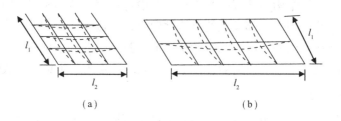

图 4-2　四边支承板的受力分析

二、钢筋混凝土梁板结构

（一）梁的构造知识

受力钢筋的数量在钢筋混凝土构件中是经过严格计算的。但构件设计并不仅仅是数量的确定，它还涉及众多的构造细节。这些构造上的要求不仅确保了施工的顺利进行，还考虑到了那些在计算中可能未被充分考虑的因素。接下来，将列出水工钢筋混凝土梁正截面的一些基本构造规定，以供参考和借鉴。

1. 截面形式与尺寸

梁截面设计中最常见的是矩形和 T 形截面。但在装配式构件中，为了减轻整体重量并增强截面的惯性矩，工字形、箱形等截面形式也广受欢迎。为了确保梁的截面尺寸符合统一标准，便于模板的重复使用以及施工效率的提升，在设定截面尺寸时，通常需要遵循以下一系列规定。

①现浇的矩形梁，梁宽 b 常取 120 mm、150 mm、180 mm、200 mm、220 mm、250 mm，250 mm 以上以 50 mm 为模数递增。梁高 h 常取 250 mm、300 mm、350 mm、400 mm、……、800 mm，以 50 mm 为模数递增；800 mm 以上则可以 100 mm 为模数递增。

②梁的高度 h 通常可根据跨度 l_0 确定，简支梁的高跨比 h/l_0 一般为 1/12～1/8，矩形截面梁的高宽比 h/b 一般为 2～3。

2. 混凝土保护层

钢筋混凝土构件中，钢筋的外侧必须覆盖一层足够厚的混凝土保护层，这是为了防止钢筋发生锈蚀，并保证钢筋与混凝土之间的牢固黏结。如图 4-3 所示，这一保护层的厚度选择主要依据钢筋混凝土结构构件的类型及其所处的环境条件。纵向受力钢筋的混凝土保护层厚度，指的是从纵向受力钢筋外边缘到混凝土表面的垂直距离，用符号 c 表示。其最小值需满足两个条件：一是不得小于纵向受力钢筋的直径，二是必须符合表 4-1 所列的数值要求。此外，这一厚度还不应小于粗骨料最大粒径的 1.25 倍。对于梁中的箍筋和构造钢筋，以及钢筋的端头，其保护层厚度均不得小于 15 mm。至于水工混凝土结构所处的环境类别，如表 4-2 所示。

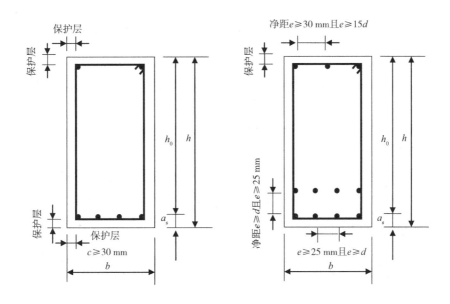

图 4-3 混凝土保护层、纵筋净距和截面有效高度

表 4-1 混凝土保护层最小厚度 c

单位：mm

项次	构件类别	环境条件类别				
		一	二	三	四	五
1	板、墙	20	25	30	45	50
2	梁、柱、墩	30	35	45	55	60
3	截面厚度不小于 2.5 m 的地板及墩墙	—	40	50	60	65

注：1. 直接与地基接触的结构底层钢筋或无检修条件的结构，保护层厚度应适当增大。

2. 有抗冲耐磨要求的结构面层钢筋，保护层厚度应适当增大。

3. 混凝土强度等级不低于 C30 且浇筑质量有保证的预制构件或薄板，保护层厚度可按表中数值减小 5 mm。

4. 钢筋表面涂塑或结构外表面敷设永久性涂料或面层时，保护层厚度可适当减小。

5. 严寒和寒冷地区受冻的部位，保护层厚度还应符合《水工建筑物抗冰冻设计规范》（SL 211—2006）的规定。

表 4-2　水工混凝土结构所处的环境类别

环境类别	环境条件
一	室内正常环境
二	室内潮湿环境；露天环境；长期处于水下或地下环境
三	淡水水位变化区；有轻度化学侵蚀性地下水的地下环境；海水地下区
四	海上大气区；轻度盐雾作用区；海水水位变化区；中度化学侵蚀性环境
五	使用除冰盐的环境；海水浪溅区；重度盐雾作用区；严重化学侵蚀性环境

3. 截面有效高度

计算梁的承载能力时，必须考虑到混凝土开裂后的情况，此时梁中的拉力完全由钢筋来承受。因此，梁的实际工作截面高度应该是从受拉钢筋的合力点到受压混凝土边缘的距离。这个距离被称为梁的截面有效高度，用 h_0 表示。如图 4-3 所示，$h_0 = h - a_s$，a_s 值可由混凝土保护层最小厚度 c 和钢筋直径 d 计算得出。当钢筋单排布置时，$a_s = c + d/2$；当钢筋双排布置时，$a_s = c + d + e/2$，其中 e 为两排钢筋的净距。对梁来说，一般情况下，可按钢筋直径 20 mm 来估算 a_s 值，如表 4-3 所示。

表 4-3　纵向受拉钢筋合力点至截面受拉边缘的距离 a_s

单位：mm

环境条件类别	梁、柱、墩	
	一排钢筋	二排钢筋
一	40	65
二	45	70
三	55	80
四	65	90
五	70	95

4. 梁内钢筋构造

梁内的钢筋有纵向受力钢筋、箍筋、弯起钢筋、架立钢筋、腰筋和拉筋等。

（1）纵向受力钢筋

①钢筋种类与直径。梁的纵向受力钢筋宜采用 HRB335 级、HRB400 级钢筋。为了保证钢筋骨架的刚度并便于施工，梁内纵向受力钢筋的直径不能太小。同时，为了防止混凝土裂缝过大和钢筋在混凝土中可能滑动，也不宜采用很粗的钢筋。梁内常用的纵向受力钢筋直径为 10～28 mm。在同一根构件中，受力钢筋直径最好相同。为了更方便地选择和配置钢筋，并同时实现钢材的节约，有时会选择使用两种不同直径的钢筋。在这种情况下，为了确保施工时的易于识别，两种钢筋的直径差异应至少为 2 mm。然而，为了保持结构

的整体性能和施工的便捷性，这个直径差异不应超过 4～6 mm，以使截面受力均匀。

②纵向受力钢筋根数。梁中受力钢筋根数太多时，会增加浇筑混凝土的难度，太少又不足以选择弯起筋来满足斜截面抗剪要求，且受力也不均匀。在梁中，钢筋根数至少为 2 根，以满足钢筋骨架的要求。受力钢筋数量根据正截面承载力计算确定。

③纵向受力钢筋间距及布置。为了使混凝土和钢筋之间有足够的黏结力，并且为了避免钢筋太密而影响混凝土的浇筑质量，要求两根钢筋之间保持一定的距离。梁的下部纵向钢筋应保持适当的净距，其最小值需满足两个条件：首先，不应小于钢筋的最大直径 d；其次，亦不得小于 25 mm。对于梁的上部纵向钢筋，其净距的设定同样受到两个限制：一是不得小于钢筋最大直径 d 的 1.5 倍；二是既要满足不小于 30 mm 的要求，又需符合最大骨料粒径的 1.5 倍。梁的下部纵向受力钢筋尽可能排成一层，当根数较多时，也可排成两层或三层，其中外侧钢筋的根数宜多一些，直径宜大一些。在梁体结构中，当梁下部纵向钢筋被配置为两层时，各层钢筋之间的净距需满足两个条件：一是不得小于钢筋的最大直径 d，二是也不得小于 25 mm。若梁下部纵向钢筋超过两层，则超出部分的各层钢筋之间的净距应比最下面两层的净距增大 1 倍，以确保结构的稳定与安全性。上、下层钢筋应对齐布置，以免影响混凝土浇筑质量。

④梁内受力钢筋标注方式为：钢筋根数＋钢筋级别符号＋钢筋直径。

（2）箍筋

梁中箍筋应按计算确定，当按计算不需要时，应按相关规范规定的构造要求配置箍筋。

①箍筋的作用。箍筋除用来提高梁的抗剪能力外，还能固定纵向受力筋和构造钢筋并与其形成钢筋骨架。

②箍筋的强度。考虑到高强度的钢筋延性较差，施工时成型困难，所以不宜采用高强度钢筋作箍筋。箍筋一般采用 HPB235 级钢筋，也可采用 HRB335 级钢筋。

③箍筋的形状和肢数。箍筋的形状有封闭式和开口式两种，如图 4-4 所示。矩形截面常采用封闭式箍筋，T 形截面当翼缘顶面另有横向钢筋时，可采用开口箍筋。配有受压钢筋的梁，则必须用封闭式箍筋。箍筋的肢数有单肢、双肢及四肢。箍筋通常设计为双肢形式。但在特定情况下，若梁的宽度 b 达到或超过 400 mm，并且在一层中纵向受压钢筋的数量超过 3 根，或者当梁宽 b 小于 400 mm，但一层中纵向受压钢筋数量超过 4 根时，应选择使用四肢箍以增强结构的稳定性和承载能力。四肢箍一般由两个双肢箍组合而成。

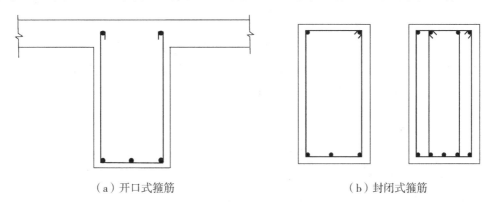

（a）开口式箍筋　　　　　　　　（b）封闭式箍筋

图 4-4　箍筋形状

④箍筋的最小直径。箍筋的最小直径参考梁截面高度而定：当梁高 $h > 800$ mm 时，箍筋直径不宜小于 8 mm；当梁高 $h \leqslant 800$ mm 时，箍筋直径不宜小于 6 mm。当梁内配有计算需要的纵向受压钢筋时，箍筋直径不应小于 $d/4$（d 为受压钢筋中的最大直径），并应做成封闭式。为方便箍筋加工成型，最好不用直径大于 10 mm 的箍筋。

⑤箍筋的布置。在梁跨范围内，当按计算需要配置箍筋时，一般可沿梁的全长均匀布置箍筋，也可以在梁两端剪力较大的部位布置得密一些。当经过计算确定不需要配置箍筋时，对于高度大于 300 mm 的梁，建议沿着梁的全长均匀布置箍筋，以确保结构的整体稳定性；对于高度小于或等于 300 mm 的梁，则可以考虑仅在构件端部的各 1/4 跨度范围内布置箍筋。然而，如果构件的中部 1/2 跨内有集中荷载作用，那么出于安全考虑，箍筋仍然需要沿着全梁进行布置，以确保梁在受到集中力作用时仍具有足够的承载能力。

⑥箍筋的最大间距。箍筋的最大间距应符合表 4-4 所示的规定。

表 4-4　梁中箍筋的最大间距 S_{max}

单位：mm

项次	梁高 h	$KV > V_e$	$KV \leqslant V_e$
1	$h \leqslant 300$	150	200
2	$300 < h \leqslant 500$	200	300
3	$500 < h \leqslant 800$	250	350
4	$h > 800$	300	400

注：薄腹梁的箍筋间距宜适当减小。

第一根箍筋离开支座或墙边缘的距离应满足 50 mm $\leqslant S \leqslant S_{max}$，但通常取 $S = 50$ mm，此后的间距取 $S \leqslant S_{max}$

在梁中，若配置了符合计算要求的受压钢筋，则箍筋的间距设定有着严格的标准。对于采用绑扎方式构成的骨架，箍筋间距不得超过受压钢筋中最小直径 d 的 15 倍。若骨架是通过焊接方式构建的，那么箍筋间距的限制则放宽至 $20d$。但无论如何，这一间距都不应超过 400 mm。另外，若梁内某一层纵向受压钢筋数量超过 5 根且直径大于 18 mm，那么箍筋间距必须进一步缩减至不超过 $10d$。

在纵筋的搭接长度区间内，对于受拉的钢筋，其箍筋间距需控制在不大于 5 倍的钢筋直径，同时这个距离也不得超过 100 mm。而对于受压的钢筋，其箍筋间距应小于或等于 10 倍的钢筋直径，但同样不得超过 200 mm。在此，d 为搭接钢筋中的最小直径。

箍筋标注方式为：钢筋级别符号＋直径＋间距。

（3）弯起钢筋

弯起钢筋的数量、位置由计算确定，一般由纵向受力钢筋弯起而成，如图 4-5 所示，当纵向受力钢筋较少不足以弯起时，也可设置单独的弯起钢筋。弯起钢筋的主要功能在于其弯起部分，它能有效地承受弯矩和剪力所带来的主拉应力。而一旦弯起后，其水平部分负责承受支座处产生的负弯矩。

在采用绑扎骨架的钢筋混凝土梁中，承受剪力的钢筋，宜优先采用箍筋。当需要设置弯起钢筋时，弯起钢筋的弯起角一般为45°，当梁高 $h \geq 700$ mm 时也可用60°。当梁宽较大时，为使弯起钢筋在整个宽度范围内受力均匀，宜在同一截面内同时弯起两根钢筋。

弯起钢筋的弯折终点外应留有足够长的直线锚固段，如图 4-5 所示，其长度在受拉区不应小于 $20d$，在受压区不应小于 $10d$。对于光面钢筋，其末端应设置弯钩。位于梁底两侧的纵向钢筋不应弯起。

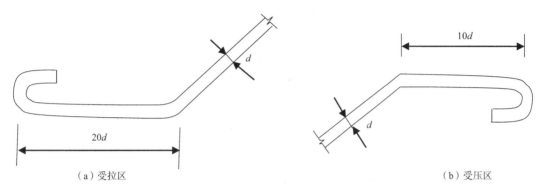

（a）受拉区　　　　　　　　　　　　　　　（b）受压区

图 4-5　弯起钢筋的直线锚固段

弯起钢筋应采用如图 4-6（a）所示吊筋的形式，而不能采用仅在受拉区有较少水平段的浮筋 [如图 4-6（b）所示]，以防止由于弯起钢筋发生较大的滑移使斜裂缝开展过大，甚至导致斜截面受剪承载力的降低。

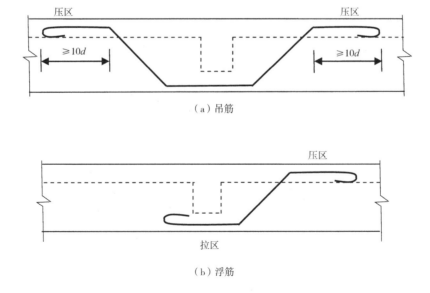

（a）吊筋

（b）浮筋

图 4-6　吊筋及浮筋

（4）架立钢筋

纵向钢筋与箍筋的绑扎需要形成稳定的骨架结构，这就要求在箍筋的四个角上，沿着梁的全长都必须有纵向钢筋的布置。若某些区段没有纵向受力钢筋，则必须增设架立钢筋，以确保结构的完整性和稳定性，如图 4-7 所示。

当梁跨 $l < 4$ m 时，架立钢筋直径 $d \geqslant 8$ mm；当梁跨 $l = 4 \sim 6$ m 时，架立钢筋直径 $d \geqslant 10$ mm；当梁跨 $l > 6$ m 时，架立钢筋直径 $d \geqslant 12$ mm。

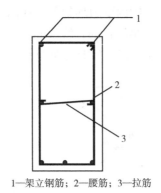

1—架立钢筋；2—腰筋；3—拉筋

图 4-7　架立钢筋、腰筋及拉筋

（5）腰筋和拉筋

若梁的腹板高度 $h_w > 450$ mm，需在梁的两侧垂直高度方向布置纵向构造钢筋，即腰筋，同时，两侧的腰筋应利用拉筋相互连接固定，具体如图 4-7 所示。每侧腰筋的截面面积应至少占腹板截面面积 bh_w 的 0.1%。在确定 h_w 时，矩形截面以有效高度为准，工字形截面则需减去翼缘高度后取有效高度，或者取腹板的净高度。此外，腰筋的间距建议不超过 200 mm。拉筋的直径可与箍筋保持一致，而其间距通常是箍筋间距的 2~3 倍，常见的取值范围是 500~700 mm。

（二）板的构造知识

1. 截面形式与尺寸

（1）截面形式

现浇板的截面一般是实心矩形截面，根据使用要求，也可采用空心矩形截面和槽形截面。板的截面形式如图 4-8 所示。

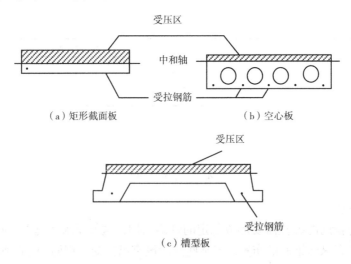

（a）矩形截面板　　　　　　　（b）空心板

（c）槽型板

图 4-8　板的截面形式

（2）截面尺寸

水工建筑物中的板，其厚度变化范围因位置和受力条件的不同而极为显著。有些板的厚度可能只有大约 100 mm，而有些可能厚达几米。对于实心板，其厚度一般应不小于100 mm，但也有一些特殊设计的屋面板，其厚度仅为 60 mm。在确定板的厚度时，通常遵循以下规则：当板的厚度在 250 mm 以下时，其厚度以 10 mm 为单位递增；当板的厚度在 250～800 mm 时，以 50 mm 为单位递增；当板的厚度超过 800 mm 时，则以 100 mm为单位递增。

板的厚度要满足承载能力、抗变形能力的要求。厚度不大的板（如工作桥、公路桥的面板，水电站主厂房楼板），其厚度为板跨度的 1/20～1/12。预制构件的截面尺寸，为达到减轻自重的目的，可以根据实际需求和具体情况灵活确定。在此过程中，级差模数的设定并不受前述规定的严格限制。

2. 板的钢筋

板内通常只配置受力钢筋和分布钢筋。

（1）板的受力钢筋

①受力钢筋的直径：板的纵向受力钢筋建议选用 HPB235 或 HRB335 级别的钢筋，并根据计算和构造要求合理布置。对于常见的中等厚度板，其受力钢筋直径通常在 6～12 mm；对于厚度超过 200 mm 的较厚板（如水电站厂房安装车间的楼面板）和厚度超过1 500 mm 的厚板（如水闸、船闸的底板），其受力钢筋直径则通常在 12～25 mm。为了确保施工质量和便于管理，同一块板中的受力钢筋直径应尽可能保持一致。为了节约钢材，也可考虑使用两种不同直径的钢筋，但为了确保识别方便，两种直径之间的差异应至少为2 mm。

②受力钢筋的间距：为了保障构件受力的均匀性，防止混凝土局部受损或产生过大的裂缝，板内受力钢筋的间距 s（即中距）必须受到控制，不能随意增大。具体而言，当板厚 h 小于或等于 200 mm 时，s 应小于或等于 200 mm；当板厚 h 为 200～1 500 mm 时，s 应小于或等于 250 mm；当板厚 h 超过 1 500 mm 时，s 则应小于或等于 300 mm。同时，为了施工的便利，板内受力钢筋的间距 s 也不宜过小，一般应大于或等于 70 mm。这些钢筋应沿板跨方向布置在受拉区，并且每米范围内通常建议使用 4～10 根钢筋。

③受力钢筋的弯起：在板的构造中，弯起钢筋的弯曲角度设计应至少为 30°，对于较厚的板，弯起角度可以增大至 45° 或 60°。在钢筋完成弯起后，伸入支座的受力钢筋截面面积应不小于跨中钢筋截面面积的 1/3，并且这些钢筋之间的间距应控制在 400 mm 以内。

④受力钢筋的标注：板中纵向受力钢筋的标注方式为钢筋级别符号＋钢筋直径＋间距。

⑤受力钢筋的支座锚固：简支或连续板下部的纵向受力钢筋伸入支座的长度，必须满足不小于 5 倍的钢筋直径这一要求，这里的钢筋直径指的是下部纵向受力钢筋的直径。如果采用焊接网配筋的方式，其末端至少应有一根横向钢筋配置在支座边缘内，具体如图 4-9（a）所示。若无法满足上述条件，应在受力钢筋的末端制作弯钩，如图 4-9（b）所示，或者通过加焊附加的横向锚固钢筋来满足要求，如图 4-9（c）所示。此外，当板内温度、收缩应力较大时，伸入支座的锚固长度应适当增加。若板内剪力（KV）大于设计规定的剪力（V），则配置在支座边缘内的横向锚固钢筋数量不应少于 2 根，且其直径不应小于纵向受力

钢筋直径的 1/2，当连续板内温度、收缩应力较大时，伸入支座的锚固长度宜适当增加。

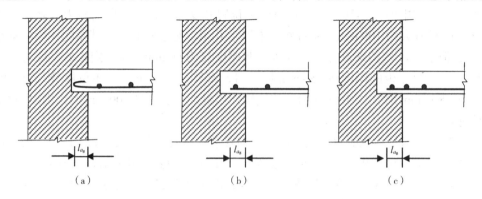

图 4-9 焊接网在板的简支支座上的锚固

（2）板的分布钢筋

分布钢筋在板中是以垂直于主要受力钢筋的方向进行布置的，通常采用的是光面钢筋。这些钢筋被精心安排在纵向受力钢筋的内侧。分布钢筋的作用主要有以下几种。

①将板面荷载更均匀地传给受力钢筋。

②固定受力钢筋处于正确位置。

③防止因温度变化或混凝土收缩等造成沿板跨方向产生裂缝。

在单向板的设计中，每米板宽的分布钢筋截面面积必须至少占受力钢筋截面面积的 15%，若存在集中荷载，则该比例应提升至 25%。同时，分布钢筋的直径选择需慎重，通常建议不小于 6 mm，以确保结构的稳定性和安全性。在承受均布荷载的厚板中，分布钢筋的直径可采用 10～16 mm。分布钢筋的间距 s 不宜大于 250 mm；当集中荷载较大时，分布钢筋的间距 s 不宜大于 200 mm；对于承受分布荷载的厚板，其间距 s 可为 200～400 mm。分布钢筋的标注方式同板中纵向受力钢筋。

对于温度变化和收缩应力较为显著的现浇板区域，建议将钢筋间距设定为 150～200 mm。同时，为了有效应对温度和收缩带来的应力，应在未配置钢筋的板表面设置温度收缩钢筋。此外，为了保障板的整体刚度和稳定性，板的上、下表面在纵、横两个方向上的配筋率应不低于 0.1%。

（3）截面有效高度 h_0

板截面有效高度的概念与梁相同，$h_0 = h - a_s$，h 为截面高度，a_s 为纵向受拉钢筋合力点至截面受拉边缘的距离，$a_s = c + d/2$。进行板截面设计时，钢筋直径 d 可按 10 mm 估算；板截面复核时，钢筋直径 d 按实际计算。

第二节　钢筋混凝土刚架结构

一、钢筋混凝土刚架结构的概念

刚架是由横梁和立柱刚性连接（刚节点）所组成的承重结构，在水工建筑中应用很广。

当刚架高度 H 在 5 m 以下时，一般采用单层刚架；在 5 m 以上时，则宜采用双层刚架或多层刚架。根据使用要求，刚架结构也可以是单层多跨的或多层多跨的，刚架结构通常也称为框架结构。刚架立柱与基础的连接可分为铰接和固接两种。连接方式主要取决于地基土壤的特性。

二、钢筋混凝土刚架结构的计算与构造

整体式构架立柱与屋面大梁整体浇筑，刚性连接，称为刚架。刚架的刚度大，抗震性能好，但模板工作量大，施工干扰多，周期长。考虑到构件的数量、尺寸、吊装设备以及成本等因素，水电站厂房构架多为钢筋混凝土现浇刚架结构。此外，支撑渡槽槽身和支撑工作桥桥面的承重刚架也都采用刚架结构。

（一）计算简图

整体式刚架结构中，纵梁、横梁与柱整体连接，组成复杂的空间杆件结构体系。为了简化计算，一般将空间刚架简化为横向和纵向两个方向的平面刚架进行结构分析。纵向刚架的柱根数较多，刚度较大，柱顶变形较小，当纵向刚架立柱总数多于 7 根时，可不进行计算。因此，这里仅阐述横向刚架的结构计算。其结构的计算简图应遵循下列几点规定。

①横向跨度取柱截面轴线，对阶形变截面柱，轴线通过最小截面中点。

②下柱高度取固定端至牛腿顶面的距离，上柱高度取牛腿顶面至横梁中心的距离（当为屋架或屋面梁与柱顶铰接连接时，取牛腿顶面至柱顶面的距离）。

③楼板（梁）与柱简支连接时，可不考虑板（梁）对柱的支承约束作用；若板（梁）与柱整体连接，则可根据板（梁）的刚度分别按不动铰、刚结点或弹性结点连接。

④刚架柱基础固定端高程应根据基础约束条件确定，当下部结构的线刚度为柱线刚度的 12~15 倍时，可按固定端考虑。

在水电站厂房刚架结构中，当发电机层以下为刚度很大的块体时，则可认为柱固定在发电机层，如图 4-10（a）所示。当发电机层楼板仅能阻止刚架立柱的水平位移时，柱底固定于水轮机层，立柱成为三阶形柱，如图 4-10（b）所示。设有蝴蝶阀的厂房，刚架上游侧立柱常固定于水轮机层以下，形成了不对称形式的刚架，如图 4-10（c）所示。安装间大梁下常设有柱作为支撑，则为双层式刚架，如图 4-10（d）所示。

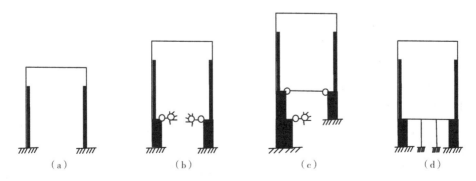

图 4-10 柱脚固定端位置及横向刚架形式

在计算刚架横梁惯性矩时，如为装配式屋面，则按横梁实际截面计算；若屋面板与梁为现浇整体式梁板结构，则应考虑板参与横梁工作，按 T 形截面计算。在计算立柱截面惯性矩时，若围护墙是砖墙，则取立柱实际截面计算；若围护墙为与柱整浇的钢筋混凝土墙，则应考虑墙的作用，按 T 形截面计算。T 形截面惯性矩可按下列简化方法计算。

伸缩缝区段两端的刚架：

$$l = 1.5l_0 \qquad\qquad (4-1)$$

伸缩缝区段中间的刚架：

$$l = 2.0l_0 \qquad\qquad (4-2)$$

式中，l_0——不考虑翼缘挑出部分的作用，按腹板计算的惯性矩。

刚架结构为超静定结构，应先确定构件截面尺寸。横梁截面可先按 $M = (0.6 \sim 0.8)$ M_0，配筋率 $\rho = 1.3\% \sim 1.8\%$ 估算截面尺寸，其中 M_0 是按简支梁计算的跨中最大弯矩。立柱可先按轴心受压构件估算，计入可能出现的最大轴向力，然后将所得到的截面尺寸扩大 $50\% \sim 80\%$。

对于先估算的构件截面尺寸，内力计算后如有必要可进行调整。一般只有当各杆件的相对惯性矩的变化超过 3 倍时，才需重新计算内力。

（二）荷载计算

钢筋混凝土刚架一般为厂房上部的主要承重结构，承受屋面、吊车、楼面、风、雪等荷载，除吊车荷载外，其他荷载均取自计算单元范围内。这里主要介绍风荷载和雪荷载的确定方法。

1. 风荷载

风荷载作用于刚架，由计算单元所包含的墙面和屋面传递而来。这种荷载的方向垂直于建筑物的表面，它在迎风面产生压力，而在背风面和侧面产生吸力。为了确定建筑物表面所承受的风荷载标准值，可以按下式计算。

$$w_k = \beta_z \mu_z \mu_s w_0 \qquad\qquad (4-3)$$

式中，w_k——风荷载标准值，kN/m^2；

β_z——高度 z 处的风振系数；

μ_z——风压高度变化系数；

μ_s——风荷载体型系数；

w_0——基本风压值，kN/m^2。

（1）基本风压值 w_0

基本风压是以当地比较空旷平坦地面上离地 10 m 高统计所得的 50 年一遇 10 min 平均最大风速为标准确定的风压值。

对于水工建筑物，全国基本风压值还应进行以下修正。

①对于水工高耸结构，w_0 值乘以 1.1 后采用；对于特别重要和有特殊使用要求的结构或建筑物，w_0 值乘以 1.2 后采用。

②山间盆地、谷地等闭塞地形，w_0 值乘以 0.75～0.85 后采用；与大风方向一致的山口、谷口，w_0 值乘以 1.2～1.5 后采用。

（2）风压高度变化系数 μ_z

随着距地面高度增加，风速加大，风压值也加大，设计中采用风压高度变化系数 μ_z 来修正基本风压值。μ_z 可根据所在地区的地面粗糙程度类别和所求风压值处距地面的高度从《建筑结构荷载标准》中查得。

（3）风荷载体型系数 μ_s

风荷载体型系数即指风吹到建筑物表面引起的压力或吸力与理论风压的比值，与建筑物的外表体型和尺度有关。

水工建筑物的风荷载体型系数 μ，可按《建筑结构荷载标准》中的有关规定采用。如图 4-11 所示为封闭式双坡屋面的风荷载体型系数。其中正值为压力，方向指向建筑物表面，负值为吸力，方向背离建筑物表面，均与建筑物表面垂直。

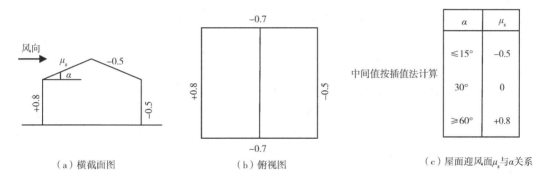

图 4-11　封闭式双坡屋面的风荷载体型系数

（4）风振系数 β_z

实际风荷载是随机的波动荷载，且在其平均值上下波动，使建筑物在平均水平位移附近左右摇晃，产生动力效应。设计时，采用加大风荷载的方法考虑这一动力效应，这种风压放大效应称为风振系数。

对于高度大于 30 m 且高宽比大于 1.5 的水电站厂房，风振系数的计算需遵循相关规定进行，当不属于上述情形时，可取 $\beta_z = 1.0$。

2. 雪荷载

雪荷载是指建筑物上积雪的重量。对水电站厂房、泵站厂房、渡槽等建筑物，其顶面水平投影面上的雪荷载标准值按下式计算。

$$S_k = \mu_r S_0 \tag{4-4}$$

式中，S_k——雪荷载标准值，kN/m²；

　　　S_0——基本雪压，kN/m²，以当地一般空旷平坦地面上统计所得 50 年一遇最大积雪的自重确定，计算时按《建筑结构荷载标准》中全国基本雪压图采用；

　　　μ_r——建筑物顶面积雪分布系数，可根据厂房屋面特征，按《建筑结构荷载标准》规定的屋面积雪分布系数采用。

对于山区的基本雪压，最佳的做法是通过实际调查和观测来确定，这样可以确保获取到最准确、最贴近实际情况的雪压数据。如果没有实际的观测资料可供参考，可以依据当地空旷平坦地面的基本雪压值，并将其乘以1.2倍作为参考。

在进行建筑结构的内力计算时，雪荷载和屋面活荷载并不会同时被考虑。实际上，通常只会选择这两者中的较大值来进行计算。

（三）刚架内力计算与内力组合

作用在刚架上的荷载有很多种，在这些荷载中，除恒荷载是在厂房使用期内一直作用在结构上外，其余活荷载则有时出现，有时不出现，有时单独出现，有时又与其他活荷载一起出现，而且它们对结构产生的效应也各不相同。结构设计中为了求得截面的最不利内力，一般是先分别求出各种荷载作用下的刚架内力，然后按照一定的规律将所有可能同时出现的荷载所产生的内力进行组合（叠加），从中挑出最不利（或最大）内力作为配筋依据。

此外，在对构件进行截面设计时，往往是以一个或几个控制截面的内力为依据。例如，简支梁的正截面受弯承载力取跨中截面弯矩，斜截面受剪承载力取支座截面剪力等。因此，在进行刚架内力计算时，只需求出控制截面的内力。

1. 刚架梁、柱的控制截面

所谓控制截面，是指对构件配筋和下部块体结构或基础设计起控制作用的那些截面。对刚架横梁，一般是以两个支座截面及跨中截面为控制截面，如图4-12中所示1-1、2-2、3-3截面。支座截面是最大负弯矩和最大剪力作用的截面；在水平荷载作用下还可能出现正弯矩，跨中截面则是最大正弯矩作用的截面。

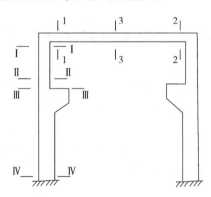

图4-12　刚架梁、柱的控制截面

对于刚架柱，弯矩的最大值总是出现在柱段的上端和下端两个截面处。与此不同，轴力和剪力在同一柱段中的变化相对较小。因此，为了进行有效的分析，通常选择柱段的上端和下端两个截面作为控制截面，如图4-13中所示，上柱控制截面为Ⅰ-Ⅰ、Ⅱ-Ⅱ；下柱控制截面为Ⅲ-Ⅲ、Ⅳ-Ⅳ。其中，Ⅳ-Ⅳ截面的内力不仅是计算下柱钢筋的依据，也是下部块体结构或柱下基础设计的依据。

2. 刚架内力计算

刚架是高次超静定结构。为了内力组合的需要，必须计算每一种荷载作用下各控制截面的内力。因此，刚架内力计算是一项相当繁重的工作，设计中一般都借助于计算机程序来完成。目前，能够用于刚架（框架）结构分析的程序有很多种，但大多是针对一般工业民用建筑结构开发的，能够用于水电站厂房刚架计算的很少。

对于无侧移刚架，内力也可近似采用弯矩分配法计算；对于有侧移刚架，可联合运用弯矩分配法和位移法进行计算。但必须注意，水电站厂房刚架柱为一阶或二阶变截面柱，梁为变截面梁或两端加腋梁。这两种杆件的形常数（抗弯刚度、分配系数、传递系数）和载常数（固端弯矩、固端剪力）等与一般等截面直杆不同。

刚架的内力计算涉及荷载的组合与内力的组合两个部分。荷载组合是确定应选择哪几种荷载参与组合才能得到最不利内力值；内力组合指根据截面承载力计算要求，确定需要组合的内力类型。

对于刚架梁，一般需要进行正截面承载力及斜截面承载力计算，因此应组合弯矩和剪力。

对于刚架柱，一般为偏心受压构件，进行正截面承载力计算时，需要组合轴力和弯矩，且当轴力一定时，不论大、小偏心受压构件，弯矩越大越不利；当弯矩一定时，对大偏心受压构件轴力越小越不利，对小偏心受压构件则轴力越大越不利。另外，当水平荷载产生的剪力较大时，柱子还应进行斜截面承载力计算，此时应组合剪力及相应轴力；对下柱柱底截面，为满足下部结构或柱下基础设计需要，也应组合剪力及相应轴力。因此，刚架应进行以下内力组合。

（1）刚架梁

①跨中截面 M_{max}、M_{min}。

②支座截面 M_{max}、M_{min}、V_{max}。

（2）刚架柱

① M_{max} 及相应 N、V。

② M_{min} 及相应 N、V。

③ N_{max} 及相应 M、V。

④ N_{min} 及相应 M、V。

⑤ V_{max} 及相应 M、N。

其中只有下柱柱底截面和剪力较大的其他柱截面才需进行第⑤项组合。

（四）截面设计和构造要求

1. 截面设计

刚架中横梁的轴向力 N 一般很小，可以忽略不计，跨中截面、支座截面的纵向钢筋可根据组合的 M_{max}、M_{min} 按正截面承载力计算确定。

刚架柱的纵向钢筋，由前述的①~④组不同组合的 M、N 分别进行正截面受压承载力计算后，取最大钢筋截面面积。当柱采用对称配筋时，第①、②组内力可只取弯矩绝对值较大的一组进行承载力计算。当需考虑柱的纵向弯曲影响时，其计算长度可参考有关规范。

对刚架梁支座截面和需要进行斜截面承载力计算的刚架柱，应进行斜截面承载力计算，确定梁的箍筋、弯起钢筋和柱中箍筋。

2. 刚架结构的构造要求

刚架横梁和立柱的构造，与一般梁、柱相同。下面仅介绍刚架节点的构造。

（1）节点构造

现浇刚架横梁与立柱的连接处，其应力分布受到内折角形状的影响。当内折角设计得更为平顺时，转角位置的应力集中现象会相应减弱，如图4-13所示。

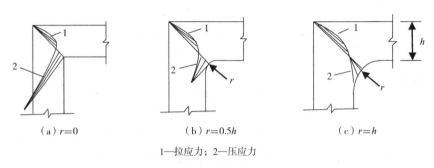

（a）$r=0$ （b）$r=0.5h$ （c）$r=h$

1—拉应力；2—压应力

图4-13　内折角形状对应力的影响

因此，若转角处的弯矩不大，可将转角做成直角或加一个不大的填角；若弯矩较大，则应将内折角做成斜坡状的支托，如图4-14（a）所示，以缓和应力集中现象。

此外，当梁支座截面处剪力 $V > 0.25f_cbh_0/\gamma_d$ 而又不能加大梁截面高度时，或当梁、柱刚度相差较大及有其他构造要求时，也应在梁端设支托。支托的坡度一般为 1∶3，长度 l_1 一般取（1/8～1/6）l_n 且不小于 $l_n/10$，高度 h_1 不大于 $0.4h$。

当有支托时，应沿支托表面设置附加直钢筋，如图4-14（b）所示。直钢筋的直径和根数与横梁下部伸入支托的钢筋相同。伸入梁内的长度 l_{a1}：当为受拉时，取 $1.2l_a$（l_a 为受拉钢筋的最小锚固长度）且不小于 300 mm；当为受压时，取 $0.85l_a$ 且不小于 200 mm。伸入柱内的长度 l_{a2}：当可能受拉时取 l_a；当不可能受拉时须伸至柱中心线，且应不小于钢筋在支座中的锚固长度 l_{as}。支托内的箍筋要适当加密，支托终点处增设两个附加箍筋，附加箍筋的直径与梁内箍筋相同。

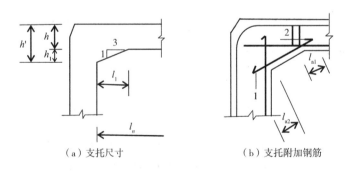

（a）支托尺寸 （b）支托附加钢筋

图4-14　支托尺寸及配筋

图4-15所示为常用的刚架顶部节点的钢筋布置，e_0 为顶节点弯矩 M 与轴向力 N 之比。

①如图4-15（a）所示，$e \le 0.25h$ 时，横梁上部钢筋应伸进柱内并与柱内钢筋搭接 l_a。

②如图4-15（b）所示，$0.25h < e_0 \le 0.5h$ 时，横梁上部钢筋应伸进柱内，并应不少

于两根钢筋伸过横梁下边 l_a，同时在每一搭接接头内的钢筋根数不应多于 4 根。

③如图 4-15（c）所示，$e_0 > 0.5h$ 时，横梁上部钢筋应全部伸进柱内，且伸过横梁下边应不小于 l_a，每次切断不应多于 2 根。柱内一部分钢筋伸到顶端，另一部分钢筋应伸到横梁内，根数按计算确定，且不少于 2 根。

在刚架梁的中间节点处，上部纵向钢筋应连续贯穿节点，而下部纵向钢筋应伸入节点内部。若在计算中不考虑利用下部钢筋的强度，则伸入节点的长度至少应为 l_{as}。若计算中充分利用下部钢筋的强度，对于受拉钢筋，其伸入长度不应小于 l_a；而对于受压钢筋，其伸入长度不应小于 $0.7l_a$。这样的设计确保了节点的有效连接和梁的整体稳定性。

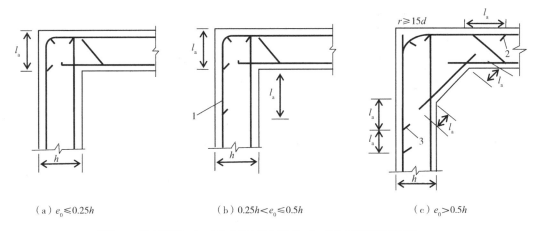

（a）$e_0 \leqslant 0.25h$　　　　（b）$0.25h < e_0 \leqslant 0.5h$　　　　（c）$e_0 > 0.5h$

说明：1—不少于2根；2—从柱内伸入不少于2根；3—每次切断不应多于2根。

图 4-15　顶部节点的钢筋布置

在刚架的中间层端节点，上部纵向钢筋在节点内的锚固长度必须达到或超过规定值，并且需要延伸过节点中心线。若钢筋在节点内的水平锚固长度不满足要求，则应延伸至对面柱边，随后向下弯折。弯折后的钢筋，其水平投影长度不应小于 $0.4l_a$，而垂直投影长度不应小于 15 倍的钢筋直径 d，如图 4-16 所示。此外，为了提高节点的锚固性能，建议在纵向钢筋的弯弧内侧中点处设置一根横向插筋，其直径应不小于纵向钢筋的直径，且最小直径为 25 mm，纵筋弯折后的水平投影长度可乘以 0.85 的折减系数，插筋长度应取梁截面宽度。

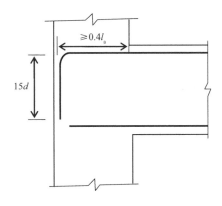

图 4-16　刚架中间层端节点钢筋的锚固

（2）立柱与基础的连接构造

刚架立柱与基础的连接一般有固接和铰接两种。

①立柱与基础固接。从基础内伸出插筋与柱内钢筋相连接，然后浇筑柱的混凝土。插筋的直径、根数、间距应与柱内钢筋相同。插筋一般均应伸至基础底部，如图4-17（a）所示。当基础高度较大时，也可仅将柱子四角处的插筋伸至基础底部，而其余插筋只伸至基础顶面以下，满足锚固长度的要求即可，如图4-17（b）所示。锚固长度按下列数值采用：轴心受压及偏心距 $e_0 \leqslant 0.2h$（h 为柱子截面高度）时，$l_a \geqslant 15d$；偏心距 $e_0 > 0.2h$ 时，$l_a \geqslant 25d$。

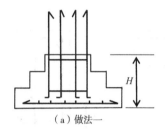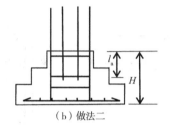

（a）做法一　　　　　　　　　　　　　　（b）做法二

图4-17　立柱与基础固接的做法

当采用杯形基础时，按一定要求将柱插入杯口内，周围回填不低于C20级的细石混凝土，即可形成固定支座。

②立柱与基础铰接。在连接处将柱截面减小为原截面的1/3～1/2，并用交叉钢筋或垂直钢栓或带肋钢筋连接。在紧邻此铰链的柱和基础中应增设箍筋和钢筋网。这样的连接将此处的弯矩削减到实用上可以忽略的程度。柱中的轴向力由钢筋和保留的混凝土来传递，按局部受压核算。

当采用杯形基础时，先在杯底填以50 mm不低于C20级的细石混凝土，将柱子插入杯口内后，周围再用沥青麻丝填实。在荷载作用下，柱脚的水平和竖向移动虽都被限制，但它仍可做微小的转动，故可看作铰接支座。

第五章　钢筋混凝土柱设计

钢筋混凝土柱是建筑物或桥梁等结构的主要承重构件之一，其设计是指根据结构荷载和约束条件，通过受力分析和设计计算，确定柱的尺寸、配筋和承载力等参数，以满足结构的强度、刚度和稳定性要求，是结构设计的重要组成部分，而相关原理和方法的正确应用对结构的安全性和可靠性至关重要。本章围绕柱及其构造要求、钢筋混凝土轴心受压柱的设计、钢筋混凝土偏心受压柱的设计、钢筋混凝土受拉构件设计展开研究。

第一节　柱及其构造要求

一、柱概述

水工钢筋混凝土结构中，除受弯构件外，还有另一种主要的构件，就是受压构件，它常以柱的形式出现，如水闸工作桥的支柱、水电站厂房中支撑吊车梁的柱子、渡槽的支撑刚架柱、闸墩、桥墩以及拱式渡槽的支撑拱圈等都属于受压构件。水闸工作桥的中墩支柱主要承受纵向压力，并将上部相邻两孔纵梁传来的压力及其自重传递给闸墩；而水电站厂房中支撑吊车梁的立柱主要承受屋架传来的竖向力及水平力、吊车轮压及横向制动力、风荷载、自重等外力[①]。

柱可以分为轴心受压柱和偏心受压柱。当截面上只作用有轴向压力且轴向压力作用线与构件重心轴重合时，柱被称为轴心受压柱；当轴向压力作用线与构件重心轴不重合时，柱被称为偏心受压柱。偏心受压柱又分为单向偏心受压柱和双向偏心受压柱。

在实际工程中，真正的轴心受压柱是不存在的。由于施工时截面几何尺寸的误差、构件混凝土浇筑的不均匀、钢筋的不对称布置以及装配式构件安装定位的不准确等，都会导致轴向力产生偏心。

当偏心距小到在设计中可忽略不计时，则可将柱当作轴心受压柱计算。例如，对于恒载较大的等跨多层房屋的中间柱、桁架的受压腹杆等构件，因为主要承受轴向压力，弯矩很小，一般可忽略弯矩的影响，近似按轴心受压柱设计。实际工程中的单层厂房边柱、一般框架柱等构件均属于偏心受压柱。

---

① 卢羽平，张燎军，冉懋鸽. 洪家渡水电站厂房矩形钢管混凝土叠合柱抗震分析 [J]. 华北水利水电学院学报，2005（1）：35-38.

二、柱的构造及相关要求

（一）柱的截面

1. 截面的一般形式与尺寸

轴心受压柱截面形式一般采用方形和圆形。偏心受压柱一般采用矩形截面，截面长边布置在弯矩作用方向，截面长短边尺寸之比一般为 1.5～2.5。为了减轻自重，预制装配式受压柱也可采用工字形截面，某些水电站厂房的框架立柱也有采用 T 形截面的。

柱截面尺寸与长度相比不宜太小，因为构件越细长，纵向弯曲的影响越大，承载力降低就越多，不能充分利用材料的强度[①]。水工建筑物中，现浇立柱的边长不宜小于 300 mm。若立柱边长小于 300 mm，混凝土施工缺陷所引起的影响就较为严重，在设计计算时，混凝土强度设计值应该乘以系数 0.8。水平浇筑的装配式柱则不受此限制。

为了施工支模方便，截面尺寸宜使用整数。当柱截面边长在 800 mm 及以下时，以 50 mm 为模数递增；当柱截面边长在 800 mm 以上时，以 100 mm 为模数递增。

2. 柱的各类截面选择

（1）刚性屋盖单层房屋排架柱、露天吊车柱和栈桥柱的计算长度

轴心受压和偏心受压的刚性屋盖单层房屋排架柱、露天吊车柱和栈桥柱，其计算长度 l_0 可按相关的规定取用，具体如表 5-1 所示。

表 5-1　刚性屋盖的单层房屋排架柱、露天吊车柱和栈桥柱的计算长度 l_0

序号	柱的类型		排架方向	垂直排架方向	
				有柱间支撑	无柱间支撑
1	无吊车房屋柱	单跨	1.5H	1.0H	1.2H
		两跨及多跨	1.25H	1.0H	1.2H
2	有吊车房屋柱	上柱	$2.0H_u$	$1.25H_u$	$1.5H_u$
		下柱	$1.0H_l$	$0.8H_l$	$1.0H_l$
3	露天吊车柱和栈桥柱		$2.0H_l$	$1.0H_l$	—

注：1. 表中 H 为从基础顶面算起的柱子全高；H_l 为从基础顶面至装配式吊车梁底面或现浇式吊车梁顶面的柱子下部高度；H_u 为从装配式吊车梁底面或从现浇式吊车梁顶面算起的柱子上部高度。

2. 表中有吊车房屋排架柱的计算长度，当计算中不考虑吊车荷载时，可按无吊车房屋的计算长度采用，但上柱的计算长度仍按有吊车房屋采用。

3. 表中有吊车房屋排架柱的上柱在排架方向的计算长度，仅适用于 $H_u/H_l \geq 0.3$ 的情况；当 $H_u/H_l < 0.3$ 时，计算长度宜采用 $2.5H_u$。

---

① 任重阳. 构造要求在钢筋混凝土结构设计中的重要性 [J]. 长江水利教育，1991（3）：50, 67-70.

（2）梁与柱为刚接的钢筋混凝土框架柱

轴心受压和偏心受压的一般多层房屋中梁柱为刚接的框架结构各层柱段，其计算长度可按相关的规定取用，具体如表 5-2 所示。

表 5-2 框架结构各层柱段的计算长度

序号	楼盖类型	柱段	计算长度 l_0
1	现浇楼盖	底层柱段	$1.0H$
		其余各层柱段	$1.25H$
2	装配式楼盖	底层柱段	$1.25H$
		其余各层柱段	$1.5H$

注：1. 对于那些包含非轻质填充墙并且其梁柱采用刚接方式的框架结构，在确定各层柱段的计算长度时，有一些特定的规定需要遵循。当框架结构由三跨或更多跨构成，或者当其为两跨但框架总宽度不小于其总高度的 1/3 时，可以将各层柱段的计算长度简单地设定为 H。

2. 在针对底层柱段的计算中，H 代表的是从基础顶面到一层楼盖顶面的垂直距离。而对于框架中的其他各层柱段，H 表示的是上、下两层楼盖顶面之间的高度。

3. 当考虑有侧移影响的框架结构时，情况会有些不同。特别是在竖向荷载较小或竖向荷载大部分作用在框架节点上或其附近时，根据可靠的设计经验，各层柱段的计算长度可能需要取一个比上述规定更大的数值。

（3）单层厂房常用柱的截面形式

单层厂房铰接排架柱一般采用预制柱，柱顶与屋架铰接，柱根与杯形基础固接，常用柱的截面形式如表 5-3 所示。

表 5-3 单层厂房柱常用柱截面参考

序号	柱截面高度 h/mm	宜采用柱的截面形式
1	$\leqslant 500$	矩形截面柱
2	$600 \sim 800$	矩形或工形截面柱
3	$900 \sim 1\,200$	工形截面柱
4	$1\,300 \sim 1\,500$	工形截面柱或双肢柱
5	$> 1\,600$	双肢柱

注：抗震设防烈度为 8 度和 9 度时，宜采用斜腹杆双肢柱。

（4）单层厂房常用柱的截面尺寸

①柱的截面尺寸并非随意设定，而是需要经过详细的设计计算来确定。这是为了确保

柱在满足结构强度的同时，也能满足刚度要求。

②对于厂房柱和露天起重机栈桥柱，当其柱距为 6 m 时，如果其截面最小尺寸符合相关规定的要求，那么可以不必再进行刚度验算。这样可以简化设计流程，提高效率。具体的规定要求如表 5-4 所示。

③对于单层厂房常用的柱，其截面尺寸可以根据相关规定进行选取。这些规定是基于大量的工程实践和经验总结得出的，具有一定的通用性和可靠性。具体的截面尺寸如表 5-5、表 5-6 及表 5-7 所示。

表 5-4　6 m 柱距实腹柱截面尺寸

项目	分项		截面高度 h	截面宽度 b
无起重机厂房	单跨		$\geq H/18$	$\geq H/30$ 并且 ≥ 300 mm；管柱 $r \geq H/105$ 并且 $D \geq 300$ mm
	多跨		$\geq H/20$	
有起重机厂房	$Q \leq 10$ t		$\geq H_t/14$	$\geq H_l/25$ 并且 ≥ 300 mm；管柱 $r \geq H_l/85$ 并且 $D \geq 400$ mm
	$Q = 15 \sim 20$ t	$H_t \leq 10$ m 10 m $< H_t \leq 12$ m	$\geq H_t/11$ $\geq H_t/12$	
	$Q = 30$ t	$H_t \leq 10$ m $H_t \geq 12$ m	$\geq H_t/10$ $\geq H_t/11$	
	$Q = 50$ t	$H_t \leq 11$ m $H_t \geq 13$ m	$\geq H_t/9$ $\geq H_t/10$	
	$Q = 75 \sim 100$ t	$H_t \leq 12$ m $H_t \geq 14$ m	$\geq H_t/8$ $\geq H_t/8.5$	
露天栈桥	$Q \leq 10$ t		$\geq H_t/10$	$\geq H_l/25$ 并且 ≥ 500 mm；管柱 $r \geq H_l/70$ 并且 $D \geq 400$ mm
	$Q \leq 15 \sim 30$ t	$H_t \leq 12$ m	$\geq H_t/9$	
	$Q = 50$ t	$H_t \leq 12$ m	$\geq H_t/8$	

注：1. 表中 Q 为起重机起重量，H 为基础顶面至柱顶的总高度，H_t 为基础顶面至吊车梁顶的高度，H_l 为基础顶面至吊车梁底的高度，r 为管柱的单管刚转半径，D 为管柱的单管外径。

2. 当采用平腹杆双肢柱时，截面高度 h 应乘以系数 1.1；采用斜腹杆双肢柱时，截面高度 h 应乘以系数 1.05。

3. 表中有起重机厂房的柱截面高度是按重级工作制考虑的，对中、轻级工作制应乘以系数 0.95。

4. 当厂房柱距为 12 m 时，柱的截面尺寸宜乘以系数 1.1。

5. 柱顶端为不动支点（复式排架如带有储仓）时，有起重机厂房的柱截面可按下列情况确定。

当 $Q \leq 10$ t 时，h 为 $\dfrac{H_t}{16} \sim \dfrac{H_t}{18}$，$b \geq \dfrac{H}{30}$ 且 $b \geq 300$ mm。

当 $Q > 10\,\mathrm{t}$ 时，h 为 $\dfrac{H_\mathrm{t}}{14} \sim \dfrac{H_\mathrm{t}}{16}$，$b \geqslant \dfrac{H}{25}$ 且 $b \geqslant 400\,\mathrm{mm}$。

6. 山墙柱、壁柱的上柱截面尺寸（$h \times b$）在设计中需要特别关注，其尺寸至少应为 $350\,\mathrm{mm} \times 300\,\mathrm{mm}$，而下柱的截面尺寸则需要满足更为严格的要求。第一，下柱的截面高度 h 需要满足一定的条件，即其最小值应大于或等于 $\dfrac{1}{25}H_{\mathrm{xl}}$，同时 h 还必须大于或等于 $600\,\mathrm{mm}$。需要注意的是，对于中、轻型厂房，h 的值可以适当减少，但也不宜小于排架柱的截面高度）。第二，下柱的截面宽度 b 也有相应的要求，即其最小值应大于或等于 $\dfrac{1}{30}H_{\mathrm{yl}}$，同时 b 还必须大于或等于 $400\,\mathrm{mm}$。在计算这些尺寸时，需要明确一些重要的参数。其中，H_{xl} 为自基础顶面至屋架或抗风桁架与壁柱较低连接点的距离，H_{yl} 为柱宽方向两支点间的最大间距。壁柱与屋架及基础的连接点均可视为柱宽方向的支点；在柱高范围内，与柱有钢筋拉结的墙梁及与柱刚性连接的大型墙板也可视为柱宽方向的支点。

表 5-5　6 m 柱距厂房钢筋混凝土柱的截面尺寸选用表

单位：mm

起重机起重量/t	轨顶标高/m	边柱 上柱 无起重机走道	边柱 上柱 有起重机走道	边柱 下柱 实腹柱及平腹杆双肢柱	边柱 下柱 斜腹杆双肢柱	中柱 上柱 无起重机走道	中柱 上柱 有起重机走道	中柱 下柱 实腹柱及平腹杆双肢柱	中柱 下柱 斜腹杆双肢柱
5	6～8.4	矩 400×400	矩 400×400	($b×h$) 矩 400×600	—	矩 400×400	—	($b×h$) 矩 400×600	—
	8.4	矩 400×400	矩 400×400	($b×h×h_i×b_i$) 1 400×800× 150×100	—	矩 400×600	矩 400×800	($b×h×h_i×b_i$) 1 400×800× 150×100	—
10	10.2	矩 400×400	矩 400×400	1 400×800× 150×100	—	矩 400×600	矩 400×800	1 400×800× 150×100	—
	12	矩 500×400	矩 500×400	1 500×1 000× 150×120	—	矩 500×600	矩 500×800	1 500×1000× 150×120	—
15～ 20	8.4	矩 400×400	矩 400×400	1 400×800× 150×100	—	矩 400×600	矩 400×800	1 400×800× 150×100	—
	10.2	矩 400×400	矩 400×400	1 400×1 000× 150×100	—	矩 400×600	矩 400×800	1 400×1 000× 150×100	—
15～ 20	12	矩 500×600	矩 500×400	1 500×1 000× 150×120	—	矩 500×600	矩 500×800	1 500×1 000× 150×120	—

续表

起重机起重量/t	轨顶标高/m	边柱 上柱 无起重机走道	边柱 上柱 有起重机走道	边柱 下柱 实腹柱及平腹杆双肢柱	边柱 下柱 斜腹杆双肢柱	中柱 上柱 无起重机走道	中柱 上柱 有起重机走道	中柱 下柱 实腹柱及平腹杆双肢柱	中柱 下柱 斜腹杆双肢柱
30	10.2	矩 500×500	矩 500×800	1 500×1 200× 150×120	—	矩 500×600	矩 500×800	1 500×1 200× 150×120	—
	12	矩 500×500	矩 500×800	1 500×1 200× 200×120	—	矩 500×600	矩 500×800	1 500×1 200× 200×120	—
	14.4	矩 600×600	矩 600×800	1 600×1 200× 200×120	—	矩 600×600	矩 600×800	1 600×1 400× 200×120	—
50	10.2	矩 500×600	矩 500×800	1 500×1 200× 200×120	—	矩 500×600	矩 500×800	双 500× 1 600×300	双 500×1 600×300
	12	矩 500×600	矩 500×800	1 500×1 200× 200×120	—	矩 500×600	矩 500×800	双 500× 1 600×300	双 500×1 600×300
	14.4	矩 600×600	矩 600×800	1 600×1 400× 200×120	—	矩 600×600	矩 600×800	双 600× 1 600×300	双 600×1 600×300
75	12	矩 600×700	矩 600×900	$(b \times h \times h_z)$ 双 600×1 600×300	双 600×1 600×300	矩 600×700	矩 600×900	$(b \times h \times h_z)$ 双 600×1 800×300	双 600×1 800×300
	14.4	矩 600×700	矩 600×900	双 600×1 800×300	双 600×1 600×300	矩 600×700	矩 600×900	双 600×2 000×300	双 600×2 000×300

起重机起重量/t	轨顶标高/m	边柱				中柱			
		上柱		下柱		上柱		下柱	
		无起重机走道	有起重机走道	实腹柱及平腹杆双肢柱	斜腹杆双肢柱	无起重机走道	有起重机走道	实腹柱及平腹杆双肢柱	斜腹杆双肢柱
75	16.2	矩 700×700	矩 700×900	双 700×1 800×300	双 700×1 800×300	矩 700×700	矩 700×900	双 700×2 000×350	双 700×2 000×300
100	12	矩 600×700	矩 600×900	双 600×1 800×300	双 600×1 600×300	矩 600×700	矩 600×900	双 600×2 000×300	双 600×2 000×300
	14.4	矩 600×700	矩 600×900	双 600×2 000×300	双 600×1 800×300	矩 600×700	矩 600×900	双 600×2 000×350	双 600×2 000×300
	16.2	矩 700×700	矩 700×900	双 700×2 000×350	双 700×1 800×350	矩 700×700	矩 700×900	双 700×2 200×350	双 700×2 000×350
125	14.4	矩 600×700	矩 600×900	双 600×2 000×350	双 600×1 800×350	矩 600×700	矩 600×900	双 600×2 000×350	双 600×2 000×350
	16.2	矩 700×700	矩 700×900	双 700×2 200×350	双 700×2 000×350	矩 700×700	矩 700×900	双 700×2 200×350	双 700×2 000×350
	18	矩 700×700	矩 700×900	双 700×2 200×350	双 700×2 000×350	矩 700×700	矩 700×900	双 700×2 250×350	双 700×2 000×350

表 5-6　12 m 柱距厂房钢筋混凝土柱的截面尺寸选用表

单位：mm

起重机起重量/t	轨顶标高/m	边柱				中柱			
		上柱		下柱		上柱		下柱	
		无起重机走道	有起重机走道	实腹柱及平腹杆双肢柱	斜腹杆双肢柱	无起重机走道	有起重机走道	实腹柱及平腹杆双肢柱	斜腹杆双肢柱
5	6～8.4	$(b \times h)$ 矩 400×400	—	$(b \times h_i \times b_i)$ 1 400×1 000× 150×100	—	矩 500×600	矩 500×800	1 500×1 000× 150×120	—
	8.4	矩 400×400	—	1 400×1 000× 150×100	—	矩 500×600	矩 500×800	$(b \times h \times h_i \times b_i)$ 1 500×1 000× 150×120	—
10	10.2	矩 400×400	—	1 400×1 000× 150×100	—	矩 500×600	矩 500×800	1 500×1 000× 150×120	—
	12	矩 500×400	—	1 500×1 000× 150×100	—	矩 500×600	矩 500×800	1 500×1 200× 200×120	—
15～20	8.4	矩 400×400	—	1 400×1 000× 150×100	—	矩 500×600	矩 500×800	双 500×1 600×250	双 500×1 600×250

续表

起重机起重量/t	轨顶标高/m	边柱 上柱 无起重机走道	边柱 上柱 有起重机走道	边柱 下柱 实腹柱及平腹杆双肢柱	边柱 下柱 斜腹杆双肢柱	中柱 上柱 无起重机走道	中柱 上柱 有起重机走道	中柱 下柱 实腹柱及平腹杆双肢柱	中柱 下柱 斜腹杆双肢柱
15~20	10.2	矩 500×400	—	1 500×1 100×150×100	—	矩 500×600	矩 500×800	双 500×1 600×250	双 500×1 600×250
15~20	12	矩 500×500	—	1 500×1 100×200×100	—	矩 500×600	矩 500×800	双 500×1 600×300	双 500×1 600×300
30	10.2	矩 500×500	—	1 500×1 100×200×100	—	矩 500×600	矩 500×800	双 500×1 600×300	双 500×1 600×300
30	12	矩 500×500	—	1 500×1 200×200×100	—	矩 500×600	矩 500×800	双 500×1 600×300	双 500×1 600×300
30	14.4	矩 600×500	—	1 600×1 300×200×120	—	矩 600×600	矩 600×800	双 600×1 600×300	双 600×1 600×300
50	10.2	矩 500×600	—	1 500×1 400×200×120	—	矩 600×600	矩 600×800	双 600×1 600×300	双 600×1 600×300
50	12	矩 500×600	—	1 500×1 400×200×120	—	矩 600×600	矩 600×800	双 600×1 800×300	双 600×1 800×300

续表

起重机起重量/t	轨顶标高/m	边柱 上柱 无起重机走道	边柱 上柱 有起重机走道	边柱 下柱 实腹柱及平腹杆双肢柱	边柱 下柱 斜腹杆双肢柱	中柱 上柱 无起重机走道	中柱 上柱 有起重机走道	中柱 下柱 实腹柱及平腹杆双肢柱	中柱 下柱 斜腹杆双肢柱
50	14.4	矩 600×600	—	双 600×1 600×300	双 600×1 600×300	矩 600×600	矩 600×800	双 600×1 800×300	双 600×1 800×300
75	12	—	矩 600×900	$(b \times h \times h_z)$ 双 600×1 800×300	双 600×1 800×300	矩 600×700	矩 600×900	$(b \times h \times h_z)$ 双 600×2 000×350	双 600×2 000×300
75	14.4	—	矩 600×900	双 600×2 000×350	双 600×2 000×350	矩 600×700	矩 600×900	双 600×2 000×350	双 600×2 000×300
75	16.2	—	矩 700×900	双 700×2 000×250	双 700×2 000×250	矩 600×700	矩 600×900	双 600×2 200×350	双 600×2 000×350
100	12	—	矩 600×900	双 600×2 000×350	双 600×2 000×350	矩 700×700	矩 700×900	双 700×2 000×350	双 700×2 000×350
100	14.4	—	矩 600×900	双 600×2 200×350	双 600×2 200×350	矩 600×700	矩 600×900	双 600×2 200×350	双 600×2 000×350

续表

起重机起重量/t	轨顶标高/m	边柱				中柱			
		上柱		下柱		上柱		下柱	
		无起重机走道	有起重机走道	实腹柱及平腹杆双肢柱	斜腹杆双肢柱	无起重机走道	有起重机走道	实腹柱及平腹杆双肢柱	斜腹杆双肢柱
100	16.2	—	矩 700×900	双 700×2 200×350	双 700×2 200×350	矩 700×700	矩 700×900	双 700×2 400×400	双 700×2 400×350
125	14.4	—	—	—	—	矩 600×700	矩 600×900	双 600×2 200×350	双 600×2 200×350
	16.2	—	—	—	—	矩 700×700	矩 700×900	双 700×2 400×400	双 700×2 400×350
	18	—	—	—	—	矩 800×700	矩 800×900	双 800×2 400×400	双 800×2 400×350

表 5-7　露天栈桥钢筋混凝土柱截面尺寸选用表

单位：mm

起重机起重量/t	轨顶标高/m	6 m 柱距	9 m 柱距	12 m 柱距
5	8 9 10	1 400×800×150×100 1 400×900×150×100 1 400×1 000×150×100	1 400×800×150×100 1 400×900×150×100 1 400×1 000×200×120	1 400×1 000×150×100 1 400×1 000×150×100 1 400×1 100×200×120
10	8 9 10	1 400×900×150×100 1 400×1 000×150×100 1 400×1 000×200×120	1 400×1 000×150×100 1 400×1 100×200×120 1 500×1 100×200×120	1 400×1 100×150×100 1 400×1 100×200×120 1 500×1 200×200×120
15	8 9 10 12	1 400×1 000×150×100 1 500×1 000×200×120 1 500×1 100×200×120 1 500×1 300×200×120	1 400×1 100×200×120 1 500×1 100×200×120 1 500×1 200×200×120 1 500×1 300×200×120	1 500×1 100×200×120 1 500×1 200×200×120 1 500×1 200×200×120 1 500×1 300×200×120
20	8 9 10 12	1 400×1 000×150×100 1 500×1 000×200×120 1 500×1 100×200×120 1 500×1 300×200×120	1 500×1 100×200×120 1 500×1 100×200×120 1 500×1 200×200×120 1 500×1 300×200×120	1 500×1 200×200×120 1 500×1 200×200×120 1 500×1 300×200×120 1 500×1 400×200×120
30	8 9 10 12	1 500×1 000×200×120 1 500×1 100×200×120 1 500×1 200×200×120 1 500×1 300×200×120	1 500×1 100×200×120 1 500×1 200×200×120 1 500×1 300×200×120 双 500×1 600×250	1 500×1 200×200×120 1 500×1 300×200×120 1 500×1 400×200×120 双 500×1 600×250
50	10 12	1 500×1 400×200×120 双 600×1 600×300	双 600×1 600×300 双 600×1 800×300	双 600×1 600×250 双 600×1 800×350

（5）柱的变形允许值

对于那些配置有中、重级工作制起重机的露天栈桥柱以及设置有重级工作制起重机的厂房柱，当需要进行变形计算时，必须确保这些结构在承受起重机产生的水平荷载时，其变形量不会超过规定的允许值。

具体而言，在吊车梁顶面标高处，由一台最大起重机水平荷载标准值所产生的变形，应当严格控制在规定的允许值以内，如表 5-8 所示。

表 5-8　柱的允许计算变形

序号	变形的种类	按平面结构图形计算	按空间结构图形计算
1	厂房柱的横向变形	$H_t/1250$	$H_t/2000$
2	露天栈桥柱的横向变形	$H_t/2500$	—
3	厂房和露天栈桥柱的纵向变形	$H_t/4000$	—

注：1. H_t 为基础顶面至吊车梁顶面的高度。

2. 计算厂房或露天栈桥柱的纵向变形时，可假定起重机的纵向水平制动力分配在温度区段内所有柱间支撑或纵向排架上。

3. 在设有 A8 级起重机的厂房中，厂房柱的水平位移允许值宜减小 10%。

4. 在设有 A6 级起重机的厂房柱的纵向位移宜符合表中的要求。

（6）工形柱外形构造尺寸及计算规定

①关于 I 形柱的构造细节，其翼缘的厚度选择至关重要。为确保柱子的结构强度和稳定性，翼缘的厚度不应小于 120 mm。同样，腹板的厚度也是一个关键参数，其最小值应设定为 100 mm，以确保柱子在受力时不会发生过度变形。值得注意的是，当腹板上开设孔洞时，为了增强结构的整体性能，建议在孔洞周边每边设置 2～3 根直径不小于 8 mm 的补强钢筋。

②对于腹板开孔的 I 形柱，当孔的横向尺寸小于柱截面高度的一半、孔的竖向尺寸小于相邻两孔之间的净距时，柱的刚度可以按照实腹 I 形柱的计算方法进行合理估算。

然而，在进行承载力计算时，必须考虑到孔洞对柱子截面的削弱作用，并从总承载力中相应地扣除这部分削弱。如果开孔尺寸超出上述规定，那么柱子的刚度和承载力就需要按照双肢柱的计算方法来评估。

③关于工形柱的构造尺寸，同样需要满足相关的规定要求。这些规定是为了确保工形柱在各种工作环境下都能够表现出良好的结构性能。具体的构造尺寸细节如图 5-1 所示。

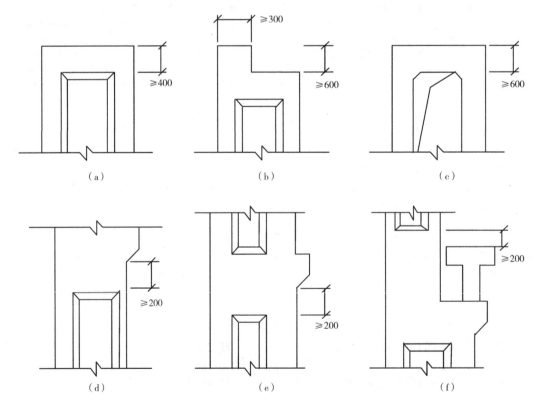

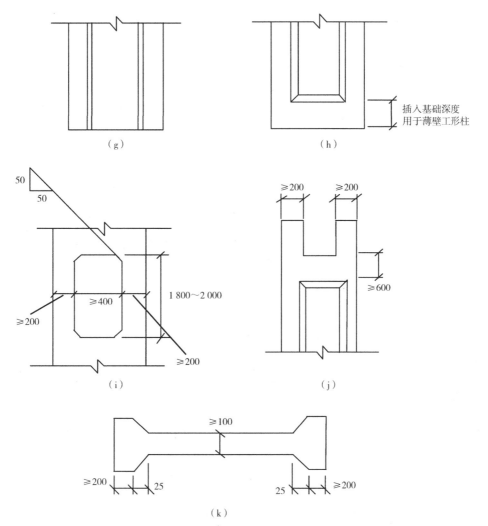

（a）（b）（c）（j）柱顶部位；（d）（e）（f）牛腿部位；（g）（h）柱根部位；（i）人孔；（k）柱截面。

图 5-1　工形柱的构造尺寸（单位：mm）

（7）双肢柱外形构造尺寸

双肢柱外形构造尺寸要求如表 5-9 所示。

表 5-9　双肢柱外形构造尺寸要求

序号	项目	内容
1	平腹杆双肢柱	腹杆刚度 K_{w1}（$K_{w1}=I_w/l'_w$）宜大于肢杆刚度 K_c（$K_c=I_c/l'_c$）的 5 倍，且 $h_w \geqslant 400$ mm $b \geqslant H_1/25$，且 $b \geqslant 500$ mm $b_{w1}=b-100$ mm，$h_c \geqslant 250$ mm，$h_{w1} \geqslant 400$ mm，$h_{w2} \geqslant 250$ mm 肢杆节间的净长 l'_c 不宜大于 $10h_c$，一般采用 1 800～2 500 mm

序号	项目	内容
2	双肢柱外形构造	双肢柱的柱肢中心应尽量与吊车梁中心重合；如不能重合，起重机中心也不宜超出柱肢外缘。斜腹杆双肢柱的斜腹杆与水平面的夹角 β 宜为 45° 左右，一般为 35° ~ 55°，且不大于 60°。设有吊车梁的柱肢上端应为斜腹杆的设置起点，如两柱肢均设有起重机，则以承受起重机荷载较大的柱肢为斜腹杆的设置起点
3	双肢柱肩梁	双肢柱的肩梁高度 h_s 应符合下列要求： ① $h_s \geq 2h_c$，且 ≥ 600 mm； ②应满足柱肢及上柱内纵向受力钢筋锚固长度的要求； ③肩梁刚度宜为肢杆刚度的 20 倍以上
4	其他	双肢柱上段柱开设人孔时，人孔的底标高宜与起重机轨顶面相近。肩梁下段设置牛腿时，牛腿区段范围内的柱宜为实腹矩形截面

（8）框架柱的截面尺寸

钢筋混凝土框架柱的截面尺寸如表 5-10 所示。

表 5-10　钢筋混凝土框架柱的截面尺寸

序号	项目	内容
1	柱截面尺寸的高度与宽度	框架柱的截面尺寸，宜符合下列规定： ①框架柱的截面一般采用矩形、方形、圆形或多角形等。 ②矩形截面柱边长不宜小于 300 mm，圆形截面柱的直径不宜小于 350 mm。 ③柱剪跨比宜大于 2。 ④柱截面长边与短边的边长比不宜大于 3。 框架柱的截面尺寸应由设计计算确定，也可先按下列方法进行估算： ①框架柱的截面高度与宽度可取不宜小于（1/20 ~ 1/15）H（H 为框架柱层高），且不小于 300 mm。 ②当框架柱以承受轴向压力为主时，可按轴向受压构件估算截面尺寸，但考虑到实际存在的弯矩影响，可将轴向压力乘以 1.2 ~ 1.4 的系数予以增大。 ③当水平风荷载影响较大时，由风荷载引起的弯矩可近似按 $M = \dfrac{\sum F}{n} \dfrac{H}{2}$ 计算（$\sum F$ 为计算层以上所有各层水平风荷载的总和，n 为同层柱子的根数，H 为层高）
2	其他要求	①框架柱的柱截面宽度 b_c 小于或等于 500 mm 时，取 50 mm 的倍数，宽度 b_c 大于 500 mm 时，取 100 mm 的倍数。框架柱的柱截面高度 h_c 应取 100 mm 的倍数。 ②柱截面尺寸 $\dfrac{h_c}{b_c} \leq 3$，宜满足 $h_c \geq \dfrac{l_0}{25}$，$b_c \geq \dfrac{l_0}{30}$，l_0 为柱子计算长度。 ③框架边柱的截面应满足梁的纵向受拉钢筋在节点内的锚固要求。 ④柱可沿全高分阶段改变截面尺寸和混凝土强度等级，但不宜在同一楼层同时改变截面尺寸和混凝土强度等级

（二）钢筋的构造要求

柱内钢筋包括纵向钢筋、箍筋和其他构造钢筋。其纵向钢筋和箍筋的一般构造要求如图 5-2 所示。

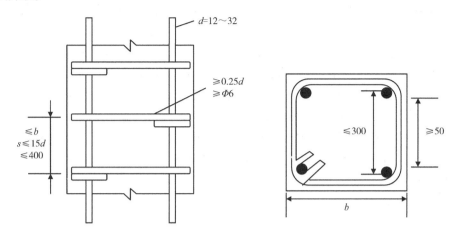

图 5-2　纵向钢筋与箍筋的一般构造要求（单位：mm）

1. 纵向钢筋的构造

柱中的纵向钢筋应符合下列要求。

①纵向受力钢筋直径 d 不宜小于 12 mm，工程中常用钢筋直径为 12～32 mm。

②纵向受力钢筋的配筋率不得低于规范规定，全部纵向受力钢筋配筋率不宜超过 5%，柱全部纵向受力钢筋的经济配筋率为 0.8%～3.0%。

③关于纵向受力钢筋的根数。方形柱和矩形柱的纵向钢筋根数不得少于 4 根，且每边不得少于 2 根；圆形柱的纵向钢筋宜沿周边均匀布置，其根数不宜少于 8 根，且最少不应少于 6 根。

④纵向受力钢筋的布置。在轴向受压柱的纵向受力钢筋应沿截面周边均匀布置，在偏心受压柱的纵向受力钢筋则应沿截面垂直于弯矩作用平面的两个边布置。方形柱和矩形柱截面每个角必须有 1 根钢筋。

2. 箍筋的构造

箍筋在结构中起着多重作用。首先，它与纵向钢筋协同工作，形成稳固的钢筋骨架，确保纵向钢筋在结构中保持正确的位置。其次，箍筋能够有效防止纵向钢筋在受压时向外弯曲，同时防止混凝土保护层在横向方向上出现胀裂和剥落。最后，箍筋还能对混凝土产生约束作用，进而提升柱的承载能力和延性。具体来讲，柱中的箍筋应符合下列要求。

（1）箍筋的形状和直径

柱中箍筋应做成封闭式，与纵筋绑扎或焊接，形成整体骨架。

箍筋的直径设定具有一定的规范性。第一，它的直径不能小于纵向钢筋最大直径的 0.25 倍，同时也不能低于 6 mm 这一基准值。第二，当柱中所有纵向受力钢筋的配筋率超过 3% 时，为确保结构的稳固性和安全性，箍筋的直径应不小于 8 mm。

（2）箍筋的间距

①为确保箍筋在钢筋混凝土结构中的有效约束和支撑作用，其间距设置应遵循一定规范。具体来说，箍筋的间距不宜超过 400 mm，同时也不应大于构件截面的短边尺寸。在构建绑扎骨架时，箍筋间距不应大于纵向钢筋最小直径的 15 倍（即 15d），而在焊接骨架中，这一间距限制应放宽至不应大于纵向钢筋最小直径的 20 倍（即 20d）。

②当柱中所有纵向受力钢筋的配筋率超过 3% 时，需对箍筋的间距进行严格的控制。具体来说，箍筋间距不应大于纵向钢筋最小直径的 10 倍（即 10d），同时不应超过 200 mm。此外，为确保箍筋与纵向钢筋的牢固连接，箍筋末端应制作为 135° 弯钩，且弯钩末端平直段长度不应小于箍筋直径的 10 倍。

③在柱内纵向钢筋采用绑扎搭接的情况下，为确保搭接区域内的钢筋连接牢固、受力均匀，需对该长度范围内的箍筋进行加密处理。加密箍筋的具体间距和数量应根据实际情况进行计算和设计。

（3）复合箍筋设置

在特定条件下，柱的截面尺寸和纵向钢筋数量会影响到箍筋的设置方式。当柱截面的短边尺寸超过 400 mm，并且每一边的纵向钢筋数量超过 3 根时，或者当柱截面的短边尺寸不超过 400 mm，但每一边的纵向钢筋数量超过 4 根时，为了满足结构的承载需求和稳固性，应当采用复合箍筋的配置方式。具体的复合箍筋设置方式如图 5-3 所示。

当柱中纵向钢筋按构造配置，钢筋强度未充分利用时，箍筋的配置要求可适当放宽。

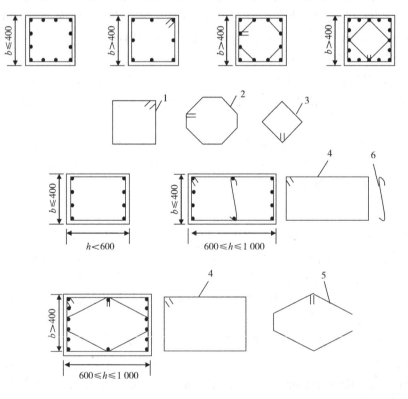

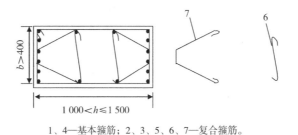

1、4—基本箍筋；2、3、5、6、7—复合箍筋。

图 5-3　柱基本箍筋与复合箍筋布置（单位：mm）

第二节　钢筋混凝土轴心受压柱的设计

一、钢筋混凝土轴心受压柱的基本构造要求

（一）材料构造要求

混凝土抗压强度的高低，对构件正截面受压承载力的影响较大，一般设计中采用的混凝土强度等级为 C25～C40 或更高。

柱中的纵向钢筋应采用 HRB400、HRB500、HRBF400、HRBF500 钢筋，不宜采用高强度钢筋做受压钢筋。纵筋直径不宜小于 12 mm，通常选用 16～28 mm。全部纵向钢筋的配筋率不宜大于 5%。纵向钢筋要沿截面四周均匀布置，根数不得少于 4 根。纵筋间距不应小于 50 mm，且不宜大于 300 mm。

柱中箍筋应做成封闭式箍筋，箍筋宜采用 HRB400、HRBF400、HPB300、HRB500、HRBF500 钢筋，也可采用 HRB335、HRBF335 钢筋。根据规定，箍筋的直径不得小于纵向钢筋最大直径的 1/4（$d/4$），同时直径最小限制为 6 mm。另外，箍筋的间距设置也不应超过 400 mm 及构件的短边尺寸，同时最大间距也不应超过纵向钢筋直径的 15 倍（$15d$）。为了确保箍筋与纵向钢筋的牢固连接，箍筋的末端应制作成 135° 的弯钩，并且弯钩末端的平直段长度应不小于箍筋直径的 5 倍，以确保其受力性能。

此外，对于柱截面的尺寸和纵向钢筋数量的特定情况，也需要特别注意箍筋的设置。当柱截面短边大于 400 mm 且各边纵向钢筋超过 3 根时，或当柱截面短边尺寸不大于 400 mm，但截面各边纵向钢筋超过 4 根时，应根据纵向钢筋至少每隔一根放置于箍筋转弯处的原则设置图 5-4 所示的复合箍筋。复合箍筋的直径和间距与基本箍筋相同。

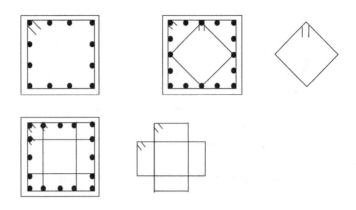

图 5-4　方柱的箍筋形式

（二）截面形式及尺寸

轴心受压柱一般都采用正方形，有时也采用圆形及其他正多边形截面形式。为了方便施工，以及避免长细比过大而降低受压柱截面承载力，截面尺寸一般不小于 300 mm × 300 mm，而且要符合模数。800 mm 以下采用 50 mm 的模数，800 mm 以上则采用 100 mm 的模数。一般宜分别控制 $l_0/b \leqslant 30$、$l_0/b \leqslant 25$。

总的来讲，构件截面尺寸应能满足承载力、刚度、配筋率、建筑使用和经济等方面的要求，不能过小，也不宜过大，一般根据每层构件的高度、两端支承情况和荷载的大小来选用。

矩形截面的宽度一般为 250～500 mm，截面高度一般为 400～800 mm。对于现浇的钢筋混凝土柱，由于混凝土自上灌下，为了避免造成灌注混凝土困难，截面最小尺寸宜不小于 250 mm。另外，考虑到模板的规格，柱截面尺寸宜取整数。

（三）纵向钢筋

纵向受力钢筋主要用来帮助混凝土承压，以减小截面尺寸；另外，也可增加构件的延性以及抵抗偶然因素所产生的拉力。2024 年版《混凝土结构设计规范》（GB 50010—2010）规定的受压柱全部受力纵筋的最大配筋率为 5%，轴心受压常用的配筋率为 0.5%～2%。

轴心受压柱的受力纵筋原则上沿截面周边均对称布置，且每角需布置一根，故截面为矩形时，钢筋根数不得少于 4 根且为偶数。当截面为圆形时，纵筋宜沿周边均匀布置，根数不宜少于 8 根。为了保证混凝土的浇灌质量，钢筋的净距应不小于 50 mm。为了保证受力钢筋能在截面内正常发挥作用，受力钢筋的间距也不能过大，轴心受压柱中各边的纵向受力筋其中距不宜大于 30 mm，如图 5-5 所示。

为了能形成比较刚劲的骨架，并防止受压纵筋的侧向弯曲（外凸），受压柱纵筋的直径宜大些，但过大也会造成钢筋加工、运输和绑扎的困难。在柱中，纵筋直径一般为 12～32 mm。

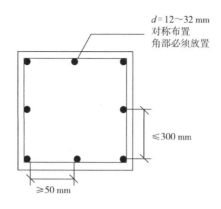

图 5-5　截面纵筋示意

（四）箍筋

在受压柱中配置箍筋的目的主要是约束受压纵筋，防止其受压后外凸；箍筋能与纵筋构成骨架；密排箍筋还有约束内部混凝土、提高其强度的作用。箍筋一般采用搭接式箍筋（又称普通箍筋），特殊情况下采用焊接圆环式或螺旋式。当柱截面有内折角时，如图 5-6（a）所示，不可采用带内折角的箍筋，如图 5-6（b）所示。正确的箍筋形式如图 5-6（c）、（d）所示。箍筋一般采用热轧钢筋，直径不应小于 6 mm，且不应小于 $d/4$，d 为纵向钢筋最大直径。箍筋的间距 s 不应大于 $15d$，同时不应大于 400 mm 和构件的短边尺寸。

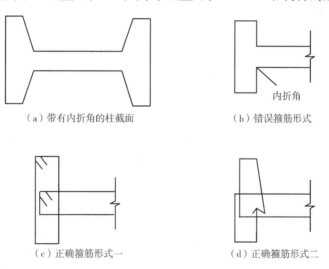

（a）带有内折角的柱截面　　　　　　　（b）错误箍筋形式

（c）正确箍筋形式一　　　　　　　（d）正确箍筋形式二

图 5-6　截面有内折角的箍筋

二、钢筋混凝土轴心受压柱的破坏特征及承载力计算

钢筋混凝土轴心受压柱按箍筋形式的不同分为两种类型，即普通箍筋柱和螺旋式箍筋柱。两种轴心受压柱的受力特点不同，因此计算公式也不相同。相对而言，螺旋式箍筋（或焊接环式箍筋）由于对混凝土有较强的环向约束作用，可在一定程度上提高构件的承载力和延性。

（一）轴心受压柱的破坏特征

1. 轴心受压短柱和长柱的划分

轴心受压柱根据长细比（构件计算长度 l_0 与构件截面回转半径 i 的比值）的不同，分为短柱和长柱。当柱的长细比满足以下条件时为短柱，否则为长柱。

对于矩形截面，计算公式如下。

$$\frac{l_0}{b} \leqslant 8 \tag{5-1}$$

对于圆形截面，计算公式如下。

$$\frac{l_0}{d} \leqslant 7 \tag{5-2}$$

对于任意截面，计算公式如下。

$$\frac{l_0}{i} \leqslant 28 \tag{5-3}$$

式中，l_0——柱的计算长度；

b——矩形截面短边尺寸；

d——圆形截面的直径；

i——任意截面的最小回转半径。

2. 轴心受压短柱的受力特点及破坏形态

对于普通箍筋的钢筋混凝土矩形截面短柱，在逐级施加的轴向压力 N 作用下，整个截面会呈现出均匀的应变分布。随着轴向压力的增加，应变也迅速累积。当压力达到一定程度，混凝土的应变会达到其极限值，此时柱子上会产生纵向裂缝。随着压力的进一步增加，混凝土保护层会逐渐剥落，同时混凝土的侧向膨胀会对纵向钢筋产生推挤作用，导致箍筋间的纵向钢筋向外凸出。最终，由于混凝土被压碎，构件将发生破坏。无论构件中受压钢筋是否屈服，其承载力都是由混凝土压碎来控制的。

当受压短柱破坏时，混凝土达到极限压应变 $\varepsilon_c = 0.002$。此时，钢筋的最大压应力为 $\sigma'_s = E_s\varepsilon'_s = E_s\varepsilon_c = 2 \times 10^5 \text{ N/mm}^2 \times 0.002 = 400 \text{ N/mm}^2$。此时对于 HRB336、HRB400、RRB400 级钢筋已达到抗压屈服强度，但对于屈服强度超过 400 N/mm² 的钢筋，其抗压强度设计值只能取 $f'_y = 400 \text{ N/mm}^2$，钢筋的强度不能充分发挥，此后增加的荷载全部由混凝土来承受。因此，在轴心受压柱内配置高强度钢筋不能充分发挥其作用，是不经济的。

此外，在进行短柱轴心受压试验时，可选用配有纵向钢筋和普通箍筋的短柱为试件。而根据试验观察，短柱的破坏可分为三个阶段。

第一阶段，在加载过程中，短柱全截面受压，整个截面的压应变是均匀分布的，混凝土与钢筋始终保持共同变形，两者的压应变保持一致，应力的比值基本上等于两者弹性模量之比，属于弹性阶段。

第二阶段，当荷载逐渐增加时，混凝土开始展现出塑性变形的特性，其变形模量逐渐降低。随着柱体变形的不断增大，混凝土的应力增长速度逐渐放缓。相比之下，钢筋在达到屈服点之前始终保持弹性状态，其应力的增加始终与其应变保持正比关系。在这个阶段，混凝土与钢筋的应力比值不再等于弹性模量之比，这标志着结构进入了塑性阶段。若荷载长期作用于结构，混凝土会出现徐变现象。这种徐变会导致混凝土与钢筋之间的应力进行重新分配。具体表现为混凝土的应力逐渐减少，而钢筋的应力相应增大。

第三阶段，当纵向荷载逐渐增大而达到柱子破坏荷载的 90% 左右时，柱子因无法承受持续的横向变形而达到极限状态。此时，柱子的纵向裂缝开始显现，混凝土保护层逐渐剥落。随着荷载的继续增加，箍筋间的纵向钢筋向外弯凸，混凝土在强大的压力下逐渐被压碎，最终导致整个柱子的完全破坏，表明柱子处于破坏阶段。在这一过程中，混凝土的应力达到轴心抗压强度 f_c，钢筋应力也达到抗压屈服强度 f'_y，标志着柱子已无法继续承载更大的纵向荷载。

试验表明，柱子延性的好坏主要取决于箍筋的数量和形式。箍筋数量越多，对柱子的侧向约束程度越大，柱子的延性就越好。特别是螺旋式箍筋，对增加柱子的延性更为有效。

3. 轴心受压长柱的受力特点及破坏形态

试验结果表明，长柱在轴心压力作用下其破坏形态与短柱有所不同，不仅发生压缩变形，还有不能忽略的侧向挠度，使柱子出现弯曲现象。

附加弯矩和侧向挠度都随荷载增大而增加，二者相互影响，在柱的凹侧先出现纵向裂缝，混凝土压碎，纵筋压屈，侧向挠度急增，凸边混凝土拉裂，柱被破坏。柱的长细比越大，其承载力也就越低。对于长细比 $l_0/b > 30$ 的细长柱，当轴向压力增大到一定程度时，构件会突然产生较大的侧向挠曲变形，导致构件不能保持稳定平衡，即发生"失稳破坏"。这时构件截面虽未产生材料破坏，但已达到了所能承担的最大轴向压力。

在截面相同、材料相同、配筋均相同的条件下，通过试验数据可以发现，长柱的承载力相较于短柱会有所降低。为了量化这一降低程度，混凝土设计规范引入了稳定系数 ψ 作为评估指标。经过试验分析，发现稳定系数 ψ 主要受到构件长细比的影响，而混凝土强度等级及配筋率对其影响相对较小。因此，在实际设计和计算中，可以直接根据相关规范或要求对稳定系数 ψ 来取值，具体如表 5-11 所示。从表 5-11 中可看出，长细比 l_0/b 越大，ψ 值越小；长细比 l_0/b 越小，ψ 值越大。当 $l_0/b \leqslant 8$ 时，$\psi = 1$，说明短柱的侧向挠度很小，对构件承载力的影响可忽略。

表 5-11　钢筋混凝土轴心受压柱的稳定系数 ψ

l_0/b	l_0/d	l_0/i	ψ
$\leqslant 8$	$\leqslant 7$	$\leqslant 28$	1.00
10	8.5	35	0.98
12	10.5	42	0.95
14	12	48	0.92
16	14	55	0.87

l_0/b	l_0/d	l_0/i	ψ
18	15.5	62	0.81
20	17	69	0.75
22	19	76	0.70
24	21	83	0.65
26	22.5	90	0.60
28	24	97	0.56
30	26	104	0.52
32	28	111	0.48
34	29.5	118	0.44
36	31	125	0.40
38	33	132	0.36
40	34.5	139	0.32
42	36.5	146	0.29
44	38	153	0.26
46	40	160	0.23
48	41.5	167	0.21
50	43	174	0.19

注：表中 l_0 为构件计算长度；b 为矩形截面的短边尺寸；d 为圆形截面的直径；i 为截面最小回转半径，$i = \sqrt{\dfrac{I}{A}}$。

稳定系数也可按以下公式计算。

$$\psi = \frac{1}{1 + 0.002\left(l_0/b - 8\right)^2} \tag{5-4}$$

（二）普通箍筋柱正截面承载力计算

1. 承载力计算公式

钢筋混凝土轴心受压柱的正截面承载力由混凝土承载力和纵向钢筋承载力两部分组成，普通箍筋柱的截面计算简图如图 5-7 所示。

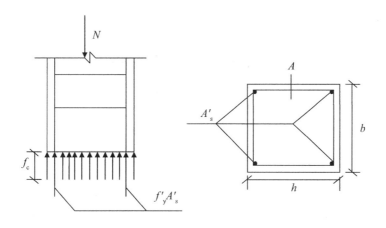

图 5-7 轴心受压构件计算应力图形

根据静力平衡条件，并考虑稳定系数 ψ 后，可得配有普通箍筋的轴心受压柱，其正截面受压承载力计算公式如下。

$$N \leqslant N_u = 0.9\psi\left(f_c A + f'_y A'_s\right) \tag{5-5}$$

式中，N——荷载作用下产生的轴向压力设计值；

   N_u——截面受压承载力设计值；

   0.9——承载力折减系数，是考虑到初始偏心的影响，以及主要承受永久荷载作用
      的轴心受压柱的可靠性；

   ψ——钢筋混凝土构件的稳定系数，按表 5-11 采用；

   f_c——混凝土的轴心抗压强度设计值；

   f'_y——纵向钢筋的抗压强度设计值；

   A——构件截面面积，当纵向钢筋配筋率 $\rho' = \dfrac{A'_s}{A} > 3\%$ 时，A 取混凝土的净截面面

     积 $A_n = A - A'_s$；

   A'_s——全部纵向钢筋的截面面积。

2. 计算方法

在实际工程中遇到的轴心受压柱的承载力计算问题可分为截面设计和截面复核两大类，具体计算方法与步骤如下。

（1）截面设计

已知轴向压力设计值 N，并选定材料强度等级 f_c、f'_y，构件的计算长度 l_0。设计柱的截面尺寸 $b \times h$ 及配筋。

由于 A'_s、A、ψ 均为未知数，无法用式（5-5）直接求解，因此，可用试算法求解，其具体步骤如下。

①初步确定截面形式和尺寸。设 $\psi = 1$，按 $\rho' = \dfrac{A'_s}{A} = 1\%$，估算出 A。由

$A = \dfrac{N}{0.9\psi\left(f_c + \rho' f'_y\right)}$，进而求出截面尺寸。一般正方形截面 $b = h = \sqrt{A}$。

②确定稳定系数 ψ。由构件长细比 l_0/b 查表 5-11 可得 ψ。

③求纵向钢筋截面面积。由式（5-5）计算钢筋截面面积 A'_s，即 $A'_s = \dfrac{\dfrac{N}{0.9\psi} - f_c A}{f'_y}$，

并验算纵向钢筋的配筋率。就纵向钢筋的最小配筋率而言，若配筋率大于 3%，说明选择的截面过小，需增大截面尺寸；若配筋率小于最小配筋率，说明选择的截面过大，需减小截面尺寸后重新计算。

④按构造配置箍筋。

（2）承载力复核

已知柱的截面尺寸 $b \times h$，纵向受力钢筋截面面积 A'_s，材料强度等级及计算长度 l_0。求轴心受压柱的承载力设计值 N。（或已知轴向压力设计值 N，复核轴心受压柱是否安全。）计算步骤如下。

①确定稳定系数 ψ。由构件长细比 l_0/b，查表 5-11 可得 ψ。

②计算柱截面承载力 N_u。先验算纵筋配筋率 ρ'，再使用式（5-5）求解 N_u。

（三）螺旋式箍筋柱正截面承载力计算

螺旋式箍筋柱是一种特殊的柱结构，其特点是在柱中配置了纵向钢筋以及螺旋式箍筋或焊接环式箍筋，其中后两者又被称为间接钢筋。

采用螺旋式箍筋的轴心受压柱的设计特点在于螺旋式箍筋的连续性，且沿柱轴线的间距较小（$s \leqslant 80\text{ mm}$ 且 $s \leqslant d_{cor}/6$）。由于这种紧密的布置，螺旋式箍筋能够对其所包围的核心混凝土产生有效的约束作用，限制其横向变形。这种约束使得被包围的混凝土处于三向受压的应力状态，进而增强了混凝土的变形能力与抗压强度。因此，螺旋式箍筋柱相较于传统柱结构，具有更高的承载能力。

1. 相关试验研究

螺旋式箍筋柱试验表明，普通箍筋柱和螺旋式箍筋柱的轴力和轴向应变的关系曲线如图 5-8 所示。

通过观察图 5-8，可以得出以下结论：第一，配置了螺旋式箍筋的柱子的承载能力明显优于普通箍筋柱，表明螺旋式箍筋的使用能够有效提高柱子的承重能力；第二，螺旋式箍筋柱在受力过程中的变形能力也远超普通箍筋柱，显示出更好的延性和塑性变形能力。

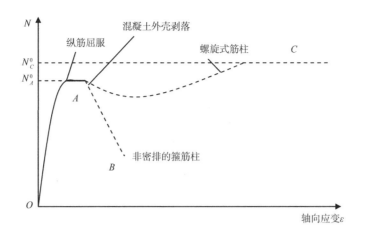

图 5-8　普通箍筋柱和螺旋式箍筋柱的轴力和轴向应变的关系曲线

2. 承载力计算

采用螺旋式（或焊接环式）箍筋柱，有利于提高构件的承载能力。这种柱的用钢量相对较大，但构件的延性好，适应抗震需要。螺旋式箍筋柱截面常设计成圆形，如图 5-9 所示。

取一螺距（间距）s 的柱体为脱离体，螺旋式箍筋的受力状态如图 5-10 所示。假设箍筋达到屈服时，它对混凝土的侧压力为 σ_2，显然该压应力从周围作用在混凝土上时，核心混凝土的抗压强度将被提高，从单向受压的 f_c 提高到 f_{cc}，并近似表达如下。

$$f_{cc} = f_c + 4\sigma_2 \tag{5-6}$$

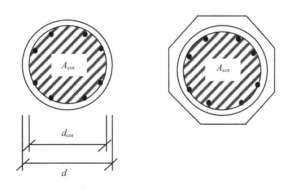

图 5-9　螺旋式（或焊接环式）箍筋柱截面

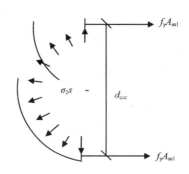

图 5-10 螺旋式箍筋的受力状态

由力的平衡可得以下公式。

$$\sigma_2 s d_{cor} = 2 f_y A_{ss1} \qquad （5-7）$$

$$\sigma_2 = \frac{2 f_y A_{ss1}}{s d_{cor}} \qquad （5-8）$$

由竖向轴心受力平衡条件及式（5-6）有以下计算公式。

$$
\begin{aligned}
N &\leqslant f_{cc} A_{cor} + f'_y A'_s = \left(f_c + 4\sigma_2 \right) A_{cor} + f'_y A'_s \\
&= f_c A_{cor} + f'_y A'_s + \frac{8 f_y A_{ss1}}{s d_{cor}} \cdot \frac{\pi d^2_{cor}}{4} \\
&= f_c A_{cor} + f'_y A'_s + 2 f_y A_{ss0}
\end{aligned}
\qquad （5-9）
$$

考虑到安全储备系数 0.9 及高强混凝土的特性，可以采用下列公式计算配有螺旋式（或焊接环式）间接钢筋柱正截面受压承载力。

$$N \leqslant 0.9 \left(f_c A_{cor} + f'_y A'_s + 2\alpha f_y A_{ss0} \right) \qquad （5-10）$$

$$A_{ss0} = \frac{\pi d_{cor} A_{ss1}}{s} \qquad （5-11）$$

式中，f_y——间接钢筋的抗拉强度设计值；

  A_{cor}——构件的核心截面面积，取间接钢筋内表面范围内的混凝土截面面积；

  A_{ss0}——螺旋式或焊接环式间接钢筋的换算截面面积；

  d_{cor}——构件的核心截面直径，取间接钢筋内表面之间的距离；

  A_{ss1}——螺旋式或焊接环式单根间接钢筋的截面面积；

  s——间接钢筋沿构件轴线方向的间距；

  α——间接钢筋对混凝土约束的折减系数。

根据式（5-10）算得的构件受压承载力设计值，应当限制在按式（5-5）算得的构件受压承载力设计值的 1.5 倍以内，这是为了防止混凝土保护层过早出现剥落现象，从而保证结构的耐久性。

在以下特定情况下，无须考虑间接钢筋的影响，设计仍然遵循式（5-5）。

①当 $l_0/d > 12$ 时，由于构件发生失稳破坏，间接钢筋不能发挥作用。

②就算得的受压承载力而言，若按式（5-10）算得的值小于按式（5-5）算得的值，则同样意味着间接钢筋的影响可以忽略不计。

③当间接钢筋的换算截面面积 A_{ss0} 小于纵向钢筋的全部截面面积的 25% 时，表明间接钢筋配置不足，无法有效发挥套箍作用，因此在这种情况下也不考虑其影响。

当计算中考虑间接钢筋的作用时，箍筋间距不应大于 80 mm 及 $d_{cor}/5$，为了便于浇灌混凝土，箍筋间距也不应小于 40 mm。纵向钢筋通常为 6~8 根，沿周边均匀布置。

第三节 钢筋混凝土偏心受压柱的设计

一、钢筋混凝土偏心受压柱的基本构造要求

对于偏心受压柱，除应满足轴心受压柱对混凝土强度、纵筋、箍筋及截面尺寸等基本要求外，还应满足如下的构造要求。

①在承受单向作用弯矩的偏压柱中，每一侧纵向钢筋的最小配筋率不应小于 0.2%。

②对于偏心受压柱，当其截面高度 h 达到或超过 600 mm 时，为了确保柱的结构稳定性，应在柱的侧面配置直径至少为 10 mm 的纵向构造钢筋，并配备相应的拉筋或复合箍筋，以增强其承载能力。

③在偏心受压柱中，垂直于弯矩作用平面的侧面上的纵向受力钢筋以及轴心受压柱中各边的纵向受力钢筋，其间距应控制在不大于 300 mm 的范围内，以确保钢筋的有效分布和受力均匀性。

二、钢筋混凝土偏心受压柱的破坏特征以及正截面承载力计算

（一）偏心受压柱的破坏特征

偏心受压描述的是一种受力状态，在这种状态下，构件同时承受轴力 N 和弯矩 M 的作用，这种组合效果相当于一个偏心压力作用在构件上。偏心距 e_0，定义为弯矩 M 与轴力 N 的比值，即 $e_0 = M/N$。偏心受压柱也是工程应用最为广泛的构件之一。对于钢筋混凝土偏心受压柱，根据其在受力过程中的破坏特征，可以划分为两大类：受拉破坏和受压破坏。其中，受拉破坏在业界通常被称为大偏心受压破坏，而受压破坏在习惯上被称为小偏心受压破坏。

1. 偏心受压柱正截面破坏形态

（1）受拉破坏（大偏心受压破坏）

当偏心距 e_0 较大，且截面距轴向力 N 较远一侧的钢筋配置不太多时，所发生的破坏就是大偏心受压破坏，其破坏过程类似受弯构件双筋适筋梁。在大偏心受压构件发生破坏的过程中，受拉钢筋首先会达到其屈服强度，随后受压区的混凝土会因受到过大的压力而

碎裂，最终导致构件的整体破坏。值得注意的是，即使在这种破坏情境下，受压钢筋往往也能达到其屈服状态。这种破坏模式具有显著预兆，尤其是在受拉区域，横向裂缝会明显开展，并形成主裂缝，属于典型的延性破坏类型。因大偏心受压破坏始于受拉钢筋屈服，故又称为"受拉破坏"。

（2）受压破坏（小偏心受压破坏）

当构件的轴向力偏心距 e_0 相对较小或几乎可以忽略不计，或者在偏心距 e_0 较大的情况下却配置了过多的受拉钢筋，将会发生小偏心受压破坏。就小偏心受压的应力状态而言，可以根据不同的情况细分为以下三种。

①在偏心距 e_0 较小的情况下，当施加荷载后，整个截面会均匀受压。特别地，靠近轴向力 N 一侧的混凝土会承受较大的压应力，而远离轴向力一侧的混凝土则只是承受较小的压应力。当破坏发生时，压应力较大一侧的混凝土会达到极限压应变 ε_{cu}，从而导致混凝土被压碎。同时，这一侧的受压钢筋也会达到屈服状态。然而，远离轴向力 N 一侧的混凝土，由于承受的应力较小，其上的钢筋通常不会达到屈服强度。

②当 e_0 稍大时，加荷后截面大部分受压，远离轴向力 N 一侧的小部分截面受拉且拉应力很小，受拉区混凝土可能出现微小裂缝，也可能不出现裂缝。破坏时，由靠近轴向力 N 一侧的混凝土被压碎而引起，该侧的受压钢筋的应力达到屈服强度，而远离轴向力一侧的混凝土及受拉钢筋的应力均较小，因此受拉钢筋不会屈服。

③当 e_0 较大，但受拉钢筋配置很多时，其破坏特征与超筋梁类似。随着荷载的增加，受拉区横向裂缝发展缓慢，受拉钢筋未达到屈服强度，其破坏是由于受压区混凝土被压碎而引起的，相应的受压钢筋也达到屈服强度。

综上所述，小偏心受压破坏的特点是靠近纵向力一侧的混凝土首先被压碎，同时钢筋 A'_s 达到抗压强度 f'_y，而远离纵向力一侧的钢筋 A_s 不论是受拉还是受压，一般情况下不会屈服。这种破坏形态在破坏之前没有明显的预兆，属于脆性破坏。混凝土强度越高，破坏越突然。由于这种破坏是从受压区开始的，故又称为"受压破坏"。

2. 偏心受压柱的纵向弯曲影响

试验结果显示，当钢筋混凝土柱受到偏心受压荷载的作用时，会出现纵向弯曲的现象。对于那些具有较小长细比的柱，也就是通常所说的短柱，由于其纵向弯曲并不明显，因此在设计过程中往往可以忽略不计。然而，对于长细比较大的柱，其纵向弯曲会相对显著，因此在设计过程中必须充分考虑这一因素。在一根长柱试验实测的 N-f 曲线中可以观测到，荷载较小时，荷载挠度曲线近于直线，而且挠度数值很小，曲线的斜率很陡；随着荷载的加大，挠度相对增加量变大，曲线斜率逐渐变小。但该柱的长细比不太大，同时，偏心也很小，所以纵向弯曲的数值较小，最后破坏仍为混凝土压碎的"受压破坏"状态。若构件的长细比和荷载偏心距再大一些，破坏有可能由"受压破坏"转为"受拉破坏"状态。

（1）偏心受压长柱的附加弯矩

对于偏心受压长柱，当其受到纵向弯曲的影响时，可能会展现出两种破坏特征，即失稳破坏和材料破坏。

如图 5-11 所示，该图详细描绘了三个具有相同截面尺寸、配筋和材料强度的柱，它们之间的唯一差异就在于长细比。该图对从加荷到破坏的全过程进行了示意。图中展示的

ABCD 曲线代表了构件正截面破坏时的承载力 *M* 和 *N* 之间的关系。

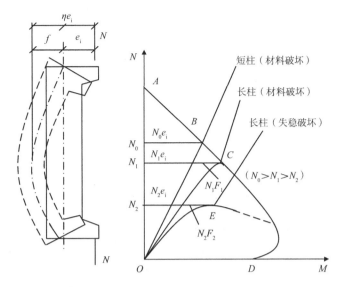

图 5-11 不同长度柱破坏时的 *N-M* 关系曲线

经过分析可知，当长柱的长细比显著增大时，可能在没有达到 *M*、*N* 的材料破坏关系曲线 *ABCD* 之前，仅由微小的纵向力增量 ΔN 引发的不收敛弯矩 *M* 的增加，便可能导致柱的破坏。这种情况被称为"失稳破坏"。曲线 *OE* 即属于这种类型。*E* 点的承载力已达最大，但此时截面内的钢筋应力并没有达到屈服强度，混凝土也未达到受压强度。

此外，从图中可以明显观察到，尽管这三个柱子的外荷载偏心距 e_0 值完全相同，但它们承受纵向力 *N* 值的能力却各不相同，其 *N* 值分别为 N_0、N_1、N_2。这说明随着长细比的增加，构件的承载力会有所降低。

为了确保偏心受压长柱在纵向弯曲作用下的性能得到充分考虑，相关规范规定了以下准则：对于弯矩作用平面内截面对称的偏心受压柱，若同一主轴方向的杆端弯矩比 M_1/M_2 以及轴压比都不超过 0.9，并且构件的长细比满足式（5-12）的要求，那么在设计时可以忽略轴向压力在该方向挠曲杆件中产生的附加弯矩影响。然而，如果不满足这些条件，就需要按照截面的两个主轴方向分别考虑轴向压力在挠曲杆件中产生的附加弯矩影响。

$$\frac{l_0}{i} \leqslant 34 - 12\frac{M_1}{M_2} \tag{5-12}$$

式中，M_1、M_2——在考虑侧移影响的偏心受压柱中，可以根据结构弹性分析确定两端截面对于同一主轴的组合弯矩设计值，其中，绝对值较大的弯矩记为 M_2，绝对值较小的弯矩则记为 M_1，当构件按单曲率弯曲时，M_1/M_2 取正值，如图 5-12（a）所示，反之，若不符合单曲率弯曲的情况，则 M_1/M_2 取负值，如图 5-12（b）所示；

l_0——构件的计算长度，可近似取偏心受压柱相应主轴方向上下支撑点之间的距离；

i——偏心方向的截面回转半径。

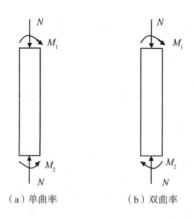

（a）单曲率　　　　　　（b）双曲率

图 5-12　偏心受压构件的曲率

（2）偏心距调节系数和弯矩增大系数

实际工程结构中遇到的多为中长柱，在确定偏心受压柱的内力设计值时，需要考虑构件的侧向挠度引起的附加弯矩（二阶弯矩）的影响。有规定认为，偏心受压柱考虑附加弯矩影响后的设计弯矩为原柱端最大弯矩设计值 M_2 乘以偏心距调节系数 C_m 和弯矩增大系数 η_{ns} 后所得的值。

①偏心距调节系数 C_m。弯矩作用平面内截面对称的偏心受压柱，当同一主轴方向的杆端弯矩比 $M_1/M_2 > 0.9$ 时，该柱在柱两端相同方向、几乎相同大小的弯矩作用下将产生最大的偏心距，此时该柱处于最不利的受力状态，这种情况下需要考虑偏心距调节系数 C_m。一般来讲，构件端截面偏心距调节系数 C_m 可按式（5-13）计算，当 $C_m < 0.7$ 时，取 0.7。

$$C_m = 0.7 + 0.3\frac{M_1}{M_2} \geqslant 0.7 \tag{5-13}$$

②弯矩增大系数 η_{ns}。通常情况下，可采用把初始偏心距 e_i 值乘以一个弯矩增大系数 η_{ns} 的方式解决纵向弯曲影响问题，计算公式如下。

$$M = N(e_i + f) = N\left(1 + \frac{f}{e_i}\right)e_i = N\eta_{ns}e_i \tag{5-14}$$
$$= \eta_{ns}M_2$$

式中，$\eta_{ns} = 1 + \dfrac{f}{e_i}$，即弯矩增大系数。

试验表明，两端铰接柱的侧向挠度曲线近似符合正弦曲线 $y = f\sin\dfrac{\pi x}{l_0}$，曲率与应变之间的关系如图 5-13 所示。

柱截面的曲率计算公式如下。

$$\varphi = y'' = -\frac{d^2y}{dx^2} = f\frac{\pi^2}{l_0^2}\sin\frac{\pi x}{l_0} \tag{5-15}$$

柱中控制截面处计算公式如下。

$$x = \frac{l_0}{2}, \quad \varphi = \frac{f\pi^2}{l_0^2} \tag{5-16}$$

则柱跨中截面的侧向挠度计算公式如下。

$$f = \frac{\varphi l_0^2}{\pi^2} \approx \frac{\varphi l_0^2}{10} \tag{5-17}$$

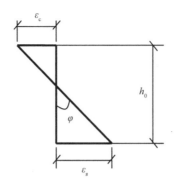

图 5-13　曲率与应变的关系

由平截面假定结合图 5-13 可得以下公式。

$$\varphi = \frac{\varepsilon_c + \varepsilon_s}{h_0} \tag{5-18}$$

在界限破坏状态下，有如下计算公式。

$$\varepsilon_c = \varepsilon_{cu}, \quad \varepsilon_s = \frac{f_y}{E_s} \tag{5-19}$$

则界限破坏时的曲率计算公式如下。

$$\varphi_b = \frac{\varepsilon_{cu} + \dfrac{f_y}{E_s}}{h_0} \tag{5-20}$$

对于"受压破坏"的偏心受压柱，离纵向力较远一侧的钢筋可能受拉不屈服或受压，且受压区边缘混凝土的应变值 ε_c 一般也不小于 0.003 3，截面破坏时的曲率小于极限破坏时的曲率 φ_b 值，为此，在计算破坏曲率时，需引进一个偏心受压柱截面曲率 φ 的修正系数 ξ_c，参考国外规范和试验结果，可得以下公式。

$$\varphi = \varphi_b \xi_c = \frac{\varepsilon_{cu} + \dfrac{f_y}{E_s}}{h_0} \xi_c \tag{5-21}$$

对大偏心受压柱，可以取 $\xi_c = 1.0$；对小偏心受压柱，可以用轴向压力 N 的大小来反映偏心距的影响。在界限破坏时，近似取极限轴力 $N_b = \alpha_1 f_c b x_b = 0.5 f_c b h = 0.5 f_c A$（混凝土强度等级不超过 C50）。由此可得截面曲率 φ 的修正系数 ξ_c 的表达式如下。

$$\xi_c = \frac{N_b}{N} = \frac{0.5 f_c A}{N} \tag{5-22}$$

对于大偏心受压破坏，取 $\xi_c = 1.0$；对于小偏心受压破坏，$\xi_c < 1.0$，当 $\xi_c > 1$ 时取 1。

对于极限破坏情况，在荷载长期作用下，混凝土的徐变将使得构件的截面曲率和侧向挠度增大。

一般来讲，偏心受压柱的柱端截面弯矩增大系数 η_{ns} 的计算公式如下。

$$\eta_{ns} = 1 + \frac{1}{1\,300 \left(\dfrac{M_2}{N} + e_a \right) \Big/ h_0} \left(\frac{l_0}{h} \right)^2 \xi_c \tag{5-23}$$

式中，N——与弯矩设计值 M_2 相对应的轴向压力设计值。

（3）控制截面设计弯矩计算方法

除排架结构柱外，其他偏心受压柱考虑轴向压力在挠曲杆件中产生的二阶效应后控制截面的弯矩设计值，应按式（5-24）计算。

$$M = C_m \eta_{ns} M_2 \tag{5-24}$$

式中，当 $C_m \eta_{ns}$ 小于 1.0 时取 1.0；对剪力墙及核心筒墙，可取 $C_m \eta_{ns}$ 等于 1.0。

（二）偏心受压柱的正截面承载力计算

1. 矩形截面偏心受压柱正截面承载力基本计算公式

根据偏心受压柱的破坏特征以及与受弯构件的异同，也用与受弯构件正截面计算时相同基本假定，可得偏心受压柱的计算应力图形。由此相应的计算简图和截面内力平衡条件可得偏心受压正截面承载力计算的基本公式，其平衡方程式如下。

$$\begin{cases} \sum N = 0 \\ N \leqslant N_u = \alpha_1 f_c b x + f'_y A'_s - \sigma_s A_s \end{cases} \tag{5-25}$$

$$\begin{cases} \sum M = 0 \\ N e \leqslant N_u e = \alpha_1 f_c b x \left(h_0 - \dfrac{x}{2} \right) + f'_y A'_s \left(h_0 - a'_s \right) \end{cases} \tag{5-26}$$

式中，e——轴向压力作用点至远离轴向力一侧的钢筋合力点的距离，$e = e_i + \dfrac{h}{2} - a_s$，$e_i = e_0 + e_a$；

σ_s——离轴向力较远一侧钢筋应力，当 $\xi \leqslant \xi_b$ 时为大偏心受压，$\sigma_s = f_y$；当 $\xi > \xi_b$ 时为小偏心受压，$\sigma_s = \dfrac{\beta_1 - \xi}{\beta_1 - \xi_b} f_y$，此时 $f'_y \leqslant \sigma_s \leqslant f_y$。

α_1，β_1——混凝土受压区等效应力图形系数，与受弯构件相同。

2. 矩形对称配筋截面的计算方法

在实际工程中，如果将偏心受压柱两侧的受力纵筋配置完全相同，即 $A_s = A'_s$、$f_y = f'_y$，则称之为对称配筋截面。对称配筋不但设计简便而且施工方便，是偏心受压柱常见的配筋形式，常用于控制截面在不同荷载组合下可能承受正、负弯矩作用，如承受不同方向地震作用的框架柱；以及为避免安装可能出现错误的预制排架柱等，都应采用对称配筋。

（1）大小偏心受压的判别

先假设属于大偏心受压，将 $A_s = A'_s$ 和 $\sigma_s = f_y = f'_y$ 代入式（5-27）取极限情况，即取等于情况可得以下公式。

$$N = \alpha_1 f_c bx \tag{5-27}$$

$$x = \frac{N}{\alpha_1 f_c b} \tag{5-28}$$

或

$$\xi = \frac{N}{\alpha_1 f_c b h_0} \tag{5-29}$$

因此，在截面配筋设计时，对称配筋的偏心受压柱截面，可直接用 x 来判别大、小偏心受压。

当 $x \leqslant x_b$ 或 $\xi \leqslant \xi_b$ 时，属于大偏心受压。

当 $x > x_b$ 或 $\xi > \xi_b$ 时，属于小偏心受压。

（2）对称配筋大偏心受压柱截面设计公式

取 $A_s = A'_s$，$f_y = f'_y$，代入式（5-27），联立式（5-28）即得大偏心对称配筋的计算公式。

$$N \leqslant N_u = \alpha_1 f_c bx \tag{5-30}$$

$$Ne \leqslant N_u e = \alpha_1 f_c bx \left(h_0 - \frac{x}{2} \right) + f'_y A'_s \left(h_0 - a'_s \right) \tag{5-31}$$

公式的适用条件仍为：① $x \leqslant x_b$ 或 $\xi \leqslant \xi_b$ 和② $x \geqslant 2a'_s$。其意义与受弯双筋截面时的情况相同，当 $x < 2a'_s$ 时，可假定受压混凝土和受压钢筋的合力点重合于距受压边缘 a'_s 处，即取 $x = 2a'_s$，由此可得公式如下。

$$Ne' \leqslant N_u e' = f_y A_s \left(h_0 - a'_s \right) \tag{5-32}$$

式中，e'——轴向压力合力点至离轴向力一侧受压钢筋合力点的距离，$e' = e_i - \dfrac{h}{2} + a'_s$。

同时仍然应用对称配筋的条件，即取 $A_s = A'_s$。

（3）对称配筋小偏心受压柱截面设计公式

将小偏心受压时 A_s 应力计算公式 $\sigma_s = \dfrac{\xi - \beta_1}{\xi_b - \beta_1} f_y$ 代入式（5-27），联立式（5-28）并取 $A_s = A'_s$，即可得小偏心受压对称配筋的计算公式。

$$N \leqslant N_u = \alpha_1 f_c bx + \left(1 - \frac{\xi - \beta_1}{\xi_b - \beta_1}\right) f_y A_s \tag{5-33}$$

$$Ne \leqslant N_u e = \alpha_1 f_c bx \left(h_0 - \frac{x}{2}\right) + f'_y A'_s \left(h_0 - a'_s\right) \tag{5-34}$$

用以上公式计算，且考虑 $A_s = A'_s$，$f_y = f'_y$，$a_s = a'_s$，可得关于 ξ 的三次方程，解出 ξ 后，即可求出配筋。但用此方法求解，计算太过烦琐。一般来讲，建议可近似按下式进行计算。

$$\xi = \frac{N - \xi_b \alpha_1 f_c b h_0}{\dfrac{Ne - 0.43 \alpha_1 f_c b h_0^2}{(\beta_1 - \xi_b)(h_0 - a'_s)} + \alpha_1 f_c b h_0} + \xi_b \tag{5-35}$$

$$A'_s = \frac{Ne - \xi(1 - 0.5\xi)\alpha_1 f_c b h_0^2}{f'_y (h_0 - a'_s)} \tag{5-36}$$

其适用条件仍为：$x > x_b$ 取 $\xi > \xi_b$，$x \leqslant h$；若 $x > h$ 取 $x = h$。

（4）对称配筋偏心受压柱截面承载力复核

矩形截面对称配筋偏心受压柱的截面承载力复核，是指已知截面的配筋、所用材料、尺寸参数等，截面上作用的轴向压力 N 和弯矩 M（或者偏心距 e_0）也可能已知，要求复核截面是否能够满足承载力要求，或确定截面所能承受的轴向压力。对于此类问题，通常可先按大偏心受压考虑，并由式（5-32）求出 x，进而得到 ξ，若满足 $\xi \leqslant \xi_b$，则假定为大偏心正确，将其他已知条件和 x 值一并代入式（5-33）或式（5-34）求得 N_u；若 $\xi > \xi_b$，则假定不正确。应将已知数据代入式（5-35）和式（5-36）直接解出 N_u。需要注意的是，不得将先前算得的 x 或 ξ 代入公式计算，而应由公式解出。

（5）垂直于弯矩作用平面的承载力验算

在实际应用中，有些小偏心受压柱会具有自身独有的特征，即具有较小的弯矩作用平面内的偏心距和较大的轴向压力设计值 N。在面对这类小偏心受压柱时，如果其在垂直于弯矩作用平面的方向上具有较小的边长或者较大的长细比，那么它的截面强度可能主要受垂直于弯矩作用平面的轴心受压承载力的控制。因此，在设计过程中，偏心受压柱除了计算弯矩作用平面的受压承载力外，还必须按轴心受压柱对垂直于弯矩作用平面的受压承载力进行验算，确保其满足要求。这就意味着，需要按照轴心受压的式（5-5）进行计算，此时，式中的 A'_s 取全部纵向钢筋的截面面积，即偏心受压计算得到的所有纵向钢筋 $A_s+A'_s$，不计弯矩的作用，但仍应考虑稳定系数 ψ 的影响。

第四节　钢筋混凝土受拉构件设计

一、钢筋混凝土受拉构件的基本概念和一般构造要求

（一）受拉构件的相关概念

以承受轴向拉力为主的构件属于受拉构件。钢筋混凝土受拉构件主要可以分为两类：轴心受拉构件和偏心受拉构件。当轴向拉力直接作用于构件的截面重心时，这种构件被称为轴心受拉构件。相反，如果构件上除了受到拉力外还承受弯矩的作用，或者轴向拉力作用点并未与截面重心重合，那么这种构件就被称为偏心受拉构件。这样的分类有助于更好地理解和分析钢筋混凝土受拉构件的受力特性。

由于混凝土是一种非匀质材料，加之施工上的误差，无法做到轴向拉力能通过构件任意横截面的重心连线，许多构件上既有拉力作用又有弯矩作用，因此理想的轴心受拉构件在工程中是没有的。但是对于承受轴向拉力为主的构件，当偏心距很小（或弯矩很小）时，为方便计算，可近似按轴心受拉构件计算，如图 5-14（a）、（b）所示。例如，渡槽侧墙的拉杆、钢筋混凝土屋架下弦杆、单纯承受管内水压力的管道壁（管壁厚度不大时）等都属于轴心受拉构件。而单侧弧门推力作用下的预应力闸墩颈部、矩形水池的池壁、调压井的侧壁、浅仓的仓壁、圆形水管在管外土压力和管内水压力作用下的管壁等，均属偏心受拉构件，如图 5-14（c）、（d）所示。

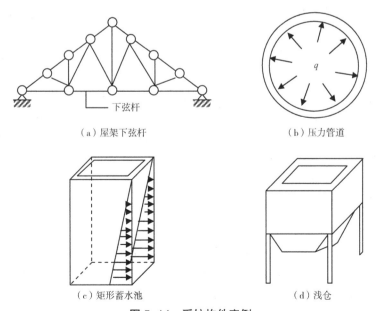

（a）屋架下弦杆　　　　　　　　　　　　　（b）压力管道

（c）矩形蓄水池　　　　　　　　　　　　　（d）浅仓

图 5-14　受拉构件实例

（二）受拉构件的构造要求

1. 纵向受拉钢筋

①为了增强钢筋与混凝土之间的黏结力并减少构件的裂缝开展宽度，受拉构件的纵向受力钢筋宜采用直径稍细的带肋钢筋，宜采用 HRB335 级、HRB400 级钢筋。轴心受拉构件的受力钢筋应沿构件周边均匀布置；偏心受拉构件的受力钢筋布置在垂直于弯矩作用平面的两边。

②轴心受拉和小偏心受拉构件（如桁架和拱的拉杆）中的受力钢筋不得采用绑扎接头，必须采用焊接；大偏心受拉构件中的受拉钢筋，当直径大于 28 mm 时，也不宜采用绑扎接头，构件端部处的受力钢筋应可靠地锚固在支座内。钢筋接头位置应错开，在接头截面左右 35d（d 为所要搭接的钢筋的直径）且不小于 500 mm 的区段内所焊接的受拉钢筋截面积不宜超过受拉钢筋总截面积的 50%。

③为了避免受拉钢筋配置过少引起的脆性破坏，受拉钢筋的用量不应小于最小配筋率配筋。

④纵向钢筋的混凝土保护层厚度的要求与梁的相同。

2. 箍筋

在受拉构件中，箍筋的作用是与纵向钢筋形成骨架，固定纵向钢筋在截面中的位置；对于有剪力作用的偏心受拉构件，箍筋主要起抗剪作用。受拉构件中的箍筋，其构造要求与受弯构件箍筋的相同。

二、钢筋混凝土轴心受拉构件及其正截面承载力计算

（一）轴心受拉构件的构造要求

1. 截面形式和纵向受力钢筋

钢筋混凝土轴心受拉构件一般宜采用正方形、矩形或其他对称截面。

此外，关于纵向受力钢筋的构造要求如下。

①纵向受力钢筋在截面中应对称布置或沿截面周边均匀布置，并宜优先选择直径较小的钢筋。

②轴心受拉构件的受力钢筋不得采用绑扎搭接接头；搭接而不加焊的受拉钢筋接头仅仅允许用在圆形池壁或管中，其接头位置应错开，搭接长度应不小于 300 mm。

③为避免配筋过少引起的脆性破坏，按构件全截面 A 计算的一侧受拉钢筋配筋率 ρ 应不小于最小配筋率 ρ_{min}，偏心受拉构件中的受压钢筋最小配筋率与受压构件一侧纵向钢筋相同。当钢筋沿构件截面周边布置时，"一侧纵向钢筋"系指沿受力方向两个对边中一边布置的纵向钢筋。

2. 箍筋的构造要求

在轴心受拉构件中，箍筋与纵向钢筋垂直放置，主要与纵向钢筋形成骨架，固定纵向钢筋在截面中的位置，从受力角度并无要求。箍筋直径不小于 6 mm，间距一般不宜大于 200 mm（对屋架的腹杆不宜超过 150 mm）。

（二）轴心受拉构件的正截面承载力计算

由上文可知，轴心受拉构件在其受力全过程中，从加载开始直至破坏，可以划分为三个阶段。在第一阶段，构件从加载开始直至混凝土出现受拉开裂，此时混凝土的承载能力起主导作用。随着荷载的增加，进入第二阶段，混凝土开裂后，拉力逐渐由钢筋承担，直至钢筋接近屈服点。最后，当受拉钢筋开始屈服，直至所有受拉钢筋都达到屈服状态，标志着第三阶段的到来。在这个阶段，混凝土裂缝迅速扩展，构件达到破坏状态，即达到其极限荷载。

值得注意的是，在轴心受拉构件破坏时，混凝土已经遭受了显著的拉伸破坏，全部拉力几乎完全由钢筋承担，直至钢筋屈服。因此，为了评估轴心受拉构件的正截面受拉承载力，需要采用特定的计算公式，具体如下。

$$N \geqslant f_y A_s \tag{5-37}$$

式中，N——轴向拉力设计值；

f_y——钢筋抗拉强度设计值，f_y 大于 300 N/mm^2 时，按 300 N/mm^2 取值；

A_s——全部纵向受拉钢筋截面面积。

由式（5-37）可知，轴心受拉构件正截面承载力只与纵向受力钢筋有关，与构件的截面尺寸及混凝土的强度等级无关。钢筋混凝土轴心受拉构件配筋示意图如图 5-15 所示。

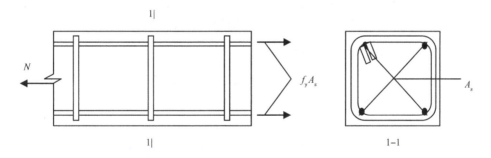

图 5-15　轴心受拉构件配筋示意图

三、钢筋混凝土偏心受拉构件及其正截面承载力计算

（一）偏心受拉构件的分类及构造要求

1. 偏心受拉构件的分类

偏心受拉构件正截面的受力性能可看作介于受弯（$N=0$）和轴心受拉（$M=0$）之间的一种过渡状态，其破坏特征与偏心距的大小有关。当偏心距很小时，其破坏特征接近于轴心受拉构件；当偏心距很大时，其破坏特征与受弯构件接近，两者的受力情况有明显的差异。

对于矩形截面受拉构件，取距轴向拉力 N 较近一侧的纵向钢筋为 A_s，较远一侧的纵向钢筋为 A'_s。若轴向拉力的偏心距较小，N 作用于 A_s 和 A'_s 之间时，称为小偏心受拉构件；若轴向拉力 N 的偏心距较大，N 作用于 A_s 与 A'_s 以外时，称为大偏心受拉构件。

2. 偏心受拉构件的构造要求

计算偏心受拉构件承载力时，不需考虑纵向弯曲的影响，也不需考虑初始偏心距，直接按荷载偏心距 e_0 计算。

（1）截面形式

偏心受拉构件的截面设计通常采用矩形，这是因为矩形截面在承受弯矩时具有较好的力学性能。在矩形截面的设计中，长边通常建议与弯矩作用平面保持平行。此外，为了满足特定的结构需求或优化材料使用，T形或I形截面也是偏心受拉构件中常见的截面形式。

（2）纵筋

小偏心受拉构件的受力钢筋严禁采用绑扎搭接接头连接方式。对于矩形截面偏心受拉构件，在设置纵向钢筋时应沿着短边方向推进实施。此外，为了满足结构的强度和稳定性要求，矩形截面偏心受拉构件的纵向钢筋配筋率必须达到其最小配筋率 $\rho_{\min}$ 的标准。

在计算配筋率时，无论是全部纵向钢筋还是一侧纵向钢筋，都应以构件的全截面面积作为计算基础。若沿着构件截面周边进行钢筋布置，那么"一侧纵向钢筋"系指沿受力方向两个对边中一边布置的纵向钢筋。这样的设计原则有助于确保构件在受力状态下能够充分发挥钢筋的承载作用，提高结构的整体稳定性和安全性。

（3）箍筋

为了确定偏心受拉构件的抗剪承载力，需要进行相应的计算，并根据这些计算结果来合理配置箍筋。在此过程中，箍筋的设计应遵循受弯构件箍筋的相关构造要求，以保证其结构的完整可靠。通常情况下，在水池等薄壁构件中要双向布置钢筋，形成钢筋网。

（二）偏心受拉构件的受力特点

就偏心受拉构件而言，关于其正截面承载力的计算，依据不同的纵向拉力 N 作用位置，可分为两种情况，即大偏心受拉与小偏心受拉。

一般来讲，需要将钢筋合力点 A_s 及 A'_s 的合力点范围作为主要参考依据，当纵向拉力 N 作用于该范围之外时，这种情况被归类为大偏心受拉；相反，如果作用于该范围内，则被视为小偏心受拉。这两种情况在结构设计中需加以区分，并据此进行相应的承载力计算。

1. 大偏心受拉的受力特点

由于拉力作用在 A_s 和 A'_s 之外，随 N 增大，靠近 N 一侧的混凝土会出现开裂现象，但这些裂缝并不会贯穿整个截面，最终破坏特征往往会受到 A'_s 数量的影响。在大多数情况下，如果 A_s 的配置适中，A_s 会首先达到屈服点，随后混凝土在压力下被压碎，导致结构破坏，同时 A'_s 也可能达到屈服点（这与大偏心受压的情况相似）。然而，在少数情况下，如果 A_s 的配置过多，当混凝土被压碎时，A_s 可能尚未达到屈服点，这种破坏形式类似于小偏心受压，属于脆性破坏。

大偏心受拉构件的受力特点是：当拉力增大到一定程度时，受拉钢筋首先达到抗拉屈服强度；随着受拉钢筋塑性变形的增长，受压区面积逐步缩小；最后构件由于受压区混凝土达到极限应变而破坏。其破坏形态与小偏心受压构件相似。

2. 小偏心受拉的受力特点

由于拉力位于 A_s 和 A'_s 之间，随着结构逐渐接近破坏状态，截面上的裂缝会完全贯通，此时拉力完全由钢筋承担。在这种情况下，A_s 和 A'_s 通常都能达到受拉屈服的状态。

值得注意的是，偏拉构件也产生纵向弯曲，这种弯曲与偏压构件的情况是完全不同的。在偏拉构件中，纵向弯曲实际上会减小截面的弯矩 M。这在结构设计中通常不被考虑，因为它对结构安全构成有利影响。

对于小偏心受拉构件，其受力特点表现为：一旦混凝土出现开裂，裂缝会迅速贯穿整个截面，全部轴向拉力由纵向钢筋承担；当纵向钢筋达到屈服强度时，截面即达到极限状态，这意味着结构将不再能够承受更大的拉力。

（三）偏心受拉构件正截面承载力计算

1. 大偏心受拉构件正截面承载力计算

若轴向拉力作用在 A_s 合力点及 A'_s 合力点以外时，截面会出现开裂，但仍然存在受压区，因为拉力 N 需要受压区来提供平衡。由于受压区的存在，截面上的裂缝不会完全贯通，即大偏心受拉。

构件破坏时，钢筋 A_s 及 A'_s 的应力都达到屈服强度，同时受压区混凝土强度也会达到一定的标准，即 $\alpha_1 f_c$。下面是描述这种受力状态的基本公式。

$$N = f_y A_s - f'_y A'_s - \alpha_1 f_c bx \qquad (5\text{-}38)$$

$$Ne = \alpha_1 f_c bx\left(h_0 - \frac{x}{2}\right) + f'_y A'_s\left(h_0 - a'_s\right) \qquad (5\text{-}39)$$

$$e = e_0 - \frac{h}{2} + a_s \qquad (5\text{-}40)$$

受压区的高度 x 应满足条件 $x \leqslant x_b$，这是为了确保受压区的混凝土能够充分发挥其承载能力。在计算过程中，如果考虑了受压钢筋，那么 x 还应满足条件 $x \geqslant 2a'_s$，这是为了确保受压钢筋能够有效地传递压力。

在设计过程中，为了最小化钢筋的总用量（$A_s+A'_s$），与偏心受压构件的设计原则相同，应当取 $x = x_b$。将 $x = x_b$ 代入式（5-39）及式（5-38），可以得到以下用于解决该问题的计算公式。

$$A'_s = \frac{Ne - \alpha_1 f_c bx_b\left(h_0 - \dfrac{x_b}{2}\right)}{f'_y\left(h_0 - a'_s\right)} \qquad (5\text{-}41)$$

$$A_s = \frac{\alpha_1 f_c bx_b + N}{f_y} + \frac{f'_y}{f_y}A'_s \qquad (5\text{-}42)$$

式中，x_b——极限破坏时受压区高度，$x_b = \xi_b h_0$。

在对称配筋的情况下，由于 $A_s = A'_s$ 和 $f_y = f'_y$，将其代入基本公式（5-42）后，计算出的受压区高度 x 将会是负值。这意味着实际的受压区高度会小于 2 倍的受压钢筋直径，

即 $x < 2a'_s$。在这种情况下，可以按照偏心受压构件的相应处理方法来处理。具体地，可以取 $x = 2a'_s$，并对 A'_s 合力点取矩和取 $A'_s = 0$ 分别计算 A_s 值，最后，根据计算得出的最小值来确定配筋量。

2. 小偏心受拉构件正截面承载力计算

（1）承载力计算公式

根据平衡条件，可写出小偏心受拉构件的承载力计算公式。

$$Ne \leqslant f'_y A'_s \left(h_0 - a'_s \right) \tag{5-43}$$

$$Ne' \leqslant f_y A_s \left(h_0 - a'_s \right) \tag{5-44}$$

由式（5-43）、式（5-44）得 A_s 和 A'_s 分别如下。

$$A_s \leqslant \frac{Ne'}{f_y \left(h_0 - a'_s \right)} \tag{5-45}$$

$$A'_s \leqslant \frac{Ne}{f'_y \left(h_0 - a'_s \right)} \tag{5-46}$$

式中，N——轴向拉力设计值；

   a'_s——靠近纵向拉力钢筋和远离纵向拉力钢筋的合力点至截面近边缘的距离；

   e——N 至 A_s 合力点的距离，$e = \dfrac{h}{2} - e_0 - a_s$；

   e'——N 至 A'_s 合力点的距离，$e' = \dfrac{h}{2} + e_0 - a'_s$。

将 e' 和 e 分别代入式（5-45）、式（5-46），且取 $a_s = a'_s$，$e_0 = M/N$，整理后有如下公式。

$$A_s = \frac{N}{2f_y} + \frac{M}{f_y \left(h_0 - a'_s \right)} \tag{5-47}$$

$$A'_s = \frac{N}{2f_y} - \frac{M}{f_y \left(h_0 - a'_s \right)} \tag{5-48}$$

上两式第一项代表了轴心拉力所需配置的钢筋，第二项反映了弯矩对配筋的影响。由此可见，弯矩 M 的存在使 A_s 增大，A'_s 减小，因此，在结构设计中如有不同的内力组合，应按最大 N 与最大 M 的内力组合计算 A_s，按最大 N 与最小 M 的内力组合计算 A'_s。

此外，若小偏心受拉构件选用对称配筋截面，即 $A_s = A'_s$，$a_s = a'_s$ 且 $f_y = f'_y$，此时远离轴向力 N 一侧的钢筋 A'_s 并未屈服，但为了保持截面内外力的平衡，设计时可按式（5-49）计算钢筋截面面积，即取如下公式。

$$A'_s = A_s = \frac{Ne'}{f_y(h_0 - a'_s)} \qquad (5\text{-}49)$$

（2）承载力设计计算

①截面设计。小偏心受拉构件进行截面设计，可直接由式（5-47）、式（5-48）或式（5-49）求得两侧的受拉钢筋 A_s 和 A'_s。

②截面复核。小偏心受拉构件的截面复核，已知 A_s、A'_s 及 e_0，由式（5-47）、式（5-48）可分别求出截面可能承受的纵向拉力 N，其中较小者即为构件所能承受的偏心拉力设计值 N_u。

四、钢筋混凝土受拉构件正常使用极限状态验算

（一）受拉构件正截面抗裂验算

针对那些在实际使用中绝不允许出现裂缝的钢筋混凝土受拉构件，当它们承受荷载效应的标准组合时，其抗裂验算必须遵循以下规定。

1. 轴心受拉构件正截面抗裂验算

具体计算公式如下。

$$N_k \leqslant \alpha_{ct} f_{tk} A_0 \qquad (5\text{-}50)$$

式中，N_k——按荷载标准值计算的轴向力值，N；

　　　　α_{ct}——混凝土拉应力限制系数，对荷载效应的标准组合，α_{ct} 可取 0.85；

　　　　f_{tk}——混凝土轴心抗拉强度标准值，N/mm^2；

　　　　A_0——换算截面面积，mm^2，$A_0 = A_c + \alpha_E A_s$；

　　　　　　其中，α_E 为钢筋弹性模量与混凝土弹性模量的比值，即 $\alpha_E = E_s/E_c$；

　　　　　　　　A_c 为混凝土截面面积，mm^2；

　　　　　　　　A_s 为受拉钢筋截面面积，mm^2。

2. 偏心受拉构件正截面抗裂验算

具体计算公式如下。

$$N_k \leqslant \frac{\gamma_m \alpha_{ct} f_{tk} A_0 W_0}{e_0 A_0 + \gamma_m W_0} \qquad (5\text{-}51)$$

式中，γ_m——截面抵抗矩塑性系数；

　　　　e_0——轴向力对截面重心的偏心距，mm，$e_0 = M_k/N_k$；

　　　　A_0——换算截面面积，mm^2，$A_0 = A_c + \alpha_E A_s + \alpha_E A'_s$；

　　　　W_0——换算截面受拉边缘的弹性抵抗矩，mm^3，$W_0 = I_0/(h - y_0)$；

　　　　　　其中，y_0 为换算截面重心至受压边缘的距离，mm；

　　　　　　　　I_0 为换算截面对其重心轴的惯性矩，mm^3；

　　　　　　　　h 为截面全高，mm。

其他符号意义同前。

（二）受拉构件正截面裂缝宽度验算

对于钢筋混凝土受拉构件，若在实际使用中对其裂缝宽度有特定限制要求，那么必须进行相应的裂缝宽度验算。按荷载效应的标准组合所求得的最大裂缝宽度应满足以下条件。

$$w_{max} \leqslant w_{lim} \tag{5-52}$$

式中，w_{max}——按荷载效应标准组合并考虑荷载长期作用影响计算的最大裂缝宽度，mm；

w_{lim}——最大裂缝宽度限值，mm。

第六章 钢筋混凝土肋形结构设计

肋形结构是由板和支承板的梁所组成的板梁结构。这种结构通常由板、次梁和主梁组成，其中板是肋形结构的主要承重构件，次梁和主梁则起到传递荷载的作用。肋形结构具有受力合理、节约材料、施工方便等优点，因此在水工建筑中被广泛应用。在肋形结构设计中，需要考虑到结构的整体稳定性、承载能力、变形性能以及裂缝控制等方面的要求。同时，还需要根据具体的工程条件和使用要求，选择合适的材料、截面尺寸和配筋方式等，以确保结构的安全性和经济性。本章围绕单向板肋形结构设计和双向板肋形结构设计两方面展开研究。

第一节 单向板肋形结构设计

单向板肋形结构是工程中应用最为广泛的一种结构，作为肋的梁一般可分为主梁和次梁。单向板肋形结构的主要设计步骤为结构的平面布置、结构计算简图的确定、荷载的确定和计算、内力计算、截面设计、施工图的绘制以及必要的构造措施。

一、单向板肋形结构的平面布置

（一）基本尺寸与平面布置

确定合理的柱网布局、梁格划分以及构件截面尺寸是结构设计的前提，对于结构的使用、经济和安全起着重要的作用。

1. 基本尺寸

从荷载的传递路线角度出发，荷载在各个构件上的传递实质上是由这些构件的线刚度相对大小所确定的，这是结构分析中非常重要的概念。一般弱线刚度结构支承在强线刚度结构上，荷载一般由弱线刚度结构向强线刚度结构方向传递。在单向板肋形结构中，板的受弯线刚度弱于次梁的受弯线刚度，次梁的受弯线刚度又弱于主梁的受弯线刚度。因此，可以认为次梁为单向板的支座，主梁为次梁的支座，柱子或墙体为主梁的支座，从而简化结构计算，也使得荷载传递路线简单明确。

在板、次梁、主梁、柱的梁格布置中，柱子的间距决定了主梁的跨度，主梁的间距决定了次梁的跨度，次梁的间距决定了板的跨度，板跨直接影响板厚，而板厚的增加对材料用量影响较大。

根据工程经验，一般建筑中较为经济合理的板、梁跨度如下：

单向板：2~3 m；次梁：4~6 m；主梁：5~8 m。

2. 平面布置

对于特殊的肋形结构，必须根据使用的需要布置梁格，尤其是在水工建筑中，常常需要考虑设备的安装尺寸，从而确定不规则的柱网尺寸以及板上开洞位置。

常见的单向板肋梁楼盖的结构平面布置方案有以下三种。

（1）主梁横向布置，次梁纵向布置

这种方案的优势在于，主梁与柱子可以构成横向框架，从而显著增强了房屋的横向刚度。同时，各榀横向框架之间通过纵向的次梁相互连接，也确保了房屋的纵向刚度，使得整个结构更加稳固，整体性强。此外，主梁的设计与外纵墙垂直，使得外纵墙上的窗户可以设计得更高，从而有利于室内的采光和通风，为居住者创造了更加舒适的环境。

（2）主梁纵向布置，次梁横向布置

这种布置特别适用于横向柱距远大于纵向柱距的场景。其显著优势在于，通过减小主梁的截面高度，实现了室内净高的增加，从而优化了室内空间的使用效率和舒适度，便于管线沿纵向穿行。此外，当地基沿纵向不太均匀时可在一定程度上进行调整。但是，这种类型的布局使得结构横向抗侧移刚度小，工程上采用较少。

（3）仅布置次梁，不布置主梁

这种方案仅布置次梁，不布置主梁，主要适用于有中间走道的楼盖，多用于办公楼和宿舍。

（二）变形缝

按照结构类型、施工方法和所处环境的不同，结构的变形缝包括伸缩缝、沉降缝和抗震缝三种。

为了防止大型建筑物因温度波动和混凝土干缩导致裂缝的产生，当建筑物的平面尺寸过大时，可以采取一种有效的策略：通过设立永久的伸缩缝，将建筑物分割为若干部分。这些伸缩缝的设计非常关键，它们从基础顶面开始，一直向上延伸，贯穿整个建筑物。伸缩缝的间距设置需要按照具体的气候条件、结构形式和地基特性等多种因素进行综合考虑。为确保安全性和稳定性，最大间距的确定可以参考相关的行业标准或规范。

当建筑结构中存在高度差异、地基承载力或土质存在较大差异，以及结构各部分施工时间相差较长时，为避免地基不均匀沉陷对相邻结构造成潜在破坏，应当设置沉降缝。沉降缝的设置应确保从顶部至底部完全贯通，以确保其有效性。值得注意的是，沉降缝不仅可以解决地基沉陷问题，还可以同时发挥伸缩缝的作用，适应结构因温度和材料干缩等因素引起的变形。

对于那些位于地震活跃区域的建筑，尤其是那些生产工艺或使用需求导致平面和立面布局复杂，以及结构相邻部分刚度和高度差异显著的建筑，为了防止在地震时结构之间发生碰撞，应当设置专门的抗震缝。在实际操作中，抗震缝可以与伸缩缝、沉降缝相结合使用，以简化设计并提高整体结构的稳定性。但需要注意的是，合并使用时，缝的宽度必须满足抗震缝的特定要求，以确保建筑在地震中的安全性能。

二、单向板肋形结构的计算简图及荷载计算

单向板肋形结构的板、次梁和主梁进行内力分析时，必须确定结构的计算简图，将其分解为板、次梁和主梁分别进行计算。结构计算简图要考虑影响结构内力、变形的主要因素，忽略次要因素，使结构计算简图尽可能符合实际情况。计算简图应表示出结构计算单元、板、梁的跨数，支承条件，荷载的形式、大小及其作用位置和各跨的计算跨度等。

（一）荷载计算

肋形结构上的荷载分为永久荷载和可变荷载。可变荷载的分布常常呈现出不规则性，为了在工程设计中便于计算和分析，通常会将其折算成等效的均匀分布荷载。对于作用在板、梁上的可变荷载，在一跨范围内，通常会按照满跨布置进行计算，而不会考虑仅在半跨内出现可变荷载的可能性。

板通常是取 1 m 宽的板带作为计算单元，板上单位长度的荷载包括永久荷载 g 和可变荷载 q。

次梁通常取翼缘宽度为次梁间距 l_1 的 T 形截面带，并把这个截面带作为荷载计算的基本单元。从板传递至次梁的荷载包括两部分：一部分是均布荷载 gl_1，另一部分是 ql_1。为了简化计算过程，工程师在计算板传来的荷载时，往往会忽略板的连续性，将连续板视作简支板。

在进行荷载计算时，主梁通常取其翼缘宽度与主梁间距 l_2 的 T 形截面带作为荷载计算的基本单元。主梁主要承受次梁传递的集中荷载，其中 $G = gl_1l_2$ 和 $Q = ql_1l_2$ 表示由次梁传来的均布荷载引起的集中荷载。尽管主梁肋部的自重也是均布荷载，但相较于次梁传来的集中荷载，其影响较小。为了简化计算过程，通常会将次梁间的主梁肋部均布自重简化为集中荷载，并与次梁传来的集中荷载合并计算。

（二）支座简化

单向板肋形楼盖，其周边搁置在砖墙上，当可视为铰支座。板的中间支承与次梁浇筑成整体，但由于次梁的抗弯刚度比板大得多，同时次梁的抗扭刚度较小，因此可以认为板的中间支承不产生垂直纵向变位，而又可和次梁一起发生转动，也可看作为铰支座。这样，板可以看作以边墙和次梁为铰支座的多跨连续板。同样，次梁可以看作以边墙和主梁为铰支座的多跨连续梁。

主梁与柱通常是整体浇筑的，它们之间的连接关系对结构的受力性能有着重要影响。当主梁的线性刚度与柱的线性刚度之比大于或等于 4 时，可以近似地将主梁视为以边墙和柱为铰支座的连续梁，这样处理可以简化计算模型。然而，当主梁与柱的线性刚度之比小于 4 时，柱对主梁的内力影响变得显著，此时应将整个结构视为刚架进行计算，以确保结构安全性的准确评估。

梁、板的支承情况如表 6-1 所示。

表 6-1　连续梁、板的支承变化

构件类型	边支座		中间支座	
	砌体	梁或柱	梁或砌体	柱
板	简支	固支	支承链杆	—
次梁	简支	固支	支承链杆	—
主梁	简支	$i_b/i_c > 4$ 简支 $i_b/i_c \leq 4$ 框架梁	—	$i_b/i_c > 4$ 支承链杆 $i_b/i_c \leq 4$ 框架梁

注：i_b、i_c 分别是主梁和柱的抗弯线刚度；支承链杆是位于支座宽度中点的能自由转动的杠杆。

（三）计算跨度与计算跨数

1. 计算跨度

板或梁在支承处有的与其支座整体连接，有的搁置在墩墙上，在计算时都作为铰支座。但实际上支座都具有一定的宽度 b，有时支承宽度还比较大，这就有一个计算跨度的问题。

当按弹性方法计算内力时，计算弯矩用的计算跨度 l_0，一般取支座中心线间的距离 l_c；当支座宽度 b 较大时，l_0 的取值如下。

板：当 $b > 0.1 l_c$ 时，取 $l_0 = 1.1 l_n$；

梁：当 $b > 0.05 l_c$ 时，取 $l_0 = 1.05 l_n$；

式中，l_n 指的是净跨度，计算剪力时则取 $l_0 = l_n$。

2. 计算跨数

对于等跨度、等刚度的连续板、梁，如果跨数在五跨以内，可以直接按照实际的跨数进行计算。然而，当跨数超过五跨时，除了两端的两跨外，所有中间跨的内力都非常接近。为了简化计算过程，可以选择将所有中间跨的内力统一用第三跨的内力来代表，因此对于跨数超过五跨的多跨连续板、梁可按五跨计算其内力。当梁、板跨数少于五跨时，仍按实际跨数进行计算。

（四）折算荷载

将次梁对板、主梁对次梁的约束简化为铰支座，不能约束相应板和次梁的转动是与实际情况不符的。板、次梁、主梁和柱整体浇筑在一起，因此次梁对板、主梁对次梁以及柱对主梁都会产生一定程度的约束作用，这些约束作用会对结构的内力分布产生影响，通常会导致结构内力的减小。因此，在进行结构设计时，必须充分考虑这些约束作用对结构内力的影响。

在均布荷载的影响下，板和次梁的内力应根据折算荷载设计值进行计算。当板和次梁整体浇筑时，板的转动会导致次梁发生扭转。理想情况下，如果假设次梁的抗扭刚度为零，板可以在支承处自由转动，这恰好符合"自由转动的链杆支座"的理论假设，因此无须进行修正。然而，实际情况中，次梁具有一定的抗扭能力，这会限制板的自由转动。为了使板的受力分析更加接近实际情况，需要对计算方法进行适当的调整。这种处理方法同样适用于那些支承在主梁上的次梁。

鉴于板或次梁在支承处的转动主要是由可变荷载的不利布置所引起的，可以采用一种简便的修正方法：在保持荷载总值不变的前提下，适当增大永久荷载，减小可变荷载，即在计算板和次梁的内力时，采用折算荷载。

连续板：

$$g' = g + \frac{1}{2}q \tag{6-1}$$

$$q' = \frac{1}{2}q \tag{6-2}$$

次梁：

$$g' = g + \frac{1}{4}q \tag{6-3}$$

$$q' = \frac{3}{4}q \tag{6-4}$$

式中，g'、q'——折算永久荷载及折算可变荷载设计值；

g、q——实际永久荷载及实际可变荷载设计值。

主梁的重要性高于板和次梁，且抗弯刚度通常大于柱，所以可以不进行荷载调整。

当板和次梁搁置在砖墙或钢梁上时，难以产生有效的扭矩，因而就不必进行荷载折算。

实际上，若主梁支承于钢筋混凝土柱上，其支承条件应根据梁、柱的抗弯线刚度比确定，如果 $i_{梁}/i_{柱} > 4$，柱对主梁的约束作用较小，故主梁荷载不必进行调整，可将柱视为主梁的铰支座，否则主梁和柱应按刚架结构进行结构分析。将柱视为主梁的铰支座，对于主梁设计是偏于安全的，对柱的设计是偏于不安全的。

三、单向板肋形结构按弹性方法计算

肋形结构中连续板和梁的内力计算方法有弹性理论计算和考虑塑性内力重分布计算两种。水工建筑物中的连续板、梁的内力一般是按弹性理论的方法计算的，也就是将钢筋混凝土梁、板视为匀质弹性构件采用结构力学的方法进行内力计算。首先详细介绍按弹性理论计算的方法。

（一）利用图表计算连续板、梁的内力

按弹性理论计算连续板、梁的内力可采用力法或弯矩分配法。实际工程设计中为了节省时间，多利用现成图表。计算图表类型很多，在此仅介绍几种等跨度、等刚度连续板、梁的内力计算图表，供设计时使用。

对于承受均布荷载的等跨连续板、梁，弯矩和剪力可按下列公式进行计算。

$$M = agl_0^2 + a_1ql_0^2 \tag{6-5}$$

$$V = \beta g l_n + \beta_1 q l_n \tag{6-6}$$

式中，α，α_1——弯矩系数；

β，β_1——剪力系数；

l_0，l_n——板、梁的计算跨度和净跨度。

两端带悬臂的板或梁，其内力可用叠加方法确定。仅短悬臂上有荷载时，连续板、梁的弯矩和剪力按下列公式进行计算。

$$M = \alpha' M_A \tag{6-7}$$

$$V = \beta' \frac{M_A}{l_0} \tag{6-8}$$

式中，α'，β'——弯矩系数和剪力系数；

M_A——由悬臂上的荷载所产生的端支座负弯矩。

承受固定的或移动的集中荷载的等跨连续梁，其弯矩和剪力可按下列公式进行计算。

$$M = \alpha Q l_0 \text{或} M = \alpha G l_0 \tag{6-9}$$

$$V = \beta Q \text{或} V = \beta G \tag{6-10}$$

式中，α，β——弯矩系数和剪力系数；

G，Q——固定的和移动的集中力。

如果连续板或梁的跨度不完全相等，但差异不超过 10% 时，仍然可以使用等跨度的计算表进行估算。在计算连续板或梁的支座弯矩时，应取相邻两个计算跨度的平均值作为计算跨度。计算跨中弯矩时，则直接使用该跨的计算跨度。若板或梁各跨的截面尺寸存在差异，但相邻跨截面惯性矩的比值不超过 1.5，可以视作等刚度结构进行计算，这意味着不同刚度对结构内力的影响可以被忽略。

（二）荷载的最不利组合及内力包络图

1. 最不利荷载布置

永久荷载的位置是不变的，而可变荷载的位置是变化的，对于连续梁结构，并不像简支梁那样，永久、可变荷载均为满布时内力最大。由于可变荷载的可变性，需要求出各截面上的最不利内力，因此需要考虑可变荷载的最不利组合。

根据连续梁可变荷载布置内力变化规律和不同组合后的内力结果，可得出确定截面最不利可变荷载布置的原则如下。

①为了确定某跨跨中的最大正弯矩，需要在该跨布置可变荷载，并在其左右相邻的跨也布置可变荷载。

②要找出某跨跨中的最小正弯矩，可以选择在该跨不布置可变荷载，而是在其相邻的跨布置可变荷载，并再向隔跨布置可变荷载。

③为了求得某支座截面的最大负弯矩，应该在该支座的左右两跨布置可变荷载，并再

向隔跨布置可变荷载。

④在求解某支座截面的最大剪力时，可变荷载的布置方式与求该支座截面最大负弯矩时的布置方式相同。

永久荷载按实际情况布置，一般在连续梁（板）各跨均有永久荷载作用。求某截面最不利内力时，除按可变荷载最不利位置求出该截面内力外，还应加上永久荷载在该截面产生的内力。

2. 查表法计算内力

在确定了可变荷载的最不利布置后，对于等跨（包括跨度差小于或等于 10%）的连续梁（板），可以直接采用已查得的永久荷载和各种可变荷载在最不利位置作用下的内力系数。接下来，根据这些内力系数，可以使用以下公式计算连续梁（板）各控制截面的弯矩值 M 和剪力值 V。

当均布荷载作用时：

$$M = K_1 g l_0^2 + K_2 q l_0^2 \tag{6-11}$$

$$V = K_3 g l_0 + K_4 q l_0 \tag{6-12}$$

当均布荷载作用时：

$$M = K_1 G l_0 + K_2 Q l_0 \tag{6-13}$$

$$V = K_3 G + K_4 Q \tag{6-14}$$

式中，g、q——单位长度上的均布永久荷载与均布可变荷载设计值；

G、Q——集中永久荷载与集中可变荷载设计值；

K_1、K_2、K_3、K_4——等跨连续梁（板）的内力系数；

l_0——梁的计算跨度。若相邻两跨跨度不相等（不超过 10%），在计算支座弯矩时，l_0 取相邻两跨的平均值；而在计算跨中弯矩及剪力时，仍用该跨的计算跨度。

3. 内力包络图

对于某确定截面，以永久荷载所产生的内力为基础，叠加上该截面作用最不利的可变荷载时所产生的内力，便得到该截面的最大（或最小）内力，但是这些截面一般是结构的控制截面，对于钢筋混凝土连续梁、板结构，由于纵向钢筋的弯起和截断、箍筋直径和间距的变化，结构各截面的承载力是不同的，要保证结构所有截面都能安全可靠地工作，必须知道结构所有截面的最大内力值。

结构各截面的最大内力值（绝对值）的连线或点的轨迹，即为结构内力包络图（包括拉、压、弯、剪、扭内力包络图）。对于梁板结构，结构内力包络图主要指弯矩包络图和剪力包络图。

结构内力图和内力包络图的概念是不同的。如果结构上只有一组荷载作用，则结构各截面只有一组内力，其内力图即为内力包络图。若结构上有几组不同作用于结构的荷载时，则结构各截面中有几组内力，结构就有几组内力图。结构截面上最大内力值（绝对值）的连线（几组内力图分别叠加画出的最外轮廓线）即为结构内力包络图，如弯矩包络图和剪力包络图。

（三）弯矩、剪力的计算值

按照弹性理论来对连续梁、板的内力进行计算时，常见的做法是将计算跨度取支座中心线之间的距离。但这样计算出的支座弯矩和剪力值是基于支座中心处的数据。实际情况中，当梁、板与支座实现整体连接时，支座中心处的截面高度通常远大于支座边缘处，因此该处的抗力也更强。然而，真正的危险截面常常出现在支座边缘。为了确保梁、板结构的设计更加合理和安全，应将设计依据放在支座边缘的内力上，并遵循以下公式进行计算，以确保结构的稳定。

均布荷载时：

$$M_{边} = M - \frac{b}{2}V_0 \tag{6-15}$$

$$V_{边} = V - \frac{b}{2}(g+q) \tag{6-16}$$

集中荷载时：

$$M_{边} = M - \frac{b}{2}V_0 \tag{6-17}$$

$$V_{边} = V \tag{6-18}$$

式中，M、V——支座中心处的弯矩设计值和剪力设计值，取绝对值；

$M_{边}$、$V_{边}$——支座边缘处弯矩设计值和剪力设计值，取绝对值；

V_0——按简支梁计算的支座边缘处的剪力设计值，取绝对值，$V_0 = \frac{1}{2}(g+q)l_n$；

b——结构支座宽度；

g、q——作用于结构上的永久荷载与可变荷载的设计值。

当连续梁、板结构支座为墙体时，支座边缘处弯矩取支座中心线处的弯矩值。

四、单向板肋形结构考虑塑性内力重分布的计算

按弹性理论设计，当结构中任何截面内力达到该截面承载能力极限状态时，即可视为整个结构破坏。这对于静定结构或由脆性材料组成的结构来说是合理的。但是，对于钢筋混凝土超静定结构，由于混凝土材料的非弹性性质和开裂后的受力特点，在受荷过程中结构各截面间的刚度比值一直在不断改变，混凝土超静定结构的内力和变形与荷载的关系已不再是线性关系，因此截面间的内力关系也在发生变化，即截面间出现了内力重分布现象。结构按弹性理论的分析方法必然不能真实地反映结构的实际受力与工作状态。另外，按弹性理论分析结构内力与充分考虑材料塑性性能的截面承载力计算也是很不协调的。因此，

按弹性方法计算内力进行截面配筋设计，其结果是偏于安全的；若按塑性内力重分布的方法来计算超静定结构的内力，有较好的经济效果。下面介绍钢筋混凝土超静定结构考虑塑性内力重分布分析方法的基本原理和计算方法。

（一）结构塑性铰

钢筋混凝土受弯构件从开始加载到发生正截面破坏，经历了三个受力阶段，即从开始加载到受拉区混凝土即将开裂的未开裂阶段、从混凝土开裂到钢筋屈服的带裂缝工作阶段以及从纵筋开始屈服到受压区混凝土压坏的破坏阶段。在此三个阶段内，在弯矩作用下截面产生转动，构件产生弯曲。

结构塑性铰总是在结构最大截面处首先出现，在连续梁板结构中一般都是出现在支座或跨内截面处。支座处塑性铰一般均在板与次梁、次梁与主梁以及主梁与柱交界处出现，当结构中间支座为砖墙、柱时，一般将在墙体中心线处出现塑性铰。塑性铰不是发生在某一个截面处，而是一个区段上，长度为（1~1.5）h，h 为梁的截面高度。

（二）塑性内力重分布

钢筋混凝土连续梁是超静定结构，在加载的全过程中，由于构件裂缝的出现、塑性变形的发展、构件刚度的不断降低，使各截面间的内力分布不断变化，这种情况称为"内力重分布现象"。特别是塑性铰的出现使结构的传力性能得以改变，引起内力分布的显著改变，这时的内力重分布的过程称为"塑性内力重分布"。

在钢筋混凝土超静定结构中，每形成一个塑性铰，结构减少一次超静定次数，内力发生一次较大的重分布，对于 n 次超静定结构，可出现 n 个塑性铰，致使结构成为机动可变体系而破坏。塑性铰出现的位置、次序及内力重分布程度，可根据需要人为控制。

（三）按考虑塑性变形内力重分布方法计算连续板、梁的内力

1. 弯矩调幅法

对单向板肋梁楼盖中的连续板及连续次梁，当考虑塑性内力重分布理论分析结构内力时，普遍采用弯矩调幅法，即按弹性计算法求出结构控制截面的弯矩值，然后根据设计需要，适当调整某些截面的弯矩值，通常是对支座的弯矩予以调整降低，对调幅后的弯矩值，再用一般力学方法分析对结构其他控制截面内力的影响，经过综合分析计算得到连续梁各截面的内力，然后进行配筋计算。

弯矩调幅法考虑结构的塑性内力重分布，用弯矩调幅系数 β 表示构件截面的弯矩调整幅度，其计算公式如下。

$$\beta = 1 - \frac{M_a}{M_e} \tag{6-19}$$

式中，M_a——调整后的弯矩设计值；

M_e——按弹性方法算得的弯矩设计值。

2. 结构塑性内力重分布的限制条件

为保证塑性内力重分布的实现，一方面要求塑性铰有足够的转动能力，另一方面要求塑性铰的转动幅度又不宜过大。为了满足钢筋混凝土结构的安全性和适用性，塑性内力重

分布的限制条件如下。

①为保证塑性铰有足够的转动能力，要求钢筋应具有良好的塑性，混凝土应有较大的极限压应变 ε_{cu} 值，因此工程结构中宜采用 HPB235、HPB300、HRB335 级和 HRB400 级热轧钢筋和较低强度等级的混凝土（宜在 C20～C45 范围内）。

②塑性铰处截面的相对受压区高度应满足 $0.1 \leqslant \zeta \leqslant 0.35$ 的要求。研究表明，提高截面高度、减小截面相对受压区高度能够有效提高塑性铰的转动能力。

③调幅系数一般建议在 20% 之内，以保证正常使用阶段不会出现塑性铰。

④为使结构满足平衡条件，并具有一定的安全储备，结构跨中截面弯矩应满足

$$\frac{|M'_A| + |M'_B|}{2} + M'_1 \geqslant 1.02 M_0 \tag{6-20}$$

式中，M'_A、M'_B——连续梁任一跨调幅后支座截面弯矩值；

$\qquad M'_1$——调整后跨中截面弯矩值；

$\qquad M_0$——该跨按简支梁计算的跨中截面弯矩值。

⑤塑性铰截面尚应有足够的受剪承载力，不致因为斜截面提前受剪破坏而使结构不能实现完全的内力重分布。因此，应采用按弹性理论和塑性理论计算剪力中的较大值，进行受剪承载力计算，并在塑性铰区段内适当加密箍筋，这样不但能提高结构斜截面受剪承载力，还能较为显著地改善混凝土的变形性能，增加塑性铰的转动能力。

⑥按考虑塑性变形内力重分布方法设计的结构，在使用阶段，钢筋应力较高，裂缝宽度及变形较大。因此，以下结构不宜采用塑性内力重分布方法设计：直接承受动力荷载作用的工业与民用建筑；对承载力、刚度和裂缝控制有较高要求的结构，如主梁；受侵蚀性气体或液体作用的结构；轻质混凝土结构及其他特种混凝土结构；预应力结构和二次受力叠合结构。

3. 连续梁、板的内力计算

根据弯矩调幅法，均布荷载作用下的等跨连续板、梁的弯矩与剪力按下式计算。

$$M = \alpha_m (g + q) l_0^2 \tag{6-21}$$

$$V = \alpha_v (g + q) l_n \tag{6-22}$$

式中，α_m、α_v——等跨连续板、梁的弯矩系数和剪力系数，如表 6-2 和表 6-3 所示；

$\qquad g$、q——梁、板结构的永久荷载和可变荷载设计值；

$\qquad l_0$、l_n——梁、板结构的计算跨度和净跨度。

在考虑相同均布荷载作用下的等跨度、等截面连续梁、板时，弯矩系数 α_m 和剪力系数 α_v 的确定是基于特定的条件，如以五跨连续梁、板为基准，同时假设可变荷载与永久荷载的比值 q/g 为 3，并考虑到弯矩调幅系数大约为 20%。这些系数是通过分析上述条件下的梁、板受力特性而得出的，它们反映了在特定荷载和结构参数下，梁、板内力和变形的分布规律。

表 6-2　连续梁考虑塑性内力重分布的弯矩系数 α_m

支承情况		截面位置					
		端支座	边跨跨中	第二支座	第二跨跨中	中间支座	中间跨跨中
		A	I	B	II	C	III
梁板搁置在墙上		0	1/11	−1/10（用于两跨连续梁）−1/11（用于多跨连续梁）	1/16	−1/14	1/16
板	与梁整浇连接	−1/16	1/14				
梁		−1/24					
梁与柱正浇连接		−1/16	1/14				

表 6-3　连续梁的剪力系数 α_v

支承情况	截面位置				
	端支座内侧 V_A	第二支座		中间支座	
		外侧 V_B^l	内侧 V_B^r	外侧 V_C^l	内侧 V_C^r
搁置在墙上	0.45	0.60	0.55	0.55	0.55
与梁或柱整浇连接	0.50	0.55			

如果结构荷载 $q/g = 1/3 \sim 5$，且结构跨数不等于 5 跨，各跨跨度相对差值小于 10%，上述系数 α_m、α_v 原则上仍可适用。然而，对于超出上述等跨范围（即跨度差大于 10%）的连续梁、板，其结构内力的计算需要采用更为复杂的方法。在这种情况下，应考虑塑性内力重分布的影响，并采用一般分析方法进行自行调幅计算。

五、单向板肋形结构的截面设计和构造要求

（一）连续板、梁的截面设计

1.连续板的截面设计

板的计算单元通常取为 1 m，计算各控制截面的最大内力后，即可按单筋矩形截面设计。为了使板具有一定刚度，同时减轻结构自重，在满足建筑功能和方便施工的条件下，板厚应尽可能薄些。在工程设计中，板厚一般应满足下列要求。

一般屋面：$h \geqslant 50$ mm；

一般楼面：$h \geqslant 60$ mm；

工业厂房楼面：$h \geqslant 80$ mm。

混凝土连续板由于跨高比较大，一般情况下总是 $M/M_u > V/V_u$，即截面设计是由弯矩控制的，应按弯矩计算纵向钢筋用量，因此板一般不必进行受剪承载力计算。

连续单向板在考虑内力重分布时，支座截面在负弯矩作用下，上部开裂，跨中在正弯

矩作用下，下部开裂，这使跨内和支座实际的中性轴成为拱形，受压区的混凝土成一拱形。当板的周边具有足够的刚度时，在竖向荷载作用下将产生板平面内的水平推力，导致板中各截面弯矩减小。

因此，在工程设计中，当单向连续板的周边与梁整浇时，除边跨和离端部第二支座外，各中间跨的跨中和支座弯矩由于内拱有利作用可减小20%。

2. 连续梁的截面设计

次梁和主梁的截面尺寸前面已有叙述，受力钢筋应根据正截面和斜截面承载力的要求计算配置，同时还应满足裂缝宽度和变形的有关要求。

由于板和次梁、主梁整体连接，在梁的截面计算时，应视板为梁的翼缘。在正截面承载力计算时，梁中正弯矩区段翼缘板处于受压区，故应按T形截面计算。在支座负弯矩区段则因翼缘处于受拉区而应按矩形截面计算。另外，在柱与主梁、次梁相交处，主、次梁均承受负弯矩作用，纵向受力钢筋的布置方法是：板的钢筋在最上面，次梁的钢筋设在板钢筋下面，而主梁的钢筋放在最下部。

（二）连续板、梁的构造要求

1. 连续板的构造要求

（1）受力钢筋

①板中受力钢筋一般采用HPB235级、HRB335级钢筋，常用直径为6 mm、8 mm、10 mm及12 mm等。对于支座负钢筋，为便于施工架立，直径不宜太细。

②一般情况下，受力钢筋的间距不得小于70 mm。当板厚h小于或等于150 mm时，受力钢筋的间距不宜超过200 mm。当板厚h大于150 mm时，受力钢筋的间距应满足以下两个条件：不宜大于板厚的1.5倍，同时，间距不宜超过250 mm。

③为了施工方便，选择连续板的跨中、支座受力钢筋时，可采取各截面的钢筋间距相同而钢筋直径不相同的方法。

④连续板中受力钢筋的布置方式可采用分离式或弯起式两种。

弯起式配筋是先按跨中正弯矩确定其钢筋直径和间距，然后在支座附近按需要弯起1/3~1/2，用以承担支座负弯矩。如数量不足，可另加直钢筋。为了保证锚固可靠，板内伸入支座的下部受力钢筋采用半圆弯钩，但对于上部负钢筋，为保证施工时钢筋的设计位置，宜做成直抵模板的直钩。弯起式配筋锚固和整体性好，钢筋用量省，但施工较复杂。

分离式配筋是将跨中钢筋全部伸入支座，支座上部负弯矩钢筋单独设置。分离式配筋因施工方便，已成为工程中主要采用的配筋方式。

（2）构造钢筋

单向板除按计算配置受力钢筋外，通常还应布置以下3种构造钢筋。

①分布钢筋。对于四边支承板，当按单向板设计时，除沿短跨布置受力钢筋外，尚应在长跨方向布置分布钢筋，可承受在计算中没有考虑的长跨方向实际存在的弯矩。分布钢筋应垂直布置于受力钢筋的内侧，在受力钢筋的弯折处也应配置。

②嵌固在墙内的板面构造钢筋。嵌固在承重墙内的板，其计算简图是按简支考虑，实际上由于墙体的约束作用而使板端产生负弯矩。因此，对嵌固在承重砖墙内的现浇板，应

沿支承周边配置上部构造钢筋，其直径不宜小于 8 mm，间距不宜大于 200 mm，并应符合下列规定：嵌固在砌体墙内的现浇混凝土板，其上部与板边垂直的构造钢筋伸入板内的长度，从墙边算起不宜小于板短边跨度的 1/7；在两边嵌固于墙内的板角部分，应配置双向上部构造钢筋，该钢筋伸入板内的长度从墙边算起不宜小于板短边跨度的 1/4；沿板的受力方向配置的上部构造钢筋，其截面面积不宜小于该方向跨中受力钢筋截面面积的 1/3。沿非受力方向配置的上部构造钢筋，可根据经验适当减少。

③垂直于主梁的板面构造钢筋。在单向板中受力钢筋与主梁的肋平行，但由于板和主梁整体连接，在靠近主梁附近，部分荷载将由板直接传递给主梁而产生一定的负弯矩。为此，应在板面上部沿主梁的长度方向配置与主梁垂直的构造钢筋，其数量应不少于板中受力钢筋的 1/3，且直径不宜小于 8 mm，间距不宜大于 200 mm，伸出主梁边缘的长度不宜小于板计算跨度 l_0 的 1/4。

2. 连续梁的构造要求

连续梁配筋时，一般是先选配各跨跨中的纵向受力钢筋，然后将其中部分钢筋根据斜截面承载力的需要，在支座附近弯起并伸入支座，用于承担支座负弯矩。如相邻跨弯起的钢筋尚不能满足支座正截面承载力的需要时，可在支座上另加直钢筋。当从跨中弯起的钢筋不能满足斜截面承载力需要时，可另加斜筋和鸭筋。

对于次梁，当跨度相差不超过 20%，且梁上均布可变荷载和永久荷载之比 $q/g \leqslant 3$ 时，梁的弯矩图形变化幅度不大。对于主梁钢筋的弯起和截断必须按弯矩包络图及抵抗弯矩图来确定。

在端支座处，按计算要求可能不需要弯起钢筋，但仍应弯起部分钢筋，伸入支座顶面，以承担可能产生的负弯矩。跨中下部的纵向钢筋伸入支座内的根数不得少于 2 根。如跨中也存在负弯矩，则还需在梁的顶面另设纵向受力钢筋，否则只需配置架立钢筋。

在主梁与次梁交接处，在主梁两侧面受到次梁传来的集中荷载的作用，此集中力在主梁的局部长度上将引起法向应力和剪应力，从而可能在主梁内引起斜向裂缝。为了防止斜向裂缝的发生而引起局部破坏，应在次梁两侧设置附加横向钢筋。

附加横向钢筋可以是附加箍筋或吊筋或者两者兼有，但应优先采用箍筋。附加横向钢筋的总截面面积应符合下列规定。

$$F \leqslant 2f_y A_{sb} \sin \alpha + m f_{yv} A_{sv} \tag{6-23}$$

式中，F——次梁传给主梁的集中荷载设计值；

　　　A_{sb}——附加吊筋的截面面积；

　　　f_y——附加吊筋的抗拉强度设计值；

　　　α——附加吊筋与梁轴线间的夹角，宜取 45° 或 60°；

　　　m——在宽度 s 范围内附加箍筋的根数；

　　　f_{yv}——附加箍筋的抗拉强度设计值；

　　　A_{sv}——附加箍筋截面面积，$A_{sv} = n A_{sv1}$，n 指的是箍筋肢数，A_{sv1} 指的是单肢箍筋的截面面积。

第二节　双向板肋形结构设计

整体式双向板肋形结构也是工程中广泛应用的一种结构。从理论上讲，双向板是指那些在纵横两个方向上受力都不能被忽略的板。这种板的支承形式多种多样，包括四边支承（如四边简支、四边固定、三边简支一边固定、两边简支两边固定和三边固定一边简支）、三边支承或两邻边支承。它们所能承受的荷载类型也相当丰富，可以是均布荷载、局部荷载或三角形分布荷载。同时，双向板的平面形状也灵活多变，可以是矩形、圆形、三角形或其他形状。[①] 在工程中，对于四边支承的矩形板，当长边与短边尺寸之比 $l_2/l_1 \leq 2$ 时，按双向板设计；当 $2 < l_2/l_1 < 3$ 时，宜按双向板设计。整体式双向板肋形结构由于两个方向的结构刚度相近，可跨越比单向板更大的空间，通常应用于民用和工业建筑中柱网间距较大的结构。

一、双向板肋形结构试验结果及受力特点

双向板受力状态比单向板复杂，国内外做过很多试验研究，现阐述如下。

均布荷载作用下的正方形四边简支双向板，在混凝土裂缝出现之前，板基本上处于弹性工作状态；随着荷载的逐渐增加，板的受力状态开始发生变化。最初，裂缝会在板底的中央位置出现。随着荷载的继续增加，这些裂缝会沿着对角线方向向板的角落扩展。当板接近其破坏极限时，板的四个角落的顶面也会出现圆弧形裂缝。这些圆弧形裂缝会进一步促进板底对角线裂缝的扩展。最终，当对角线裂缝处的截面受拉钢筋达到屈服点，板会发生破坏。

均布荷载作用下的矩形四边简支双向板，第一批混凝土裂缝出现在板底中部且平行于板的长边方向，随荷载增加，裂缝向板角处延伸，伸向板角处的裂缝与板边大体成 45° 角，当板接近破坏的临界点时，其四角处的顶面会出现圆弧形裂缝。随着裂缝的扩展，最终跨中及 45° 角方向裂缝处的截面受拉钢筋会达到屈服点，导致板的破坏。在这个过程中，双向板裂缝处截面的钢筋从初始屈服到截面即将破坏，截面都处于第 Ⅲ 应力阶段。这与之前提到的塑性铰的概念是一致的。当钢筋达到屈服点时，所形成的临界裂缝被称为塑性铰线。塑性铰线的出现意味着结构被分割成了若干个板块，这些板块形成了一个几何可变体系。当这种情况发生时，结构达到了其承载力的极限状态，从而导致了破坏。[②]

上述试验结果表明双向板具有以下受力特点。

①板的荷载由短边和长边两个方向板带共同承受，各板带分配的荷载值与 l_2/l_1 值有关，随 l_2/l_1 值增大，短向板带弯矩值逐渐增大，长向板带弯矩值逐渐减小。由于短向板带对于长向板带具有一定的支承作用，长向板带最大弯矩值并不发生在跨中截面。

②双向板在荷载作用下，板的四角处有向上翘起的趋势，由于受到墙或梁的约束，板角处将产生负弯矩，因此会在板面角部产生垂直于对角线的圆弧形裂缝。

① 杨润峰. 新型密肋空心楼盖结构选型研究 [D]. 青岛：青岛理工大学，2013.

② 徐虹. 钢筋混凝土双向板的设计体会 [J]. 水电站设计，2012，28（1）：44-50.

③由于相邻板带的约束，板的实际竖向位移与弯矩值均有所减小。

二、双向板肋形结构按弹性理论计算内力

（一）单区格双向板的计算

按照弹性理论精确计算混凝土双向板的内力及变形较为复杂，工程设计中大多按以弹性薄板理论的内力及变形计算结果编制的表格进行计算。《建筑结构静力计算手册》列出了单块双向板计算图标，设计时可查询。工程设计时可计算各种单区格双向板的最大弯矩及挠度值，挠度计算时尚应考虑混凝土收缩、徐变及裂缝对结构变形的影响。由于弯矩系数是按单位宽度板带，在材料泊松比 $v = 0$ 的情况下而制订的，尚应考虑双向弯曲对两个方向板带弯矩值的相互影响，按下式计算。

$$m_1^{(v)} = m_1 + v m_2 \tag{6-24}$$

$$m_2^{(v)} = m_2 + v m_1 \tag{6-25}$$

式中，$m_1^{(v)}$、$m_1^{(v)}$——考虑双向弯矩相互影响后平行于 l_1、l_2 方向单位宽度板带的跨内弯矩设计值；

m_1、m_2——按 $v = 0$ 计算的平行于 l_1、l_2 方向单位宽度板带的跨内弯矩设计值；

v——泊松比，对于钢筋混凝土，取 $v = 1/6$。

对于支座截面弯矩值，由于另一个方向板带弯矩等于零，所以不存在两个方向板带弯矩的相互影响问题。

（二）多区格等跨连续双向板的计算

连续双向板的内力计算要考虑可变荷载的不利布置，精确计算很复杂，在工程实用中一般是采取单区格板的内力系数表进行近似计算。实用计算法考虑到双向板上可变荷载最不利的布置以及板的支承情况的合理简化，使连续双向板的内力计算既接近实际又比较简便。它既假定支承梁的抗弯刚度很大，其垂直变形可忽略不计；又假定梁的抗扭刚度很小，可以转动。

1. 跨中最大弯矩的计算

利用单区格板的内力系数来计算多区格连续板的关键是要设法使多区格连续板中的每一个区格都能忽略与相邻区格的连续性，按一个独立的单区格板计算不至于带来明显的误差。

在求连续双向板跨中最大弯矩时，可变荷载的最不利位置采用棋盘式的布置方式。即求某区格跨中最大弯矩时，在该区格布置可变荷载，然后在其前后左右每隔一区格布置可变荷载，任一区格的各个板边既不是完全固定也不是理想铰支。但是为了利用单区格板的内力系数进行计算，可将棋盘式间隔布置的可变荷载分解为两种：一种是满布各区格的对称荷载 $+\dfrac{q}{2}$，另一种是向上、向下作用，逐区格均匀间隔布置的反对称荷载 $+\dfrac{q}{2}$ 和 $-\dfrac{q}{2}$。

当 $g+\dfrac{q}{2}$ 作用在各区格时，可认为在中间支座处的转角为零，中间支座可视为固定支座，内部各区格均可看作四边固定的单块双向板。当所求区格上作用有 $+\dfrac{q}{2}$，相邻区格和其余区格间隔作用有 $-\dfrac{q}{2}$ 时，可将连续板看成反弯点在中间支座中心，将中间支座弯矩看作零，即中间支座视为连续的铰支座，内部各区格均可看作四边简支的单块双向板。最后将所求区格在两种荷载作用下的跨中弯矩叠加，即得到该区格跨中最大弯矩。应注意并不需要计算作用有 $-\dfrac{q}{2}$ 的区格板的弯矩。以上简化处理只是对中间支座而言，以上两种荷载作用时，边区格按实际支承情况采用。

上述方法一般只适用于两个方向都是等跨度的多区格连续双向板，也可近似用于同一方向的相邻最小跨度与最大跨度之比大于 0.75 的连续双向板。

2. 支座弯矩计算

计算多跨连续双向板支座的最大弯矩时，与单向板相似，应在该支座两侧跨内布置可变荷载，然后再隔跨布置可变荷载，对于双向板来说，计算将过于复杂。为了简化计算，忽略可变荷载的不利布置，而采用各区格可变荷载满布的形式，此时所有中间支座均可视为固定支座，也就是说，不考虑连续性而按单区格板进行计算，但要注意边支座按实际情况考虑。当相邻两块板的支承条件不同或计算跨度不等时，支座弯矩取其平均值，也可取相邻两区格板算出的支座弯矩的较大值。

3. 双向板支承梁的内力计算要点

双向板上的荷载是沿两个方向传到四边的支承梁上，每根梁上的荷载一般是梁跨中最大，越向两端越小。工程设计采用的计算方法是对每一个区格的四角各作一条分角线（角平分线），并将分角线的两个交点连成一条线，从而把每个区格划分为四块面积，并认为每块面积上的荷载传到邻近边的支承梁上。

于是，沿长边方向梁上的荷载成梯形分布，而短边方向梁上的荷载成三角形分布。在三角形分布荷载或梯形分布荷载作用下的连续梁的内力计算较为复杂，实用中可将三角形荷载或梯形荷载换算成能产生相等同端弯矩的等效均布荷载，并利用内力系数求得各支座的负弯矩值。然后再取各跨为简支梁，将其所求得的支座负弯矩作用在该简支梁的端部，同时将三角形荷载或梯形荷载作用在该简支梁上，用一般结构力学方法即可求得该跨的跨中最大弯矩和剪力。但要注意，三角形分布荷载换算为均布荷载和梯形分布荷载换算为均布荷载都是以支座弯矩相等为前提的。

三角形荷载和梯形荷载作用下，简支梁的跨中最大弯矩和支座处最大剪力可查阅《建筑结构静力计算手册》。多区格双向板支承梁的内力计算同样应考虑可变荷载的最不利布置，布置原则与单向板肋形梁板结构中的连续梁相同。

三、双向板肋形结构的截面设计与构造要求

（一）截面设计

对于周边与梁整体连接的板，在竖向荷载作用下，也会产生拱作用，周边支承梁对板也会产生推力而使弯矩减小。考虑对这一情况的有利影响，可以将一些截面的设计弯矩乘以下列折减系数予以降低。

①中间跨的跨中截面及中间支座截面，减小20%。

②边跨的跨中截面和从楼板边缘算起的第二支座截面。

当 $\dfrac{l_2}{l_1} < 1.5$ 时减小20%；当 $1.5 \leqslant \dfrac{l_2}{l_1} \leqslant 2$ 时减小10%。其中，l_1 是垂直于楼板边缘方向的计算跨度，l_2 是沿楼板边缘方向的计算跨度。

③在计算板的弯矩时，角区格的弯矩不需要进行折减。对于板中的受力钢筋，它们在跨内纵横两个方向上会叠置。一般短跨的跨内正弯矩较大，故沿短跨的钢筋应置于外层。一般可以取短跨的截面有效高度 $h_{01} = h-20$（mm）；长跨的截面有效高度 $h_{02} = h-30$（mm）。

求出单位宽度内截面弯矩设计值 m 后，可以按矩形截面正截面承载力计算受力钢筋面积，也可以按下式简化计算。

$$A_s = \frac{\gamma_d}{\gamma_s h_0 f_y} \tag{6-26}$$

式中，γ_s 可以近似取 0.9~0.95。

（二）构造要求

双向板的厚度一般不小于 80 mm，通常在 80~160 mm。当满足板厚 $h \geqslant l/45$（单区格简支板）、$h \geqslant l/50$（多区格连续板）时，可不进行变形验算。l 为板短向跨度。

配筋形式类似单向板，也有弯起式和分离式。按弹性方法计算出的板跨中最大弯矩是板中点板带的弯矩，故所求出的钢筋用量是中间板带单位宽度内所需要的钢筋用量。四边支承板在破坏时的形状好像一个倒置的四面落水的坡屋面，各板条之间不但受弯而且受扭，靠近支座的板带，其弯矩比中间板带的弯矩要小，它的钢筋用量也比中间板带的钢筋用量为少。考虑到施工方便，可按图 6-1 处理，即将板在两个方向各划分为三个板带，边缘板带的宽度均为较小跨度 l_1 的 1/4，其余为中间板带。在中间板带，按跨中最大弯矩值配筋。在边缘板带，单位宽度内的钢筋用量则为其相应中间板带钢筋用量的一半。但在任何情况下，每米宽度内的钢筋不少于 3 根。

由支座最大弯矩求得的支座钢筋数量，则沿板边均匀配置，不得分带减少。

在简支的单块板中，考虑到简支支座实际上仍可能有部分嵌固作用，可将每一方向的跨中钢筋弯起 1/3~1/2 伸入到支座上面去，以承担可能产生的负弯矩。

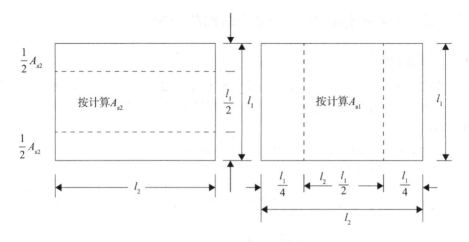

图 6-1 配筋板带的划分

在连续双向板中，承担支座负弯矩的钢筋，可由相邻两跨跨中钢筋各弯起 1/3～1/2 来承担，不足部分另加直钢筋；由于边缘板带内跨中钢筋较少，而且弯起也较困难，可在支座上面另设附加钢筋。

四、双向板肋形结构支承梁的计算特点

在实际工程设计中，精确计算双向板对支承梁的具体荷载传递情况相当复杂，且在很多情况下并非必要。与单向板将荷载均匀分布至支承梁的简单模式不同，双向板的荷载分配往往借助沙堆法或塑性铰线法来估算。这两种方法首先通过从格板的四角引出 45° 角线，并与平行于长边的中线相交，从而将整个板面划分为 4 个独立的板块。每个板块上的荷载会传递至其相邻的支承梁。所以，除了梁自身的重量和直接施加在梁上的荷载外，双向板对支承梁的荷载分布呈现出特定的模式：在长边支承梁上，荷载呈现梯形分布；而在短边支承梁上，荷载则呈现三角形分布。这样的分布模式为工程设计提供了实用的参考，使得设计师能够更准确地评估双向板结构的性能和稳定性。

当运用弹性理论计算支承梁时，依据支座截面弯矩相等的原则，可以将梁上梯形或三角形荷载转换为等效的均布荷载。对于连续梁，在等效均布荷载的作用下，可以利用结构力学的一般方法求得各支座的弯矩值。特别地，对于等跨度、等截面的连续梁，可以直接通过结构计算表格获取支座弯矩值。但需要强调的是，等效均布荷载的确定是基于梁支座弯矩值相等的条件。因此，在求得连续梁各支座的弯矩值后，还需要根据梁上原有的荷载形式计算各跨的跨内弯矩和支座处的剪力值。例如，要确定某跨的跨内最大正弯矩，首先需要依据等效均布荷载计算出该跨两端支座的截面弯矩值，其次根据单跨梁在梯形或三角形荷载作用下的情况进行计算，从而得出梁跨内截面的正弯矩值。

支承梁的纵向钢筋配筋方案，应按连续梁的内力包络图及材料图确定纵筋弯起和切断，箍筋形式、数量和布置等构造要求与单向板支承梁相同。

第七章 预应力混凝土结构设计

钢筋混凝土结构由钢筋和混凝土两种材料构成，是土木工程中应用最为广泛的一种结构形式。但是，由于混凝土本身抗拉强度很低，在使用过程中经常出现裂缝，限制了钢筋混凝土结构的应用。为解决这一问题，人们提出了预应力钢筋混凝土结构的概念。在现代建筑领域中，预应力混凝土结构设计被广泛应用于大跨度、高建筑以及承受大荷载的工程项目。本章围绕预应力混凝土的基本概述、预应力混凝土结构的材料和锚具、预应力混凝土轴心受拉构件应力分析、预应力混凝土轴心受拉构件设计以及预应力混凝土结构构件的构造要求等方面展开研究。

第一节 预应力混凝土基本概述

一、预应力混凝土结构出现的背景

混凝土是一种抗压性能较好而抗拉性能甚差的结构材料，其抗拉强度仅为其抗压强度的 $1/18 \sim 1/8$，极限拉应变也仅为 $0.6 \times 10^{-3} \sim 1.0 \times 10^{-3}$。钢筋混凝土受拉构件、受弯构件、大偏心受压构件在受到各种作用时，都存在混凝土受拉区，在受拉区混凝土开裂之前，钢筋与混凝土是黏结在一起的，二者有相同的应变值，由此可以推算出构件即将开裂时钢筋的拉应力为 $20 \sim 30$ N/mm^2，仅相当于一般钢筋强度的 10% 左右。在使用荷载作用下，钢筋的拉应力是其强度的 $50\% \sim 60\%$，相应的拉应变为 $0.6 \times 10^{-3} \sim 1.0 \times 10^{-3}$，远远超过了混凝土的极限拉应变。因此，普通钢筋混凝土构件在使用阶段难免会产生裂缝。

虽然在一般情况下，只要裂缝宽度不致过大，并不影响构件的使用和耐久性。但是对于在使用上对裂缝宽度有严格限制或不允许出现裂缝的构件，普通钢筋混凝土就无法满足要求。

在普通钢筋混凝土结构中，常需将裂缝宽度限制在 $0.2 \sim 0.3$ mm，以满足正常使用要求，此时钢筋的应力应控制在 $150 \sim 200$ N/mm^2 以下。因此，在普通钢筋混凝土结构中采用高强度钢筋是不合理的。

采用预应力混凝土结构是目前避免普通钢筋混凝土结构过早出现裂缝、减小正常使用荷载作用下的裂缝宽度、充分利用高强材料以适应现代建筑需要的最有效方法。所谓预应力混凝土结构，就是在外荷载作用之前，先对荷载作用下受拉区的混凝土施加预压应力，这一预压应力能抵消外荷载所引起的大部分或全部拉应力。这样，在外荷载作用下，裂缝就能延缓或不致发生，即使发生了，其宽度也不致过大。

二、预应力度

预应力度是度量预应力混凝土结构施加预应力大小程度的概念。针对这一概念，各国学者发展了不同的关于预应力度的表达式。

（一）应力比预应力度

中国学者将预应力度定义为受拉区控制截面由预应力钢筋产生的有效预压应力与使用荷载产生的应力之比，计算表达式如下。

$$K_{f0} = \frac{\sigma_{pc}}{\sigma_{sc}} \tag{7-1}$$

式中，K_{f0}——应力比预应力度；

$\quad\sigma_{pc}$——预应力钢筋在受拉区边缘混凝土产生的有效预压应力；

$\quad\sigma_{sc}$——短期荷载效应组合下在混凝土边缘产生的拉应力。

对轴心受拉构件：

$$\sigma_{sc} = N_s / A_0 \tag{7-2}$$

对受弯构件：

$$\sigma_{sc} = M_s / W_0 \tag{7-3}$$

如果构件截面的弹性抵抗矩为 W_0，则上述有关预应力度的表达式可写为

$$K_{f0} = \lambda = \frac{\sigma_{pc}}{\sigma_{sc}} = \frac{\sigma_{pc} W_0}{\sigma_{sc} W_0} = \frac{M_d}{M_s} \tag{7-4}$$

式中，M_d——预应力筋偏心产生的弯矩；

$\quad M_s$——荷载短期效应产生的弯矩。

（二）弯矩比预应力度

有学者将预应力度定义为消压弯矩与全部使用荷载弯矩之比，计算公式如下。

$$\lambda = \frac{M_d}{M_G + M_Q} \tag{7-5}$$

式中，λ——预应力度；

$\quad M_d$——为抵消预应力筋产生的预压力所需的弯矩值；

$\quad M_G$、M_Q——由恒载、活载产生的弯矩。

（三）预应力比率

美国学者提出的预应力比率的定义为：在极限状态下，由预应力筋所提供的抵抗弯矩与由非预应力筋和预应力筋共同提供的抵抗弯矩的比值，即

$$PPR = \frac{M_{\mathrm{p}}}{M_{\mathrm{u}}} \tag{7-6}$$

式中，PPR——预应力比率；

M_{p}——由预应力筋提供的抵抗弯矩；

M_{u}——由预应力筋和非预应力筋共同提供的抵抗弯矩。

根据抗弯设计理论，式（7-6）可写成

$$PPR = \frac{A_{\mathrm{p}}f_{\mathrm{py}}\left(h_{\mathrm{p}}-\dfrac{x}{2}\right)}{A_{\mathrm{p}}f_{\mathrm{py}}\left(h_{\mathrm{p}}-\dfrac{x}{2}\right) + A_{\mathrm{s}}f_{\mathrm{y}}\left(h_{\mathrm{s}}-\dfrac{x}{2}\right)} \tag{7-7}$$

式中，A_{p}、A_{s}——预应力筋和非预应力筋的截面面积；

f_{py}、f_{y}——预应力筋和非预应力筋的抗拉强度设计值；

h_{p}、h_{s}——预应力筋合力点，非预应力筋合力点取消至混凝土受压区最外边缘的距离；

x——混凝土受压区高度。

如果近似认为 $h_{\mathrm{p}} = h_{\mathrm{s}}$，则式（7-7）可写成：

$$PPR = \frac{A_{\mathrm{p}}f_{\mathrm{py}}}{A_{\mathrm{p}}f_{\mathrm{py}} + A_{\mathrm{s}}f_{\mathrm{y}}} \tag{7-8}$$

三、预应力结构的分类

（一）按施工工艺分类

按照预应力施加方式的不同，可以将预应力混凝土结构分为先张法和后张法两大类。其中，先张法指的是在构件的混凝土浇筑之前，利用永久或临时台座对预应力筋进行张拉。当混凝土达到设计强度和规定的龄期后，逐步释放施加在预应力筋上的拉力。在这一过程中，预应力筋会回缩，并凭借其与混凝土之间的黏结力，对混凝土施加预压应力。[①]

后张法是一种在混凝土构件达到设计强度后进行的预应力张拉方法。它首先通过在混凝土构件内部预设孔道，然后穿入预应力筋。这些预应力筋以混凝土构件自身为支撑进行张拉。随后，使用特制的锚具将预应力筋锚固，以产生持久的预应力。最后，在预应力筋的孔道内注入水泥浆，不仅起到防锈的作用，还能并使预应力筋和混凝土黏结成整体。

（二）按构件截面上是否出现拉应力分类

使混凝土结构中的混凝土预先产生预压应力的方法中，最常用的是通过在弹性范围内张拉钢筋（被张拉的钢筋称为预应力筋），并利用预应力筋的弹性回缩，使截面上的混凝土受到预压，产生预压应力。

根据使用阶段构件截面上是否出现拉应力，预应力混凝土结构可以分为以下几种类型。

---

① 涂俊彪. 有粘结预应力技术在综合楼建筑框架梁结构施工中的应用 [J]. 广东建材，2015，31（4）：56-58.

1. 全预应力混凝土

在全预应力混凝土构件中，即使在承受使用阶段的荷载作用下，其受拉截面上的混凝土也不会出现拉应力，这类构件被称为全预应力混凝土构件，大致相当于《水工混凝土结构设计规范》中裂缝控制等级为一级——严格要求不出现裂缝的构件。

2. 有限预应力混凝土

在使用阶段荷载作用下，构件受拉边缘的混凝土可以承受一定的拉应力，但这一拉应力值必须严格控制在规定范围内。具体来说，这个规定值大致相当于《水工混凝土结构设计规范》中裂缝控制等级为二级的标准，即对于一般要求不出现裂缝的构件。

3. 部分预应力混凝土

构件在特定条件下是可以出现裂缝的，但这些裂缝的最大宽度必须严格控制在允许的范围内。具体来说，这一允许的最大裂缝宽度大致相当于《水工混凝土结构设计规范》中裂缝控制等级为三级的标准。

通常来讲，全预应力混凝土结构刚度大、变形小、抗裂性能和耐久性良好，而部分预应力混凝土结构由于所施加的预应力较小，与全预应力混凝土结构相比可以减少预应力钢筋数量，能够用非预应力钢筋代替部分预应力钢筋，因为造价较低；在大跨度结构中，部分预应力混凝土还可以减小因施加预应力而造成的过大的反拱；另外，部分预应力混凝土结构的延性明显优于全预应力混凝土结构，有利于结构抗震。

（三）按预应力钢筋与混凝土间的黏结状况分类

按照预应力钢筋与周围混凝土的黏结状态，可以将预应力混凝土构件分为有黏结预应力混凝土结构和无黏结预应力混凝土结构两大类。

1. 有黏结预应力混凝土结构

有黏结预应力混凝土结构是指预应力筋在其整个长度范围内与周围的混凝土或水泥砂浆紧密黏结在一起的结构形式。无论是在混凝土浇筑前张拉预应力筋的先张法，还是在混凝土浇筑后通过预设孔道穿筋并压浆来形成预应力的后张法，只要预应力筋与混凝土之间存在黏结作用，都属于有黏结预应力混凝土结构的范畴。

2. 无黏结预应力混凝土结构

无黏结预应力混凝土结构是一种特殊的预应力混凝土构造方式，其中预应力筋可以自由伸缩变形，并不与周围的混凝土或水泥砂浆形成黏结。预应力筋在全长范围内涂抹了特制的防锈油脂，并外套了防老化的塑料管进行保护。

（四）按预应力筋在混凝土构件中所处的位置分类

按照预应力筋在体内与体外的不同位置，可以将预应力混凝土分为体内预应力混凝土结构和体外预应力混凝土结构两类。

1. 体内预应力混凝土结构

体内预应力混凝土结构指的是预应力筋被布置在混凝土构件的内部。无论是先张预应力混凝土结构，还是通过预设孔道并穿筋的后张预应力混凝土结构，它们都属于体内预应力混凝土结构的范畴。在这种结构中，预应力筋与混凝土紧密结合，共同抵抗外部荷载。

2. 体外预应力混凝土结构

体外预应力混凝土结构是指预应力筋被布置在混凝土构件的外部，而不是内部。在这种结构中，预应力筋位于混凝土的外部，并通过特定的锚固装置与混凝土构件相连接。混凝土拉桥与悬索桥是体外预应力混凝土结构的典型特例。

四、预应力混凝土的特点

①抗裂性和耐久性好。由于混凝土中存在预压应力，可以避免开裂和限制裂缝的开展，减少外界有害因素对钢筋的侵蚀，提高构件的抗渗性、抗腐蚀性和耐久性，这对水工结构的意义尤为重大。

②刚度大，变形小。因为混凝土不会开裂或裂缝很小，提高了构件的刚度。预加偏心压力使受弯构件产生反拱，从而减少构件在荷载作用下的挠度。

③节省材料，减轻自重。由于预应力构件合理有效地利用高强钢筋和高强混凝土，截面尺寸相对减小，结构自重显著减轻。这样不仅有助于节省材料，还直接降低了工程造价。通常情况下，预应力混凝土能够减轻自重20%～30%，这一特点使得预应力混凝土特别适用于建造大跨度承重结构，如桥梁、大型厂房等。

④能够控制混凝土的抗裂度。人们往往只看到预应力混凝土抗裂性能高的优点，而忽视它能够随意控制抗裂度的特点。钢筋混凝土没有这个特点，它只能用限制钢筋应力或者再进一步采用变形钢筋等办法，消极限制裂缝的开展。预应力混凝土却可以根据人们的要求，通过对不同程度的预应力进行施加，从而能够对抗裂度进行控制。

⑤能够使混凝土截面全部参与工作。钢筋混凝土在解决混凝土抗拉强度与抗压强度不相适应的矛盾时，基本上是以钢筋代替混凝土承受拉力。所以，当混凝土受拉区应力超过抗拉强度而开裂后，拉力就全部由钢筋承担，混凝土除了黏结钢筋起连接作用外，几乎不起什么作用。而预应力混凝土在解决这个矛盾时，不是抛弃混凝土的抗拉强度，而是通过预加一定的应力使其储备增加，使整个截面在使用荷载下都参加工作。因此，与仅截面中部混凝土参与工作的钢筋混凝土相比，预应力混凝土的刚度更大。当承受重复荷载时，预应力混凝土的应力变化幅度较小，这有助于提高其抵抗疲劳的性能。

⑥能够充分利用材料的强度。在钢筋混凝土受拉区中，不但混凝土的抗拉强度没有得到利用，而且钢筋强度也由于裂缝开展宽度的限制，不能充分利用，因而用料多、自重大。而预应力混凝土，不但对混凝土的抗拉强度进行了充分利用，还对钢筋的抗拉强度进行了充分利用，使高强度材料尤其是高强度钢筋的应用成为可能。一方面节省用料、减轻自重；另一方面，随着建筑材料工业的发展，解决了材料强度不断提高与钢筋混凝土不能充分利用材料强度之间的矛盾。

⑦能够预先鉴定材料和施工的质量。预加应力过程对于预应力筋和混凝土都是一项严峻的挑战。如果材料质量不过关，就可能在预加应力过程中发生损坏，如预应力筋断裂、接头失效、混凝土压碎、砂浆拼缝破坏、混凝土沿预应力筋开裂、锚具损坏或预应力筋滑脱等。然而，如果材料能够成功经受住预加应力的考验，那么在未来的使用中，预应力混凝土结构将表现出高度的安全性和可靠性。需要注意的是，预加应力后，由于各种原因（如材料松弛、环境效应等），预应力值会逐渐降低。当承受外部荷载时，虽然应力会有所增减，

但其变化幅度相对较小。对于预应力筋而言，其在使用阶段的应力通常不会达到预加应力时的数值。因此，预应力混凝土可以预先对材料和施工的质量进行鉴定。

五、预应力混凝土结构的施工方法

在构件上建立预应力，一般是通过张拉钢筋来实现的。也就是将钢筋张拉并锚固在混凝土上，然后放松，由于钢筋的弹性回缩，混凝土受到压应力。根据张拉钢筋和浇捣混凝土的先后次序，可以将施加预应力的方法分为先张法和后张法两种。

（一）先张法

先张法是在浇捣混凝土之前先张拉预应力钢筋的方法，其工序如下。

1. 张拉和锚固钢筋

在台座（或钢模）上张拉钢筋，并锚固好。

2. 浇捣混凝土

支模、绑扎为满足某些要求而设置的非预应力钢筋，浇捣混凝土。

3. 放松钢筋

当混凝土经过充分养护并达到一定强度，通常要求达到设计强度的 75% 以上时，钢筋会被切断或放松。在这个过程中，预应力钢筋会回缩，并挤压周围的混凝土，从而使混凝土获得预压应力。在先张法预应力混凝土结构中，预应力是通过钢筋与混凝土之间的黏结力有效地传递的。先张法的特点是，施工工序少，工艺简单，效率高，质量易保证，构件上不需要设永久性锚具，生产成本低，但需要有专门的张拉台座，不适于现场施工。它主要用于生产大批量的小型预应力构件和直线形配筋构件。

（二）后张法

后张法是指先浇筑混凝土构件，然后直接在构件上张拉预应力钢筋的一种施工方法。其工序如下。

1. 浇捣混凝土

立模，绑扎非预应力钢筋，浇捣混凝土，并在预应力钢筋位置预留孔洞。

2. 张拉钢筋

当混凝土达到设计规定的强度标准后，预应力钢筋会穿入预先设置好的孔道中。随后，安装张拉或锚固设备，这些设备将利用构件本身作为加力台座来张拉预应力钢筋。在张拉过程中，预应力钢筋会逐渐拉伸，同时使混凝土受到预压作用。当预应力钢筋的张拉应力达到设计规定的数值后，会在张拉端使用锚具将钢筋固定，确保混凝土保持预压状态。

3. 孔道灌浆

在孔道内灌浆，使预应力钢筋与混凝土形成有黏结预应力构件。也可以不灌浆，形成无黏结的预应力混凝土构件。在后张法预应力混凝土结构中，预应力是靠构件两端的锚具来传递的。后张法不需要专门的台座，可以在现场制作，所以多用于大型构件。后张法的预应力钢筋可以根据构件受力情况布置成曲线形。在后张法施工中，增加了留孔、灌浆等工序，施工比较复杂。所用的锚具要附在构件内，耗钢量较大。[①]

张拉钢筋一般采用卷扬机、千斤顶等机械张拉。也有采用电热法的，即将钢筋两端接上电源，使其受热而伸长，达到预定长度后将钢筋锚固在构件或台座上。然后切断电源，利用钢筋冷却回缩，对混凝土施加预压应力。电热法所需设备简单，操作也方便，但张拉的准确性不易控制，耗电量大，特别是形成的预压应力较低，故没有像机械张拉那样广泛应用。

此外，也有采用自张法来施加预应力的，称为自应力混凝土。这种混凝土采用膨胀水泥浇捣，在硬化过程中，混凝土自身膨胀伸长，与其黏结在一起的钢筋阻止膨胀，就使混凝土受到预压应力。自应力混凝土多用来制造压力管道。

随着科学技术的发展，无黏结预应力混凝土逐渐应用于生产实际。无黏结预应力混凝土是在预应力钢筋表面上涂防腐和润滑的材料，通过塑料套管与混凝土隔离，预应力钢筋沿全长与周围混凝土不相黏结，但能发生相对滑动，所以在制作构件时不需预留孔道和灌浆，只要将它同普通钢筋一样放入模板即可浇筑混凝土，而且张拉工序简单，施工方便。试验表明，无黏结预应力混凝土适合于混合配筋（同时配有非预应力钢筋和预应力钢筋）的部分预应力混凝土构件。

六、预应力混凝土的发展

随着材料科学及理论科学研究的不断深入，预应力混凝土结构从设计理论到材料工艺及施工方法均不断地发展与变化，其发展趋势主要体现在以下几个方面。

（一）设计思想方面

随着工程界逐渐认识到全预应力混凝土结构的不经济性和使用功能的限制，部分预应力混凝土结构的设计思想逐渐被大众所接受，设计人员可以根据结构对荷载及经济的要求合理选择预应力度，以求设计出符合要求的结构。

同时，在设计理念上对预应力混凝土结构由传统的以弹性分析为基础转向采用概率极限状态设计方法和结构可靠度理论转变。对超静定结构的次内力的分析也在研究的基础上逐步得到统一。

（二）材料的研究与发展

由于预应力混凝土结构的特点，使得高强钢筋、高标号混凝土得以在工程中普遍应用。研究表明，对于混凝土的要求，在通常情况下其耐久性能要求要比对强度的要求更高，因此以具有良好的耐久性、高弹性模量、超和易性、高早强等性能为指标的高性能混凝土的研制与应用是预应力混凝土发展的重要方向。

预应力钢筋的塑性性能历来因加工工艺的限制而相对较弱。然而，目前能够满足塑性性能要求的钢材，其极限强度范围在 1 800～2 000 MPa。尽管预应力钢材本身的性能在近期内没有取得重大突破，但在耐久性、新型预应力钢筋材料、大吨位预应力锚具以及张拉设备的研究方面均取得了显著的进展。

近年来，随着复合材料科学的突飞猛进，非金属预应力筋的研制取得了显著的进展。

---

① 张爽，徐喜辉. 预应力混凝土梁板拱度产生的原因及控制措施 [J]. 民营科技，2012（4）：154，262.

特别是以碳纤维聚合物筋、玻璃纤维聚合物筋以及芳纶纤维聚合物筋等为代表的非金属预应力筋，它们展现出一系列引人瞩目的优点，如轻质、高强、耐腐蚀、耐疲劳以及非磁性等，具有替代预应力钢筋在混凝土构件中应用的巨大潜力。

（三）预应力结构体系

非金属复合材料筋在混凝土结构中的应用，可以明显改善结构中钢筋锈蚀的影响，从而使预应力混凝土结构体系得到更广泛的应用。但是对这类体系的研究仍有许多问题需要解决：非金属预应力筋的锚固体系的研制应做进一步的研究；这类构件受力机理、计算理论及设计方法等需做系统而全面的研究；而抗震性能、疲劳性能的研究从目前掌握的资料来看国内外开展的研究工作还比较少。

组合结构作为一种新兴的预应力结构形式，虽然目前尚处于发展阶段，但已展现出广阔的应用前景。这种结构形式特别适用于重载且对截面尺寸有严格要求的场合，如高层建筑、大型厂房和桥梁工程等。预应力组合结构具有改善结构使用性能和耐久性、增强结构整体工作性能、扩大结构适用范围等优点。

目前，国内对这类构件的研究主要完成了预应力组合梁优化结构形式和预应力束布置方案、非线性滞回性能等方面的研究，尚需开展预应力组合梁抗震性能、受力性能、抗剪连接件的受力性能等方面的研究。

（四）预应力混凝土结构施工技术

预应力混凝土结构施工技术的最新发展体现在桥梁的阶段施工法方面，这种方法充分利用了现代化机械设备，大大提高了施工速度，并将对环境的不利影响降低到了最低限度。作为预应力技术的进一步运用而产生的施工方法很多，目前随着大跨、大型预应力结构的建造实践和施工技术研究的发展，预应力混凝土的施工工艺会有很大的提高。

第二节　预应力混凝土结构的材料和锚具

一、材料

（一）混凝土

1.混凝土标号的选择

混凝土的种类很多，但在预应力混凝土中一般采用以水泥为胶结料的混凝土，且由于预应力筋的强度较高，为了在强度上取得协调，以保证钢筋强度的充分发挥，混凝土的标号不应低于300号。特别地，当采用高强度的钢筋材料，如碳素钢丝、钢绞线或热处理钢筋等作为预应力筋时，混凝土的标号应进一步提升，不应低于400号。

混凝土的标号，仍然根据边长20 mm的立方体试块在标准条件［温度为（20±3）℃，相对湿度在90%以上］下养护至28天所测得的抗压强度值来确定。但预应力混凝土构件，由于采用较高强度的材料，截面尺寸比钢筋混凝土显著减小，一般都相应采用较小粒径的粗骨料，施工时也乐于留置小尺寸的立方体试块。当采用较小尺寸立方体试块测定混凝土标号时，由于尺寸效应，应将试验所得的抗压强度乘以相应换算系数，如表 7-1 所示。

表 7-1 混凝土试块抗压强度换算系数

试块尺寸 / (cm×cm×cm)	换算系数
20×20×20	1
15×15×15	0.95
10×10×10	0.90

2. 混凝土的强度和弹性模量

（1）混凝土的强度

混凝土的强度，除了用于确定标号的立方体试块抗压强度外，根据实际工作情况，还有棱柱体抗压强度即轴心抗压强度、弯曲抗压强度和抗拉强度，它们和标号之间的关系如表 7-2 所示。

表 7-2 混凝土的强度

单位：kg/cm^2

强度种类	符号	混凝土标号					
		200	250	300	400	500	600
轴心抗压	R_a^b	140	175	210	280	350	420
弯曲抗压	R_w^b	175	220	260	350	440	525
抗拉	R_l^b	16	19	21	25.5	30	34

其中，轴心抗压强度为标号的 0.7 倍，弯曲抗压强度为轴心抗压强度的 1.25 倍，抗拉强度仅为标号的 1/8～1/17，并可用下式表示。

$$R_l^b = 0.5\sqrt[3]{R^2} \tag{7-9}$$

式中，R_l^b——抗拉强度；

R——混凝土标号。

在一定大小的重复荷载多次作用下，混凝土和钢筋一样，也有疲劳现象。产生疲劳现象的原因，主要是局部缺陷处（如收缩裂缝、弱骨料颗粒、气孔等）的应力集中。随着荷载作用次数的增加，缺陷处软弱部位产生新裂缝，而原有裂缝则逐渐扩大，最后当新旧裂缝扩展并连成大裂缝时就失去承载能力而破坏。破坏时的强度也远低于静荷载作用下的相应强度。影响混凝土疲劳强度的因素很多，其中包括所用粗骨料的品种。其他条件相同时，卵石混凝土的疲劳强度比同标号的碎石混凝土低约 10%。

（2）混凝土的弹性模量

混凝土不是完全弹性材料，而是一种弹塑性材料，受荷时既能产生可恢复的弹性变形，又能产生不可恢复的塑性变形，所以它的应力与应变之间不存在线性关系。一般是以应力为 0.4R 时的应力与应变比值作为弹性模量（E_h），其值随着标号的提高而增大，如表 7–3 所示。

表 7–3　混凝土弹性模量

混凝土标号	弹性模量 /（kg·cm^{-2}）
200	2.60×10^5
250	2.85×10^5
300	3.00×10^5
400	3.30×10^5
500	2.50×10^5
600	2.65×10^5

3. 对混凝土性能的要求

在预应力混凝土结构中一般采用以水泥为胶结材料的混凝土，通常要求预应力混凝土结构中的混凝土材料应具有强度高、耐久性好和变形小等特点。具体来说，结构中的混凝土应具有下述特性。

（1）高强度

预应力混凝土结构一般要求采用强度较高的混凝土，主要原因是为了与高强度的预应力钢筋相匹配，用以承受较大的压应力。可以充分发挥混凝土材料抗压性能好的特性，从而有效地减小构件截面的尺寸和自重，增大构件跨度。也可以提高构件端部局部受压强度，有利于预应力筋的锚固。

我国 2024 年版《混凝土结构设计规范》（GB 50010—2010）规定预应力混凝土结构中，混凝土强度等级不应低于 C30，对于采用碳素钢丝、钢绞线、热处理钢筋作为预应力筋的结构，要求混凝土强度等级不宜低于 C40。

（2）高弹性模量

在预应力结构中采用弹性模量高的混凝土，可以使构件具有更小的弹性变形和塑性变形，减小因混凝土弹性变形引起的预应力损失。

（3）快硬早强

预应力混凝土不仅要求强度高，而且对现浇预应力混凝土结构要求混凝土的早期强度和弹性模量增长要快，以便早张拉预应力筋，缩短工期。因此，采用快硬硅酸盐水泥或采用掺入综合性能的外加剂配制的混凝土已经成为现代预应力混凝土工艺发展的趋势。

（4）收缩徐变小

混凝土的收缩是指混凝土在不受力的情况下，由于所含水分的蒸发及其他物理化学原因引起的体积缩小，主要与混凝土的品质和构件所处的环境等因素有关。普通混凝土的收缩随时间的增加而增加，一般在浇注后的 7 天龄期可达到总收缩的 1/4，2 周后可达到总收缩的 30%～40%。第一年总收缩可达到 $\varepsilon = (150～400) \times 10^{-6}$，一年后仍有所增加。

影响混凝土收缩的因素较多，且对混凝土收缩的原因目前也存在不同的解释，当无可靠资料时，混凝土的收缩应变如表 7-4 所示。

表 7-4　混凝土的收缩应变和徐变应变终极值

终极值		收缩应变终极值 /（$\times 10^4$）				徐变应变终极值 /（$\times 10^4$）			
理论厚度 /mm		100	200	300	≥600	100	200	300	≥600
预加力时的混凝土龄期 /d	3	2.5	2.00	1.70	1.10	3.0	2.5	2.3	2.0
	7	2.30	1.90	1.60	1.10	2.6	2.2	2.0	1.8
	10	2.17	1.86	1.60	1.10	2.4	2.1	1.9	1.7
	14	2.00	1.80	1.60	1.10	2.2	1.9	1.7	1.5
	28	1.70	1.60	1.50	1.10	1.8	1.5	1.4	1.2
	≥60	1.40	1.40	1.30	1.00	1.4	1.2	1.1	1.0

徐变是指在一个持续的应力作用下，混凝土应变随时间不断增长的现象，是一种依赖于应力状态和时间的非弹性变形。混凝土中徐变的原因比较复杂。通常认为，除水分移动外还有其他因素对徐变起作用：首先是应力的大小，应力值越大，混凝土的徐变值也会越大；其次，骨料的存在能够延缓混凝土的徐变；另外，加载时混凝土的龄期、水灰比、振捣情况等都会影响混凝土的徐变。当无可靠资料时，混凝土的徐变系数如 7-4 所示。

收缩徐变对混凝土中的预应力损失有较大的影响，采用收缩徐变小的混凝土可以有效地提高预应力筋中的应力值。

为减小混凝土的收缩徐变，可以向混凝土中掺入适量的纤维以阻止混凝土的徐变。

（5）良好的耐久性

混凝土应有足够的抗渗性、抵抗碳化和抵抗有害介质入侵的能力。同时，混凝土应对预应力筋、锚具连接器等无腐蚀性影响，因此对耐久性有重大影响的氯离子和碱含量也应加以限制。预应力构件的混凝土氯离子含量不得超过 0.06%，即混凝土的拌和物中不得掺入含氯化物的外加剂。

4. 预应力混凝土的种类

目前，预应力混凝土结构中应用的混凝土可分为普通混凝土（强度为 C30～C50）；高强混凝土和高性能混凝土（强度为 C60～C80）；超高强混凝土（强度为 C80 以上）；高强纤维混凝土；轻骨料混凝土；自密实混凝土。

（1）普通混凝土

普通混凝土，即人们常说的标准混凝土，主要采用常规的水泥和砂石作为原材料，通过常规的生产工艺制作而成。这种混凝土因其简单易得、成本低廉且性能稳定，成为目前工程领域中最为常见和广泛应用的混凝土类型。

（2）高强混凝土

高强混凝土的原材料主要包括常规的水泥和砂石。在生产过程中，除了和普通混凝土一样的常规的生产工艺，还多了一项工作，就是要加入高效减水剂或结合一定量的活性矿物材料，这一步骤使得新拌的混凝土具备了出色的工作性能。

高强混凝土因其高度的密实性而表现出卓越的耐久性，其抗渗性和抗冻性均优于普通混凝土。所以，在易腐蚀环境或易受损的结构中，特别是基础设施工程中，高强混凝土得到了广泛应用。我国已经成功研制出 C100 混凝土，而在国外实验室的高温、高压条件下，水泥石的强度更是达到了惊人的 662 MPa（抗压）和 64.7 MPa（抗拉），进一步证明了高强混凝土的优越性能。

（3）高性能混凝土

长久以来，强度一直是人们评价混凝土性能的主要标准。然而，实际经验告诉我们，像桥梁、道路、海上建筑和化工设施等这类设计寿命长且处于恶劣环境中的建筑物，其破坏的主要原因并非强度不足，而是耐久性问题。换句话说，即使混凝土的强度很高，也不一定意味着它具有足够的耐久性。

所谓高性能混凝土，是指混凝土具有高强度、高耐久性、高流动性等多方面的优越性能。高性能混凝土比高强混凝土具有更好的施工及使用性能，具有更广泛的应用范围。高性能混凝土一般都是高强混凝土，而高强混凝土却不一定是高性能混凝土。

（4）高强轻骨料混凝土

所谓轻骨料混凝土，是指利用密度在 1 120 kg/m³ 以下的骨料配制而成的各种轻混凝土。

常见的天然轻骨料包括浮石、火山灰和凝灰岩等，而人造轻骨料则可以通过多种材料经过热处理制得，如土、页岩陶粒、黏土陶粒和膨胀珍珠岩等。轻骨料混凝土因其自重较轻、保温性能优越以及出色的抗冻能力等优点而备受青睐。

（5）自密实混凝土

所谓自密实混凝土，是指浇筑时不需要机械振捣，而是依靠自身重量使其密实的混凝土。

自密实混凝土具备显著的优点，具体表现为：其一，施工现场无须振动，因此不会产生噪声，施工环境比较安静；其二，由于其无噪声的特性，自密实混凝土允许在夜间进行施工，这样既不会干扰民众生活，也不会对工人的健康造成危害；其三，其混凝土质量均匀且耐久性强，即便在钢筋布置密集或构件体型复杂的情况下，也能轻松进行浇筑；其四，自密实混凝土的施工速度快捷，大大减少了现场的劳动量，提高了施工效率。

（二）预应力筋

1. 对预应力筋的要求

（1）强度高

在预应力混凝土构件张拉及使用的各个阶段，各种原因引起的预应力损失的总和可能达到 200 N/mm² 以上，如果采用的预应力筋的强度不高，扣除预应力损失后，预应力筋上的应力将所剩无几，使预应力效果大大降低，因此必须用高强度钢筋作为预应力筋。采用高强度钢筋作为预应力筋，还能够降低钢材用量，减小预留孔道、锚具的尺寸，是降低预应力混凝土综合造价的有效途径。

（2）塑性及加工性能好

为保证构件在破坏之前有较大的变形能力以及防止低温和冲击荷载下构件发生脆性断裂，要求钢材满足一定的极限伸长率和弯折次数。采用镦头锚具时，要求钢材有良好的塑性加工性能；对冷拉钢筋，还要求有良好的焊接性能，如表 7-5 所示。

表 7-5　冷拉钢丝力学性能及工艺性能

公称直径 /mm	抗拉强度不小于 /MPa	规定非比例伸长应力不小于 /MPa	伸长率不小于 /%	弯折次数	
				次数 /180° 不小于	弯曲半径 /mm
3.00	1 470	1 100	2	4	7.5
	1 570	1 180	2	4	7.5
4.00	1 670	1 250	3	4	10
5.00	1 470	1 100	3	5	15
	1 570	1 180	3	5	15
	1 670	1 250	3	5	15

（3）低松弛性

低松弛性将有助于减少预应力损失。

2. 预应力筋的种类

目前，我国用于预应力混凝土结构的预应力筋有以下几个品种。

（1）高强钢丝

高强钢丝又名碳素钢丝。高强钢丝由高碳钢盘圆经多次冷拔而成，常用直径为 4.0 mm、5.0 mm，直径越细强度越高。现在国内生产的高强钢丝的 f_{ptk} 可达 1 860 N/mm²，而且具有良好的低松弛性能。

在先张法小型构件中，高强钢丝常采用单根平行布置，如需要增加其表面黏结力，可以采用表面经"刻痕"的刻痕钢丝。在后张法构件中，高强钢丝往往采用几根或几十根钢丝成束布置，布置方式应根据锚具形式来确定。

（2）钢绞线

钢绞线一般是由 2 根、3 根或 7 根高强钢丝顺一个方向扭结而成。常用的钢绞线为 7Φ5 和 7Φ4。钢绞线比钢丝束柔软，便于运输和施工，既适用于先张法也适用于后张法，与混凝土有良好的黏结性能，是应用最为广泛的预应力钢材之一。

而 1×2、1×3 钢绞线，通常仅用于先张法预应力混凝土结构。

钢绞线的规格和力学性能应符合国家标准《预应力混凝土用钢绞线》（GB/T 5224—2023）的规定。后张法预应力混凝土结构中常用的钢绞线性能如表 7-6 所示。

表 7-6 预应力钢绞线的力学性能

序号	钢绞线结构	钢绞线公称直径 /mm	强度级别 / (N·mm⁻²)	整根钢绞线的最大负荷 /kN	屈服负荷 /kN	伸长率 /%	1 000 h 松弛率，不大于 /%			
							Ⅰ级松弛		Ⅱ级松弛	
							初始负荷（公称最大负荷）			
				不小于			70%	80%	70%	80%
1	1×7	9.50	1 860	102	86.6	3.5	8.0	1.2	2.5	4.5
2		11.10	1 860	138	117					
3		12.70	1 860	184	156					
4		15.20	1 720	239	203					
5			1 860	259	220					
6		12.70	1 860	209	178					
7		15.20	1 820	300	255					

（其中序号1-5为标准型，序号6-7为模拔型）

（3）冷处理钢筋

①冷拉热轧钢筋。冷拉热轧钢筋有带肋和不带肋两种。冷拉Ⅱ级、Ⅲ级钢筋的可焊性好，但强度偏低。一般情况下冷拉Ⅳ级使用情况良好，但含硅量较高或直径较粗的冷拉Ⅳ级钢筋的焊接质量难以保证，直接承受动力荷载的构件中不宜采用。有一种冷拉Ⅳ级精轧螺纹粗钢筋没有纵肋，螺纹成螺旋状，可以用套筒进行钢筋的接长，施工方便。

②冷轧带肋钢筋。按强度等级分为 LI550、LL650 和 LL800 三级，一般为盘圆。LL650 级或 LL800 级主要用于中、小型预制构件，代替冷拔低碳钢丝可大大节省钢材。由于塑性较差，不宜在直接承受冲击荷载的构件中使用。

（4）热处理钢筋

热处理钢筋是由热轧Ⅳ级钢筋经调质热处理而成，常用的有 40Si2Mn、48Si2Mn 和 45Si2Cr 等。其特点是强度高，松弛小。直径为 6～10 mm，一般为盘圆。由于省掉了冷拉、对焊等工序，大大方便了施工。

热处理钢筋及冷轧带肋钢筋力学性能指标如表 7-7 所示。

表 7-7 热处理钢筋及冷轧带肋钢筋的力学性能

公称直径 / mm	牌号	屈服强度 /(N·mm⁻²)	抗拉强度（ N·mm⁻²)	伸长率 /%
		不小于		
6	40Si2Mn	1 325	1 470	6
8.2	48Si2Mn			
10	45Si2Cr			

（三）成孔材料

一般后张法预应力孔道采用预埋管法成孔。预埋管道有金属波纹管、塑料波纹管和薄壁钢管等，最为普遍使用的是金属波纹管，目前塑料波纹管已经开始大量使用，主要是配合真空辅助灌浆工艺。

薄壁钢管仅用于竖向孔道和有特殊要求的情况。梁类构件通常采用圆形波纹管，其规格如表 7-8 所示；板类构件宜采用扁形波纹管，其规格如表 7-9 所示。

波纹管截面面积一般为预应力筋截面面积的 3.0～4.0 倍，同时，其内径应大于预应力筋（束）轮廓直径 6～15 mm，还要考虑先穿束或后穿束以及是否采用穿束机等情况；波纹管要有足够的刚度和良好的抗渗性能。

表 7-8　圆形波纹管的规格

内径 /mm		40	45	50	55	60	65	70	75	80	85	90	95	100
钢带厚 /mm	标准性	0.25		0.30										
	增强性	—								0.40		0.50		

表 7-9　扁形波纹管的规格

短轴 B/mm	19			25		
长轴 A/mm	57	70	84	67	83	99

（四）水泥浆

水泥浆由水泥、外加剂和水混合搅拌而成，水泥浆性能应满足《混凝土结构工程施工规范》（GB 50666—2011）、《混凝土结构工程施工质量验收规范》（GB 50204—2015）的有关规定。

二、锚具

锚具是锚固与张拉预应力钢筋时所用的工具。

对锚具的要求是，应该具有可靠的锚固性能和足够的承载能力，在张拉和锚固过程中的预应力损失要小，以保证充分发挥预应力筋的作用。在先张法中，锚具用于张拉时夹持预应力筋，张拉完毕后用锚具临时固定在台座上。由于先张法锚具是反复使用的，故又称为夹具。先张法的锚具随预制构件的种类、预应力筋、张拉设备的不同而不同，总的来讲，有用于单根张拉和整体张拉（一次同时张拉多根预应力筋）的两大类型锚具。先张法对锚具的技术要求与后张法的要求有很大的不同，而且只在预制构件厂应用，这里不作详细介绍。

后张法虽然也可以用于预制构件，但更多的是用于现场施工，因此要有专用张拉设备和锚具。张拉和锚固都有详细的技术操作规程。与此相应地出现了多种后张预应力体系，各种预应力体系一般都包括张拉设备、锚具、预应力筋的张拉和锚固制度（操作程序）以及一些构造细节。近年来国内后张体系发展很快，有些预应力体系已经达到或接近国际水平。下面介绍后张法所用的几种锚具。

（一）螺丝端杆锚具

螺丝端杆锚具主要用于粗钢筋的锚固。对于光圆粗钢筋，在钢筋的端部焊接一段螺丝端杆或加工一段细螺螺丝纹，用普通千斤顶单根张拉。张拉时将千斤顶拉杆（端部有内螺纹）拧紧在螺丝端杆上，张拉完毕后，通过螺帽和垫板将钢筋锚住。螺丝端杆锚具多用于冷拉 II 级和 III 级钢筋，其最大直径为 40 mm。

冷拉 IV 级精轧螺纹钢筋没有纵肋，全长都有螺纹，配合专用螺帽进行张拉和锚固，施工方便。

（二）夹片锚具

夹片锚具主要用于钢绞线的锚固。

夹片锚具由锚板和夹片组成。楔形夹片一般有三片，也有用两片或四片的。夹片的外面成圆锥形，内表面有齿并经表面硬化处理，可以夹持单根钢绞线，张拉时有良好的放张跟进自锚性能，施工操作简便。如果在锚板上布置若干个锚孔，每个锚孔用一副夹片锚固一根钢绞线，即成为多根体系。这种体系布置灵活，可以进行逐根张拉，也可以一次同时张拉一个锚板上的全部钢绞线。

夹片锚具既可以用于张拉端，也可以用于固定端。与夹片式锚具配套的固定端锚具常采用 H 型锚具（如压花锚），也有采用 P 型锚具（挤压成型锚具）的。

我国自 20 世纪 60 年代起曾大量应用 JM12 锚具。这种锚具可以同时锚固 3、4、5、6 根公称直径为 12 mm 的钢绞线，也可以锚固相同直径的钢筋，在锚固 $f_{ptk} \geqslant 1\ 770\ N/mm^2$ 的钢绞线时常出现滑丝现象。现在锚固普通强度等级钢绞线仍有使用这种锚具的。

（三）镦头锚具

镦头锚具主要用于锚固钢丝束。镦头锚具由锚杯和螺帽组成，锚杯内外表面都有螺纹。张拉时先用镦头器将高强钢丝的端头镦成球形，然后使千斤顶张拉拉杆与锚具的内螺纹相连接并张拉，同时拧紧锚具外螺纹上的螺帽。

镦头锚具要求各根预应力钢丝的长度相同，往往需要两次下料。钢丝的镦头质量也影响到锚固的可靠性。

（四）其他锚具

工程使用较多的锚具还有锥形锚具、螺杆锚具、锥塞式锚具、冷镦铸锚锚具等，其特点各不相同。其锚固原理与前面介绍的大同小异，不再详述。

应该指出的是，无黏结预应力筋对锚具的要求比有黏结预应力筋的要求高，在选用时应注意检查锚具的出厂说明书。

第三节　预应力混凝土轴心受拉构件应力分析

在预应力混凝土轴心受拉构件中，钢筋和混凝土的应力状态及构件工作特点在施工阶段（包括张拉制造、运输、安装等几个阶段）和使用阶段（自承受使用荷载直至构件发生破坏）是不相同的，具有明显的阶段性。只有掌握各个阶段的特点，才能对预应力了解得更为深刻。下面对预应力混凝土轴心受拉构件进行应力分析。

一、先张法构件

先张法预应力混凝土轴心受拉构件，从张拉钢筋开始直至构件破坏，可分为以下 6 个应力阶段。

（一）张拉阶段

钢筋在台座上张拉时，钢筋应力为张拉控制应力，即

$$\sigma_y = \sigma_k \tag{7-10}$$

式中，σ_k——张拉控制应力。

由于锚具变形、滑移、钢筋松弛和温差（蒸养时）等因素，出现第一批预应力损失 σ_{sI} 后，钢筋应力为

$$\sigma_y = \sigma_k - \sigma_{sI} \tag{7-11}$$

（二）预压阶段

刚放松钢筋时，混凝土产生压缩变形而引起预应力损失 $n\sigma_h$，这时混凝土和钢筋的应力为

$$\sigma_h = \frac{(\sigma_k - \sigma_{sI})A_y}{A_0} \tag{7-12}$$

$$\sigma_y = \sigma_k - \sigma_{sI} - n\sigma_h \tag{7-13}$$

预压后，由于混凝土收缩徐变出现第二批预应力损失 σ_{sII}，这时混凝土和钢筋的应力为

$$\sigma_h = \frac{(\sigma_k - \sigma_s)A_y}{A_0} \tag{7-14}$$

$$\sigma_y = \sigma_k - \sigma_s - n\sigma_h \tag{7-15}$$

式中，σ_s——预应力钢筋总的预应力损失值，$\sigma_s = \sigma_{s1} + \sigma_{s\text{II}}$；

$\qquad A_y$——预应力钢筋截面积；

$\qquad A_0$——构件换算截面面积；

$\qquad n$——钢筋弹性模量与混凝土弹性模量之比，$n = \dfrac{E_g}{E_h}$。

（三）弹性受力阶段

由于轴拉力 N 的作用，使混凝土产生拉应力 σ（$\sigma = \dfrac{N}{A_0}$）和拉应变 ε_1（$\varepsilon_1 = \dfrac{\sigma}{E_h}$）。钢筋相

应增加的应力为 $\varepsilon_1 E_g = \dfrac{\sigma}{E_h}$，$E_g = n\sigma$。这时混凝土和钢筋的应力为

$$\sigma_h = \frac{(\sigma_k - \sigma_s) A_y}{A_0} - \frac{N}{A_0} \qquad (7-16)$$

$$\sigma_y = \sigma_k - \sigma_s - n\sigma_h + n\frac{N}{A_0} \qquad (7-17)$$

式中，N——计算轴心拉力；

$\qquad n\sigma_h$——第二批预应力损失出现后，由于混凝土的压缩而引起的预应力损失值。

当外力产生的拉应力小于预应力钢筋产生的预压应力时，构件截面仍然受压，当外力产生的拉应力大于预应力钢筋产生的预压应力时，构件截面出现拉应力。

（四）裂缝出现阶段

当作用在构件上的轴拉力 N 产生的拉应力达到抗裂设计强度 R 时，或者说拉应变达到混凝土极限拉应变 ε_1 时，混凝土压变而引起的钢筋应力损失已消失，同时增加一项相应于混凝土达到受拉极限应变时的钢筋应力 $\varepsilon_1 E_g$，故裂缝出现时混凝土和钢筋应力为

$$\sigma_h = R_f \qquad (7-18)$$

$$\sigma_y = \sigma_k - \sigma_s + \varepsilon_1 E_g \qquad (7-19)$$

式中，R_f——混凝土抗裂设计强度。

（五）裂缝展开阶段

由于混凝土出现裂缝，截面应力全部由钢筋承担，故在裂缝展开阶段混凝土和钢筋应力为

$$\sigma_h = 0 \qquad (7-20)$$

$$\sigma_y = \frac{N}{A_y} \qquad\qquad (7-21)$$

（六）破坏阶段

当钢筋应力达到抗拉设计强度 R，则构件破坏，这时混凝土和钢筋应力为

$$\sigma_h = 0 \qquad\qquad (7-22)$$

$$\sigma_y = R_y \qquad\qquad (7-23)$$

式中，R_y——预应力钢筋抗拉设计强度。

二、后张法构件

后张法预应力混凝土轴心受拉构件在各阶段的应力状态与先张法轴心受拉构件存在许多相似之处。然而，由于张拉工艺的不同，后张法构件也展现出一些独特的特点，使其与先张法构件有所不同。

与先张法一样，后张法轴心受拉构件也分为若干个应力阶段，下面简单讨论后张法的一些特点。

（一）锚固灌浆前

在锚固灌浆前，当张拉钢筋时，由于摩擦力与张拉钢筋同时产生，因此混凝土和钢筋应力为

$$\sigma_h = \frac{(\sigma_k - \sigma_{sII})A_y}{A_j} \qquad\qquad (7-24)$$

$$\sigma_y = \sigma_k - \sigma_{sII} \qquad\qquad (7-25)$$

式中，σ_k——张拉控制应力；

　　　σ_{sII}——摩擦应力损失；

　　　A_y——预应力钢筋截面面积；

　　　A_j——构件净截面面积。

出现了摩擦、锚具变形和滑移等第一批预应力损失 σ_{sI} 后，混凝土和钢筋的应力为

$$\sigma_h = \frac{(\sigma_k - \sigma_{sI})A_y}{A_j} \qquad\qquad (7-26)$$

$$\sigma_y = \sigma_k - \sigma_{sI} \qquad\qquad (7-27)$$

（二）锚固灌浆后

由于钢筋松弛、混凝土收缩徐变等原因产生第二批预应力损失 $\sigma_{s\text{II}}$。重故锚固灌浆后混凝土钢筋的应力为

$$\sigma_{\text{h}} = \frac{(\sigma_{\text{k}} - \sigma_{s})A_{\text{y}}}{A_{\text{j}}} \qquad (7-28)$$

$$\sigma_{\text{y}} = \sigma_{\text{k}} - \sigma_{s} \qquad (7-29)$$

式中，σ_{s}——预应力钢筋总的预应力损失（$\sigma_{s} = \sigma_{s1} + \sigma_{s\text{II}}$）。

（三）弹性受力阶段

当承受轴心拉力 N 时，与先张法一样，混凝土和钢筋增加一项拉应力，这时混凝土和钢筋的应力为

$$\sigma_{\text{h}} = \frac{(\sigma_{\text{k}} - \sigma_{s})A_{\text{y}}}{A_{\text{j}}} - \frac{N}{A_{0}} \qquad (7-30)$$

$$\sigma_{\text{y}} = \sigma_{\text{k}} - \sigma_{s} + n\frac{N}{A_{0}} \qquad (7-31)$$

式中，N——计算轴向拉力。

（四）裂缝出现阶段

构件截面应力从锚固灌浆后的应力状态过渡到裂缝出现时的应力状态，首先克服第二批预应力损失出现后混凝土建立的预压应力，然后使混凝土应力达到抗裂设计强度 R_{f} 或使拉应变达到极限拉应变 ε_{1}，相应钢筋增加的应力为 $n\sigma_{\text{h}} + \varepsilon_{1}E_{\text{g}}$，故裂缝出现时混凝土和钢筋的应力为

$$\sigma_{\text{h}} = R_{\text{f}} \qquad (7-32)$$

$$\sigma_{\text{y}} = \sigma_{\text{k}} - \sigma_{s} + n\sigma_{\text{h}} + \varepsilon_{1}E_{\text{g}} \qquad (7-33)$$

式中，R_{f}——混凝土抗裂设计强度；

σ_{h}——第二批预应力损失出现后，混凝土建立的预压应力。

裂缝展开阶段和破坏阶段，混凝土和钢筋应力与先张法相同。

第四节　预应力混凝土轴心受拉构件设计

预应力混凝土轴心受拉构件，除了需进行使用阶段的承载力计算、抗裂验算或裂缝宽度验算外，还必须对施工阶段张拉（或放松）预应力钢筋时的构件承载力进行验算。同时，

对于采用锚具的后张法构件，还需进行端部锚固区局部受压的验算。

一、轴心受拉构件概述

所谓轴心受拉构件，即作用在构件上的拉力与构件轴线重合。预应力混凝土轴心受拉构件在土建工程上是常遇到的，如预应力混凝土桁架的下弦杆和受拉腹杆，预应力混凝土管道、圆形水池，油库、筒仓等结构的壁板等。

由于混凝土抗拉强度很小，因此轴心受拉构件裂缝出现较早，在使用阶段裂缝宽度亦比较大，若采用预加应力，则对推迟裂缝的出现和限制裂缝的展开，能起到很有效的作用。目前绝大多数轴心受拉构件都预加应力。

预应力混凝土轴心受拉构件，从使用要求讲，有两种情况：一种情况是在使用阶段允许出现裂缝，但裂缝宽度有所限制，如某些预应力混凝土屋架下弦；另一种情况是不允许出现裂缝，如水池、油库之类的受拉结构。这两种情况强度计算相同，而抗裂安全度有所不同。

二、预应力混凝土轴心受拉构件的设计

预应力混凝土轴心受拉构件中，除配置预应力筋外，还需配置非预应力筋作为辅助受力筋。由于非预应力筋在构件中与混凝土共同受力和变形，故在各计算公式中必须考虑非预应力筋所承受的荷载，且各公式中的换算截面面积应计入非预应力筋的换算面积，即 $A_0 = A_n + \alpha_E A_p + \alpha_E A_s$。

预应力混凝土轴心受拉构件的设计内容主要包括使用阶段的承载力计算、抗裂性验算、施工阶段的混凝土法向应力的验算以及后张法构件锚具垫板下局部受压承载力计算。

（一）施工阶段的验算

预应力混凝土轴心受拉构件在各个阶段均有不同特点，从施加预应力起，构件中的预应力筋就开始处于高应力状态下，经受着严峻的考验。在放张（先张）或张拉预应力筋终止（后张）时，截面混凝土受到的预压应力达最大值，而这时混凝土的强度一般尚达不到设计强度，通常为设计强度的 75%，以后由于各种预应力损失的出现，混凝土的预压应力将逐渐降低。因此，对于轴心受拉构件，需进行制作以及运输安装阶段的应力计算。

1.混凝土法向应力的验算

施工阶段截面的混凝土法向压应力应符合下列公式的要求。

$$\sigma_{cc} \leqslant 1.2 f'_c \tag{7-34}$$

截面混凝土的法向压应力 σ_{cc} 按下式计算。

$$\sigma_{cc} = \sigma_{pcI} + \frac{M_s}{W_0} \tag{7-35}$$

式中，f'_c——与施工阶段混凝土立方体抗压强度相应的抗压强度设计值；

σ_{pcI}——预应力筋放张（先张）或张拉终止（后张）时，混凝土的预压应力；

M_s——构件自重及施工荷载的短期效应组合在计算截面上产生的弯矩值；

W_0——换算截面弹性抵抗矩。

2. 运输、吊装阶段的应力计算

此阶段应力计算方法与运输、吊装方式有关。应注意的是：预加应力已变小；按自重计算弯矩时考虑计算图式的变化，并考虑动力系数。

（二）使用阶段的承载力计算及抗裂验算

1. 承载力计算

预应力混凝土轴心受拉构件的正截面承载力按下列公式计算。

$$N \leqslant f_y A_s + f_{py} A_p \tag{7-36}$$

式中，N——荷载作用产生的轴向拉力设计值，《混凝土结构设计规范》规定屋架、托架的安全等级应提高一级，因此对一般建筑物的屋架、托架结构中的拉杆，应在轴向拉力设计值 N 上乘以结构构件重要性系数 γ_0，$\gamma_0 = 1.1$；

f_y、A_s——非预应力钢筋的抗拉设计强度和截面面积；

f_{py}、A_p——预应力钢筋的抗拉设计强度和截面面积。

2. 抗裂验算

预应力混凝土轴心受拉构件应根据设计要求选用相应的裂缝控制等级及混凝土拉应力限制系数 α_{ct}，用下列公式进行正截面抗裂度验算。

①对于裂缝控制等级为一级，即严格要求不出现裂缝的构件，荷载短期效应组合下的截面混凝土法向应力 σ_{sc} 应符合下列规定。

$$\sigma_{sc} - \sigma_{pcII} \leqslant 0 \tag{7-37}$$

式中，σ_{pcII}——扣除全部预应力损失后混凝土的预压应力。

②对于被归类为裂缝控制二级等级，即在设计上需确保基本无裂缝出现的结构构件而言，其截面内混凝土的法向应力 σ_{sc} 必须严格遵循以下所列明的规范要求。

$$\sigma_{sc} - \sigma_{pcII} \leqslant \alpha_{ct} f_{tk} \tag{7-38}$$

式中，f_{tk}——混凝土的抗拉标准强度。

荷载长期效应组合下的混凝土法向应力 σ_{lc} 应符合 $\sigma_{lc} - \sigma_{pcII} \leqslant 0$。其中，$\sigma_{lc} = N_l / A_0$，$N_l$ 为按荷载长期效应组合计算的轴向力。

③对于裂缝控制等级为三级，即在使用阶段允许出现裂缝的构件，应验算裂缝宽度，按荷载短期效应组合并考虑长期效应组合影响所求得的最大裂缝宽度 ω_{max} 不应超过规定的允许值 $[\omega_{max}] = 0.2$ mm。

NB/T 11011—2022 规定，矩形、T 形及 I 形截面的预应力混凝土轴心受拉和受弯构件，在荷载效应标准组合下的最大裂缝宽度 ω_{max} 可按下列公式计算。

$$\omega_{max} = \alpha_{cr} \Psi \frac{\sigma_{ck} - \sigma_Q}{E_s} l_{cr} (\text{mm}) \tag{7-39}$$

$$\Psi = 1 - 1.1 - \frac{f_{tk}}{\rho_{te} \sigma_{ck}} \tag{7-40}$$

$$l_{cr} = (2.2c + 0.09 \frac{d}{\rho_{te}}) v \quad 20 \text{ mm} \leqslant c \leqslant 65 \text{ mm} \tag{7-41}$$

$$l_{cr} = (65 + 1.2c + 0.09 \frac{d}{\rho_{te}}) v \quad 65 \text{ mm} \leqslant c \leqslant 150 \text{ mm} \tag{7-42}$$

式中，α_{cr}——考虑构件受力特征的系数，对于预应力混凝土受弯构件，取 $\alpha_{cr} = 1.90$；对于预应力混凝土轴心受拉构件，取 $\alpha_{cr} = 2.35$。

Ψ——裂缝间纵向钢筋应变不均匀系数：当 $\Psi < 0.2$ 时，取 $\Psi = 0.2$；对直接承受重复荷载的构件，取 $\Psi = 1$。

l_{cr}——平均裂缝间距。

v——考虑钢筋表面形状和预应力张拉方法系数；当采用不同种类的钢筋时，按钢筋周长加权平均取值。

d——钢筋直径，mm。当钢筋用不同直径时，公式中的 d 改用换算直径 $4(A_s + A_p)/u$，u 为纵向受拉钢筋截面总周长，mm。

ρ_{te}——纵向受拉钢筋（非预应力钢筋 A_s 及预应力钢筋 A_p）的有效配筋率，按下列规定计算：$\rho_{te} = \frac{A_s + A_p}{A_{te}}$，当 $\rho_{te} < 0.03$ 时，取 $\rho_{te} = 0.03$。其中，A_{te} 为有效受拉混凝土截面面积，mm^2。对轴心受拉构件，当预应力钢筋配置在截面中心范围时，A_{te} 取为构件全截面面积；对受弯构件，取为其重心与 A_s 及 A_p 重心相一致的混凝土面积，即 $A_{te} = 2ab$，其中，a 为受拉钢筋重心距截面受拉边缘的距离，b 为矩形截面的宽度，对有受拉翼缘的倒 T 形及 I 形截面，b 为受拉翼缘宽度。A_p 为受拉区纵向预应力钢筋截面面积，mm^2。对轴心受拉构件取全部纵向预应力钢筋截面面积；对受弯构件，取受拉区纵向预应力钢筋截面面积。

σ_{ck}——按荷载标准组合计算得到的预应力混凝土构件纵向受拉钢筋的等效应力，N/mm^2，$\sigma_{ck} = \frac{N_k - N_0}{A_p + A_s}$，$N_k$ 为按荷载标准组合计算得出的轴向拉力，N_0 为消压内力。

σ_Q——荷载短期效应组合下的混凝土法向应力。

（三）先张法构件预应力钢筋的传递长度

先张法构件预应力钢筋的两端，通常不配置永久性的锚具。在预应力钢筋放张时，构件端部外露处的钢筋应力变为零，钢筋在该处的拉应变也相应变为零，钢筋将向构件内部产生内缩、滑移，但钢筋与混凝土间的黏结力将阻止钢筋内缩。经过自端部起至某一截面的 l_{tr} 长度后，钢筋内缩将被完全阻止，说明 l_{tr} 长度范围内的部分黏结力之和，正好等于

钢筋中预拉力 $N = \sigma_p A_p$，且钢筋 l_{tr} 以后的各截面将保持其应力 σ_p。钢筋从应力为零的端面到应力 σ_p 的这一长度 l_{tr}，称为预应力钢筋的传递长度。

当预应力筋受到拉伸时，由于泊松效应，其截面会缩小。而当预应力筋被切断或放松时，端部应力降至零，截面会恢复到原来的尺寸。钢筋在内缩过程中，使传递长度范围内的部分黏结力遭到破坏。但钢筋内缩也使其直径变粗，且越近端部越粗，形成锚楔作用。由于周围混凝土限制其直径变粗而引起较大的径向压力，因此所产生的相应摩擦力，要比普通钢筋混凝土中由于混凝土收缩所产生的摩擦力大得多，这是预应力传递的有利因素。

可以看出，先张法构件端部整个应力传递长度范围内受力情况比较复杂。为了设计计算方便，将传递长度范围内的预应力钢筋的应力从零至 σ_p，假定按直线变化。因此，在端部锚固长度范围内计算斜截面强度时，预应力钢筋的应力应根据斜截面所处的位置按直线内插求得。

第五节　预应力混凝土结构构件的构造要求

水工建筑物预应力混凝土结构构件的配筋构造要求应根据具体情况确定，对于一般梁、板类构件，除必须满足前述各章有关钢筋混凝土结构构件的规定外，还应满足由张拉工艺、锚固方式、钢筋类别、预应力钢筋布置方式等方面提出的构造要求。

一、一般要求

（一）截面形式和尺寸

对于轴心受拉构件，正方形或矩形截面是常见的选择。在受弯构件中，若跨度和荷载较小，通常采用矩形截面；然而，当跨度和荷载较大时，T 形、I 形和箱形截面更为适宜。为了承受较大的剪力和方便布置锚具，支座处的腹板通常会加厚，形成矩形截面。

此外，在 T 形截面的下方，为了便于布置预应力钢筋并满足施工阶段预压区的抗压强度要求，翼缘往往设计得较窄且较厚，从而形成上下不对称的 I 形截面。

预应力混凝土梁高度可取 $h = (\frac{1}{20} \sim \frac{1}{14})l_0$，最小可取 $\frac{l_0}{35}$；腹板厚度 $b = (\frac{1}{15} \sim \frac{1}{8})h$；

翼缘宽度一般可取 $b_f(b_f') = (\frac{1}{3} \sim \frac{1}{2})h$；翼缘厚度 $h_f(h_f') = (\frac{1}{10} \sim \frac{1}{2})h$。为便于脱模，翼缘与腹板交接处常做成斜坡，上翼缘底面斜坡可为 1/10～1/15，下翼缘顶面斜坡可近似取为 1：1。

（二）预应力纵向钢筋布置

对于轴心受拉构件以及跨度和荷载均较小的受弯构件，预应力纵向钢筋通常采取直线布置，无论是采用先张法还是后张法均可进行施工。然而，在跨度和荷载较大的受弯构件中，为了提升构件的斜截面承载力和抗裂性，并避免梁端锚具过于集中，预应力纵向钢筋可以选择曲线或折线布置。折线布置一般用先张法施工，曲线布置一般用后张法施工。

　　为了预防预应力混凝土屋面梁、吊车梁等构件在施加预应力过程中产生预拉区的裂缝，并降低支座附近的主拉应力，建议在靠近支座的部分将部分预应力钢筋进行弯折处理。

　　对施工阶段预拉区不允许出现裂缝的构件，可在预拉区布置一定数量的预应力钢筋。

预拉区预应力钢筋面积 A'_p 在先张法构件中可为受拉区预应力钢筋面积 A_p 的 $\frac{1}{6} \sim \frac{1}{3}$，后张法构件可为 A_p 的 $\frac{1}{8} \sim \frac{1}{4}$。

（三）非预应力纵向钢筋布置

1. 纵向受力钢筋

　　如果对受拉区部分钢筋施加预应力已经可以满足抗裂或裂缝宽度要求，那么按承载力计算所需的其余受拉钢筋可以选择非预应力钢筋。当使用与预应力钢筋同级别的冷拉Ⅱ级或冷拉Ⅲ级钢筋作为非预应力钢筋时，其截面面积应控制在受拉钢筋总截面面积的20%以内。然而，如果选用Ⅲ级或Ⅲ级以下的热轧钢筋作为非预应力钢筋，其截面面积则不受此限制。

2. 纵向构造钢筋

　　处理预应力钢筋在构件端部全部弯起的受弯构件或直线配筋的先张法构件时，如果构件端部与下部支承结构进行焊接，必须考虑到混凝土收缩、徐变以及温度变化可能带来的不利影响。在这些不利因素的作用下，构件端部可能会产生裂缝。因此，应在可能出现裂缝的部位设置足够的非预应力纵向构造钢筋，以增强构件的强度和耐久性。

二、先张法构件的构造要求

（一）预应力钢筋净距

　　预应力钢筋和钢丝的净距设定需要综合考虑浇灌混凝土、施加预应力及钢筋锚固等多个方面的需求。根据通常的标准和实践效果，预应力钢筋的净距应不小于其直径，同时也不应小于 25 mm；对于预应力钢丝，其净距一般不应小于 15 mm。

（二）钢筋的黏结与锚固

　　先张法预应力混凝土构件要求钢筋与混凝土之间具备稳定的黏结力，因此，推荐使用变形钢筋、刻痕钢丝或钢绞线等材料。若选择使用光面钢丝作为预应力配筋，必须按照钢丝的强度、直径以及构件的受力特性，采取恰当的措施来确保钢丝在混凝土中稳固锚固，防止其滑动。同时，还需要考虑到在预应力传递长度范围内，构件抗裂性可能较低的不利影响，并提出相应的应对措施。

（三）混凝土保护层厚度

　　为确保钢筋与混凝土之间的黏结强度，以及在放松预应力钢筋时防止纵向劈裂裂缝的产生，必须保证足够的混凝土保护层厚度。对于预应力筋为钢筋的情况，其保护层厚度的要求与钢筋混凝土构件相同；而当预应力筋采用钢丝时，其保护层厚度至少应达到 15 mm。

（四）端部加强措施

为避免放松预应力钢筋时在构件端部产生劈裂裂缝等破坏现象，对预应力钢筋端部的混凝土应采取下列加强措施。

1. 对单根预应力钢筋

对于单根预应力钢筋，如板肋的配筋，通常建议在其端部设置长度不小于 150 mm 的螺旋筋以增强稳定性。若钢筋的直径 d 不大于 16 mm，也可选择使用支座垫板上的插筋来对螺旋筋进行替代。但需要注意的是，插筋的数量不应少于 4 根，且其长度应至少为 120 mm，以确保结构稳定可靠。

2. 对多根预应力钢筋

对于多根预应力钢筋，需要在构件端部的 $10d$ 范围内（d 为预应力钢筋的直径）设置 3～5 片钢筋网。这样的设置有助于增强构件的整体稳定性和承载能力，确保预应力钢筋能够有效地传递力量并分散应力。

3. 对采用钢丝配筋的薄板

对于采用钢丝配筋的薄板，建议在板端 100 mm 的范围内对横向钢筋进行适当加密。这样的加密措施可以增强板端部的结构强度和刚度，提高薄板的承载能力和稳定性。

三、后张法构件的构造要求

（一）构件端部加强措施

对于后张法预应力混凝土构件，在张拉预应力过程中，构件端部的预应力钢筋锚具下及张拉设备支承处，承受很大的局部压力。

因此，对于后张法预应力混凝土构件的端部锚固区，需要进行专门的局部受压承载力计算。在此基础上，应设置预埋垫板，并配置间接钢筋以增强该区域的承载能力。同时，为了确保结构的稳定性和安全性，间接钢筋的体积配筋率不应低于 0.5%。若采用国家定型产品，可根据产品说明书的尺寸要求布置锚具及构造钢筋，可不作局部受压承载力计算。

为防止沿孔道产生劈裂，在局部受压间接钢筋配置区之外，需在构件端部的特定区域内布置附加箍筋或钢筋网片。该特定区域的长度应不小于 $3e$（e 为截面重心线上部或下部预应力钢筋的合力点至邻近边缘的距离），同时不大于 $1.2h$（h 为构件端部截面高度），且在高度为 $2e$ 的范围内，这些附加箍筋或钢筋网片应均匀布置。此外，为了确保结构的安全性，这些附加钢筋的体积配筋率不应低于 0.5%。

如果构件端部的预应力钢筋无法均匀布置，而需要集中布置在截面下部或同时布置在上下部，那么应在构件端部的 $0.2h$（h 为构件端部截面高度）范围内，设置附加的竖向焊接钢筋网、封闭式箍筋或其他形式的构造钢筋。

附加竖向钢筋宜采用热轧带肋钢筋，其截面面积应符合下列要求。

当 $e \leqslant 0.1h$ 时，

$$A_{sv} \geqslant 0.3 \frac{N_p}{f_y} \tag{7-43}$$

当 $0.1h < e \leqslant 0.2h$ 时，

$$A_{sv} \geqslant 0.15 \frac{N_p}{f_y} \qquad (7\text{-}44)$$

当 $e > 0.2h$ 时，可按实际情况适当配置构造钢筋。

式中，N_p——作用在构件端部截面重心线上部或下部预应力钢筋的合力，此时仅考虑混凝土预压前的预应力损失值；

$\quad\quad e$——截面重心线上部或下部的预应力钢筋的合力点至邻近边缘的距离；

$\quad\quad f_y$——附加竖向钢筋的抗拉强度设计值，不应大于 300 N/mm²。

当端部截面上部和下部均有预应力钢筋时，附加竖向钢筋的总截面面积按上部和下部的 N_p 分别计算的数值叠加后采用。

当构件端部存在凹进设计时，为了防止在张拉预应力折线构造钢筋的过程中，端部转折处产生裂缝，应该增设折线构造钢筋以增强结构的稳定性。然而，如果有充分的依据或工程经验支持，也可以考虑设置其他类型的附加钢筋来达到相同的目的。

（二）曲线预应力钢筋的曲率半径

为便于施工，减少摩擦损失，在后张法预应力混凝土构件中，对于曲线预应力钢丝束和钢绞线，应保证其曲率半径的最小值不小于 4 m，以确保预应力筋的顺利张拉。然而，对于采用折线配筋的梁，折线预应力钢筋弯折处的曲率半径可以适当减小，以适应梁体形状和受力特点。在预应力钢筋弯折处，为了增强混凝土对钢筋的握裹力并防止裂缝的产生，应加密该区域的箍筋，或在弯折处内侧设置钢筋网片，从而加强钢筋弯折处的混凝土约束。

此外，对直径为 $12 \text{ mm} < d \leqslant 25 \text{ mm}$ 的钢筋，曲率半径不宜小于 12 mm；钢筋直径 $d > 25 \text{ mm}$ 时，预钢筋的曲率半径不宜小于 15 mm。

除上述外，在后张法构件的预拉区和预压区，应设置非预应力构造钢筋；外露金属锚具应采取可靠的防锈措施。

第八章　水工非杆件混凝土结构设计

水工非杆件混凝土结构设计是水利工程中的重要组成部分，其设计目标是保证结构的安全、可靠和经济。随着水利工程规模的不断扩大，非杆件混凝土结构的设计和施工要求也日益提高。本章围绕非杆件结构基本概述、深受弯构件的承载力计算、温度作用配筋原则以及混凝土坝内廊道及孔口结构四个部分展开论述，通过本章的学习，读者将能够了解水工非杆件混凝土结构设计的基本原理和方法，掌握相关的计算和分析技巧，从而能够进行合理的结构设计和施工管理。

第一节　非杆件结构基本概述

一、非杆件结构的基本概念

（一）非杆件结构的概念

一个大型的水利枢纽包括挡水和泄水建筑物、输水和取水建筑物、发电建筑物等。混凝土重力坝、拱坝等挡水坝和水电站厂房是水利枢纽中最主要的建筑物。在这些主要建筑物中，有一部分可以简化为杆件结构进行内力计算，但另外还有相当大的一部分是属于需要配筋的非杆件结构，难以简化为梁、板、柱等基本构件，无法利用结构力学方法计算构件控制截面的内力（弯矩 M、轴向力 N、剪力 V 或扭矩 T 等），从而不能按相应截面极限承载力计算公式计算钢筋用量和配置钢筋。

（二）非杆件结构的类型

这些结构包括以下几种。

1. 体型复杂的结构

水电站厂房的蜗壳和尾水管等结构，其体型异常复杂，轮廓尺寸多变，这使得计算简图难以精确确定。同时，这些结构无法简单地简化为杆件进行计算。

2. 尺寸比例超出杆件范围的结构

此类结构形状虽较规整，但尺寸比例已超出一般杆件范畴，如深梁，其跨高比 $l/h <$ 2.0 时，截面正应力成明显的非线性分布；又如船闸等坞式结构，底板厚度很大，底板应力沿高度也成明显的非线性分布。此类结构构件不能作为一般受弯构件进行配筋计算。

190

3. 大体积混凝土结构

中外部混凝土范围很大的孔口类结构，如坝内廊道、泄水孔、引水道等，无法简化为杆系结构。

4. 与围岩连接的地下洞室类结构

在处理隧洞、地下厂房、地下岔管等此类结构时，其特点在于它们处于地下环境，受围岩的影响显著。因此，在计算这些结构的受力情况时，必须充分考虑围岩的抗力作用，以确保结构的安全性和稳定性。

二、非杆件体系结构的特点

①对于那些形体复杂并且拥有大体积混凝土结构特点的结构体，进行内力计算的过程中，温度应力的影响不容忽视。需要全面考虑这一因素，以得到更精确的计算结果。

②结构空间整体性强，如简化为平面问题分析将引起较大失真。

③部分结构缺乏实际工程的破损实例，难以提出承载能力极限状态的设计标准和计算模型。

由于上述特点，非杆件体系结构只能采用弹性力学分析方法（弹性力学有限元或弹性模型试验等）计算结构各点的应力状态。

三、非杆件体系结构的配筋计算方法

目前，非杆件体系结构常用的配筋计算方法主要有以下两种。

（一）按弹性应力图形配筋

应力图形法，也称为按弹性应力图形配筋，其核心思路如下：首先，通过有限元计算或模型试验，精确获取结构的线弹性应力分布图。其次，基于这一应力图形，计算配筋截面上的拉应力图形面积，进而求得拉应力的合力。最后，根据钢筋承担全部或部分拉力的原则，精确计算出所需的钢筋用量，并进行相应的钢筋配置。

传统设计方法中常用的按弹性应力图形配筋，虽然在实际工程设计中因其简便易行而受到广泛应用，且能够适应各种形体复杂的结构，但其理论依据尚不够完善。

按弹性应力图形配筋在一般情况下偏于保守，但对开裂前后应力状态有明显改变的结构有时也可能偏于危险。此外，按弹性应力图形配筋也无法得知裂缝开展的具体情况。

1. 按弹性应力图形配筋的计算公式

当截面在配筋方向的正应力图形偏离线性较大时，受拉钢筋截面面积 A_s 可按下式计算。

$$T \leqslant \frac{1}{\gamma_d}\left(0.6T_e + f_y A_s\right) \tag{8-1}$$

式中，T——由荷载设计值（包含结构重要性系数 γ_0 及设计状况系数 ψ）确定的主拉应力在配筋方向上形成的总拉力，$T = Ab$，其中，A 为截面主拉应力在配筋方向投影图形的总面积，b 为结构截面宽度；

T_e——混凝土承担的拉力，$T_e = A_{et}b$，A_{et} 为截面主拉应力在配筋方向投影图形中，拉应力值小于混凝土轴心抗拉强度设计值 f_t 的图形面积（图 8-1 中的阴影部分）；

f_y——钢筋抗拉强度设计值；

γ_d——钢筋混凝土结构的结构系数。

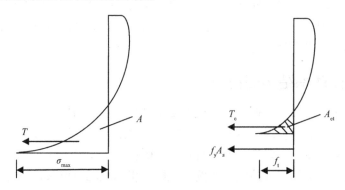

图 8-1　按弹性应力图形配筋示意图

设计时应注意，混凝土所承担的拉力 T_e 不宜超过总拉力 T 的 30%。若弹性应力图形的受拉区高度超过结构截面高度的 2/3 时，取 T_e 等于零。

2. 按弹性应力图形配筋的构造措施

如果弹性应力图形中拉伸区域的高度小于整个结构截面高度的 2/3，同时截面边缘的最大拉伸应力 σ_{max} 在 $0.5f_t$ 以下，则无须配置专门的受拉钢筋。在这种情况下，仅需要设置构造钢筋即可满足需求。

受拉钢筋的布局应根据应力分布图和结构的力学特性进行精确规划。若配筋以增强结构的承载能力为主要目的，并在受力过程中表现出明显的弯曲破坏形态，那么应将受拉钢筋集中布置在受拉区的边缘。然而，若配筋的主要目标是控制裂缝宽度，钢筋则需在拉应力较大的区域内进行分层配置，各层钢筋的数量应与拉应力分布的图形相匹配。通过这种灵活的配筋策略，可以确保结构的稳定性和耐久性。

按弹性应力图形进行非杆件结构配筋的方法，在工程中应用得比较广泛。但应注意的是，该方法的基础是混凝土未开裂前的弹性应力图形。当混凝土出现裂缝后，钢筋开始发挥其受拉作用，这会导致结构内部的应力重新分布，进而使得整个结构的应力图形发生变化。因此，用开裂前的应力图形作为配筋的依据从理论上说不尽合理。

通常情况下，利用应力图形法所计算得出的配筋结果往往会偏于保守，这意味着实际所需的钢筋量可能会少于计算结果。然而，对于那些在开裂前后应力状态有显著变化的结构，此种方法有时也可能导致配筋结果偏于不安全。因此，《水工混凝土结构设计规范》要求，针对非杆件体系的钢筋混凝土结构，在混凝土开裂前后受力状态变化不大的情况下，可以通过基于弹性理论的分析方法来计算所需的钢筋用量，具体依据是弹性主拉应力图形的面积。然而，针对那些在混凝土开裂前后受力状态发生显著变化的结构，仅仅依据弹性应力图形面积来确定承载力所需的钢筋用量是不够的。在这种情况下，还需要采用非线性方法进行深入的分析和调整，以确保结构的安全性和稳定性。

（二）按钢筋混凝土有限单元法配筋

20 世纪 70 年代发展起来的钢筋混凝土有限单元法已日趋成熟，在工程设计中得到了广泛应用，现在已有相当数量的工程应用实例，国内外一些主要设计规范对其计算原则也给出了相应的规定。按钢筋混凝土有限单元法配筋，能了解结构从加载到破坏整个过程的工作状态，确定结构的薄弱部位，并可根据计算结果调整结构尺寸和钢筋配置数量，以取得最有利的设计结果。

应用钢筋混凝土有限单元法进行结构计算需要专门的应用程序，计算工作量大，且钢筋混凝土的本构关系、强度准则、单元网格的划分与形态、运算过程中的迭代方式等都会影响计算结果，因而要求设计人员熟悉钢筋混凝土结果基本理论与有限单元方法，并对计算结果具有分析判断能力。

所以，目前大面积应用钢筋混凝土有限单元法进行配筋设计尚存在一定的困难。尽管如此，对于需要严格控制裂缝宽度的非杆件体系结构，仍应采用钢筋混凝土有限单元法进行正常使用极限状态计算；对结构或结构构件开裂前后应力状态有明显改变的非杆件体系结构，承载力所需的钢筋用量在按弹性应力图形中拉应力面积确定后，还宜采用钢筋混凝土有限单元法进行进一步分析、校核和调整。

对于这类非杆件体系结构，采用钢筋混凝土有限单元法进行计算时需要进行全过程分析，这里仅对设计步骤进行简要说明，具体计算过程，可以参考相关规范。

①按弹性应力图形初步确定钢筋用量与钢筋配置。

②针对那些裂缝宽度需受到严格控制的非杆件体系结构，会运用钢筋混凝土有限单元法来精确计算其在承受工作荷载时所产生的裂缝宽度以及钢筋应力状态。如果在计算过程中发现裂缝宽度或钢筋应力超过了预设的安全阈值，首要考虑的解决方案应当是优化钢筋的布置方式，必要时再增加钢筋用量，重新进行计算，直至裂缝宽度或钢筋应力满足设计要求。

③对开裂前后应力状态有明显改变的非杆件体系结构，采用钢筋混凝土有限单元法按承载能力极限状态要求进行计算分析，若不能满足承载力要求，应调整钢筋用量与配置，再重新进行计算，直至满足承载力要求。

四、水工非杆件结构的裂缝控制

（一）抗裂验算

水工钢筋混凝土结构如果有可靠的防渗措施或不影响正常使用，也可以不进行抗裂验算。坝内埋管、蜗壳、下游坝面管、压力隧洞等非杆件结构，一般都有钢板衬砌，《水工混凝土结构设计规范》中除弧门支座及闸墩颈部给出了抗裂验算公式外，对其他水工非杆件结构的抗裂问题均未做出明确的规定，一些非杆件结构分析计算的结果为应力，当有必要时建议用《水工混凝土结构设计规范》中规定的原则进行抗裂验算，即

$$a_{tk} \leqslant \gamma_m a_{ct} f_{tk} \tag{8-2}$$

式中，a_{tk}——受拉边缘按标准组合计算的应力；

f_{tk}——混凝土轴心抗拉强度标准值；

a_{ct}——拉应力现值系数，取 0.85；

γ_m——截面塑性抵抗矩系数。

（二）裂缝开展宽度验算

对于需要进行裂缝开展宽度验算的水工非杆件结构，其计算得出的最大裂缝开展宽度值必须严格遵循《水工混凝土结构设计规范》中规定的允许值，不得超出该标准，非杆件结构当其截面应力图形接近线性分布时，可以换成内力，而当其截面应力图形偏离线性分布较大时，可以通过限制钢筋应力间接控制裂缝宽度，即

$$a_{sk} \leqslant a_s f_{yk} \tag{8-3}$$

式中，a_{sk}——标准组合下受拉钢筋的应力，$a_{sk} = T_k / A_s$，T_k 为钢筋承担的总拉力；

f_{yk}——钢筋强度标准值；

a_s——考虑环境影响的钢筋应力限制系数，$a_s = 0.5 \sim 0.7$。

第二节　深受弯构件的承载力计算

跨高比 $l_0/h \leqslant 5$ 的简支钢筋混凝土单跨梁或多跨连续梁被称为深受弯构件。[①] 有限元分析和试验表明，对钢筋混凝土受弯构件，当跨高比 $l_0/h > 5$ 时，其正截面应变符合平截面假定，称其为浅梁。对跨高比 $l_0/h \leqslant 5$ 的受弯构件，由于跨高比较小，其正截面应变不再符合平截面假定，因此称之为深受弯构件（包括深梁、短梁和厚板）。

在实际工程中，一般将跨高比 $l_0/h < 2$（简支梁）或 $l_0/h < 2.5$（连续梁）的梁称为深梁，将跨高比 $l_0/h > 5$ 的梁称为浅梁，而将跨高比 $l_0/h = 2$（或 2.5）~ 5 的梁称为短梁。

深受弯构件因其较小的跨高比而具备较大的承载力，这一特性使其在水工、港工、铁路、公路、市政及建筑工程等多个领域得到广泛应用。这种构件的出色性能满足了这些工程领域对于结构强度和稳定性的高要求。要想研究深受弯构件的承载力计算，需要先了解其内力计算以及受力特性和破坏形态。

一、深受弯构件的内力计算

由于简支深受弯构件是静定结构，可按一般简支梁计算其内力（弯矩 M 和剪力 V）。

连续深受弯构件的内力不但与结构的刚度有关，而且与跨高比有关，通过二跨至五跨连续梁的有限元分析结果与结构力学计算结果的比较可知，跨高比 $l_0/h \leqslant 2.5$ 的连续深受弯构件的内力应按弹性力学的方法计算，而 $l_0/h > 2.5$ 的短梁的内力，可近似按结构力学的方法计算。

---

① 陈萌. 钢筋混凝土深受弯构件的受剪机理分析 [J]. 郑州大学学报（工学版），2003（4）：63-66.

二、深受弯构件的受力特性及破坏形态

（一）深梁的受力特性及破坏形态

1. 受力阶段

深梁的工作状态自加载至破坏可以划分为三大阶段，即弹性工作阶段、带裂缝工作阶段和破坏阶段。

（1）弹性工作阶段

裂缝出现前，处于弹性工作阶段。深梁的变形及应力分布与弹性方法的计算结果基本相符，其正截面应变不符合平截面假定，荷载－挠度和荷载－应变间成线性关系。

在弹性工作阶段，深梁中的外力荷载通过梁内形成的主压力线和主拉力线共同作用，传递到支座。其中，主压力线发挥的作用类似于拱的支撑效果，因此被称为"拱作用"；而主拉力线的作用则类似于梁的拉伸效果，因此被称为"梁作用"。这一阶段的特性在于，梁作用和拱作用相互协同，根据它们各自的刚度特性来分担外部施加的荷载。

（2）带裂缝工作阶段

当荷载增加到破坏荷载的 10%～30% 时，通常在纯弯段或加荷点下最大弯矩附近的梁底部，会出现第一条垂直于梁底的裂缝，这种裂缝被称为弯曲裂缝。这一裂缝的出现，标志着深梁从弹性工作阶段过渡到带裂缝工作阶段，梁体开始进入非线性工作状态，这时，梁的刚度稍有降低。随着荷载的增加，不断出现新的正裂缝，并向梁的中部发展。若纵向钢筋配置较多，则裂缝发展缓慢。若纵向钢筋配置较少，随着荷载的持续增加，原本垂直于梁底的裂缝会逐渐发展扩大，成为导致弯曲破坏的主要裂缝。这种裂缝的特征与浅梁在受弯破坏时的裂缝形态相似。

随着荷载的增加，在剪跨段，由于斜向主拉应力超过混凝土的抗拉强度，会出现斜裂缝。斜裂缝的形成主要有两种情况。

①由剪跨段的垂直裂缝向上斜向发展成斜裂缝。裂缝下面宽、上面窄，一般可称为弯剪裂缝。[①]

②在加荷点与支座连线附近出现通长的斜裂缝。它通常起始于梁腹下部约 $h/3$ 的位置，分别向加载点和支座迅速延伸。这种裂缝一旦出现，往往就相对较长，并且其发展速度较快，通常情况下这种裂缝被叫作腹部斜裂。

斜裂缝的出现与发展，标志着深梁的工作特性发生了重大的转折。在腹部斜裂缝的两侧，由于主拉力线的卸荷作用，混凝土的主压应力显著增大，导致梁内发生了明显的应力重新分布。这种重新分布使梁的作用与拱的作用并存，并逐渐转变为以拱作用为主导。

因此，深梁跨中的中下部的混凝土形成了一个低应力区域。在这一过程中，支座附近的纵向钢筋应力迅速增加，直至与跨中的钢筋应力达到平衡。这构建了一个独特的"拉杆拱"受力机制，其中纵向受力钢筋充当拉杆，而加荷点至支座之间的混凝土构成了拱腹，其破坏形态与纵筋的配筋率、钢筋强度、混凝土强度、腹筋配筋率、跨高比等有关。

（3）破坏阶段

当荷载增加至破坏荷载时，试件即将遭受破坏，深梁的破坏形态呈现出多样性，主要

① 张永胜，李雁英. 预应力混凝土深受弯构件的裂缝实验研究 [J]. 工程力学，2008（S1）：86-89.

包括弯曲破坏、剪切破坏、局部受压破坏以及锚固破坏等几种形式。

2. 破坏形态

（1）弯曲破坏

当纵向钢筋的配筋率偏低时，垂直裂缝会在结构中首先出现，而斜裂缝要么根本不出现，要么出现的数量很少。这种情况下，"拉杆拱"受力机制无法形成。随后，纵向钢筋会首先达到其屈服强度，导致垂直裂缝迅速向上扩展，同时结构的挠度也会急剧增大。在这一阶段，深梁所承受的荷载被称作屈服荷载。

为了计算正截面的承载能力，将以这一屈服荷载为基础，换言之，将深梁的屈服荷载定义为深梁发生弯曲破坏时的荷载。随着荷载的继续增加，钢筋将进入强化阶段。此刻，深梁仍能承受进一步施加的荷载。随着垂直裂缝的持续扩展，混凝土受压区域逐渐减小。最终，梁顶部的混凝土因受压而破碎，导致深梁失去承载能力。这种破坏特征与浅梁的弯曲破坏相似，展现了良好的延性特性。这时，深梁所承担的荷载定义为极限荷载。极限荷载为屈服荷载的 1.1～1.3 倍。

若纵向钢筋的配筋率比较高，跨中区域一旦出现垂直裂缝，这些裂缝在剪跨区段会因为弯剪复合应力的影响，逐渐演变成斜裂缝。相较于跨中区域的垂直裂缝，斜裂缝的发展速度明显加快，进而逐渐构建出一种独特的"拉杆拱"受力形态。在这种结构中，如果"拉杆"部分首先达到了其极限屈服强度，那么整个结构的破坏过程将主要以弯曲破坏为主导。

（2）剪切破坏

深梁在形成拱式受力体系后，深梁的大部分剪力是通过拱腹受压来传递的。试验表明，拱作用最终承受 85%～90% 的剪力，纵向钢筋的销栓作用和裂缝间的咬合作用等承受 10%～15% 的剪力。

当纵向钢筋配筋率超过某一极限时，深梁的受弯承载力将大于受剪承载力，随着荷载的增加，"拱腹"部分首先发生破坏，这通常表现为剪切破坏。在这种破坏模式下，纵向钢筋往往还没有达到其屈服强度。然而，如果纵向钢筋的配置得当，它们也有可能在破坏过程中达到屈服强度。但是，剪切破坏时，纵向钢筋不会进入强化阶段。

根据斜裂缝发展的特征，深梁的剪切破坏可分为斜压破坏和劈裂破坏。

①斜压破坏。"拉杆拱"的受力结构一旦确立，随着承受的重量不断增大，拱肋（梁的腹部）和拱顶（梁的顶部受压区域）所受的混凝土压应力也会相应增大。这种压力的增加导致梁腹部位出现了许多与从支座到加载点连线大致平行的斜向裂缝。最终，这些裂缝会使得混凝土发生破碎。这种因压力而引发的破坏，称之为斜压破坏。

②劈裂破坏。深梁在形成斜向裂缝后，随着所承受荷载的逐渐增大，其中一条主要的斜裂缝会持续沿斜向扩展。当深梁接近破坏状态时，这条主要斜裂缝的外侧会突然裂开一条与其走向大致相同的通长劈裂裂缝，这一现象最终导致构件的整体破坏，这种破坏称为劈裂破坏。

（3）局部受压破坏

深梁在支座处会形成局部高压应力区，当支承垫板的面积过小时，该区域可能无法承受产生的压力，导致深梁在支座处发生局部受压破坏。同样，深梁顶部的集中荷载作用点也是一个局部高压应力区，如果未得到适当的支撑或分散，也容易发生局部受压破坏。

（4）锚固破坏

如前所述，随着斜裂缝的不断发展，支座附近的纵向钢筋所承受的应力会迅速增加。在这种情况下，纵向钢筋可能会因为应力过大而容易被从支座中拔出，从而引发锚固破坏。

（二）短梁的受力特性及破坏形态

1. 受力阶段

从加载到破坏，短梁的工作状态同样可分为三个阶段，即弹性工作阶段、带裂缝工作阶段和破坏阶段。

（1）弹性工作阶段

在加载初期，直至裂缝出现之前，短梁都处于弹性工作阶段。根据试验数据和理论分析，当跨高比 l_0/h 为 2.5~5 时，短梁正截面的应变沿截面高度的变化与平截面假定之间存在一定程度的偏差。

然而，值得注意的是，这种偏差会随着跨高比的增加而逐渐减小。特别地，当跨高比达到 5 时，截面应变已经基本符合平截面假定的规律。在弹性工作阶段，短梁的荷载与挠度、荷载与应变之间的关系大致呈现线性特征。

（2）带裂缝工作阶段

在荷载增加至破坏荷载的 20%~30% 的范围内，最大弯矩截面附近通常会首先观察到垂直于梁底的裂缝（弯曲裂缝），然后在剪跨段出现斜裂缝。但对于剪跨比较小（如剪跨比小于 1.5）的集中荷载梁或跨高比较小的均布荷载梁，也可能先出现斜裂缝，而后出现弯曲裂缝。斜裂缝有两种情况：弯剪裂缝和腹剪裂缝，腹剪裂缝一般出现在中和轴略偏下的位置。

（3）破坏阶段

当荷载增加至破坏荷载时，短梁在受到外力作用时，其破坏形式主要包括弯曲破坏和剪切破坏。除此之外，局部受压破坏和锚固破坏也是可能发生的情形。

2. 破坏形态

根据试验，简支短梁的破坏可归纳为两种破坏形态。

（1）弯曲破坏

当短梁经历弯曲破坏时，根据其纵向钢筋配筋特征值的不同，会展现出不同的破坏形态。这些破坏形态反映了梁体结构的多样性和复杂性，每一种形态都与其配筋特征值紧密相关。

①超筋破坏。短梁与深梁的差异在于，当钢筋配置过量时，会出现超筋破坏的现象。这意味着在纵向受拉钢筋还未达到屈服点时，受压区的混凝土就已经被压溃。

②适筋破坏。如果钢筋配置适中，那么首先会发生纵向受拉钢筋屈服，随后受压区的混凝土也会被压溃，导致梁的破坏。这种破坏特征与浅梁的适筋破坏非常相似。

③少筋破坏。在钢筋配置不足的情形中，一旦受拉区域产生弯曲裂缝，纵向的受拉钢筋会迅速达到其屈服点，甚至可能进入强化阶段。这种情形下，裂缝会以惊人的速度向上蔓延。然而，值得注意的是，裂缝的快速扩展并不意味着受压区的混凝土已经遭受破坏。实际上，短梁之所以失效，往往是由于挠度过大或裂缝宽度超出安全范围，而非混凝土压碎。

（2）剪切破坏

基于斜裂缝的发展特征，短梁的斜截面破坏可以划分为几种破坏形态，包括斜压破坏、剪压破坏和斜拉破坏。具体来说，对于剪跨比小于1.25的集中荷载梁和跨高比为2～3的分布荷载梁，斜压破坏是主要的破坏形态；当剪跨比在1.5～2.5范围内且跨高比为3.5～5的分布荷载梁，或集中荷载梁，剪压破坏是主导破坏形态；而对于剪跨比大于2.5的集中荷载梁和跨高比大于6的分布荷载梁（这些梁已不属于短梁范畴），斜拉破坏则成为主要的破坏形态。

综上所述，短梁的破坏特征基本上介于浅梁和深梁之间。

三、深受弯构件的承载力计算内容

基于深梁的破坏模式，其承载力计算应全面考虑多个方面，包括正截面受弯承载力、斜截面受剪承载力以及局部受压承载力。这些因素共同决定了深梁的整体承载性能。

需要强调的是，在这里，任何提及"深受弯构件"的内容都将同时适用于深梁、短梁和厚板。然而，特定于"深梁"的内容则仅限于深梁本身，并不适用于短梁和厚板。这一点在理解和应用相关信息时至关重要。

（一）正截面受弯承载力计算

对于无水平分布筋的深受弯构件（包括深梁、短梁和实心厚板），当正截面受弯破坏时，取分离体如图8-2所示。

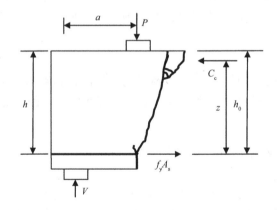

图8-2　深受弯构件正截面受弯承载力计算应力图形

正截面受弯承载力设计值 M_u 按下式计算。

$$M_u = f_y A_s z \tag{8-4}$$

式中，f_y——钢筋的抗拉强度设计值；

$\quad\quad A_s$——纵向受拉钢筋的截面面积；

$\quad\quad z$——内力臂。

由式（8-4）可见，计算 M_u 的关键在于确定内力臂 z。对于深梁，其顶部混凝土处于双向受压状态，且跨中截面应变不符合平截面假定，故一般梁破坏时的应力图形是不适用的。对于短梁，当其跨高比接近于深梁时，其破坏时的应力图形与深梁相近，当其跨高比接近于一般梁时，其破坏时的应力图形与浅梁相近。因此，根据试验资料和有限元分析结果，并考虑到与一般梁的计算公式相衔接，其内力臂 z 按下列公式计算。

当 $l_0/h \geqslant 1$ 时：

$$z = a_{\mathrm{d}}\left(h_0 - 0.5x\right) \tag{8-5}$$

$$a_{\mathrm{d}} = 0.8 + 0.04\frac{l_0}{h} \tag{8-6}$$

当 $l_0/h < 1$ 时：

$$z = 0.6l_0 \tag{8-7}$$

式中，x——截面受压区高度，按一般受弯构件计算，当 $x < 0.2h_0$ 时，取 $x = 0.2h_0$；

h_0——截面有效高度，$h_0 = h-a_{\mathrm{s}}$，其中 h 为截面高度，当 $l_0/h \leqslant 2$ 时，跨中截面 a_{s} 取 $0.1h$，支座截面 a_{s} 取 $0.2h$；当 $l_0/h > 2$ 时，a_{s} 按受拉区纵向钢筋截面中心至受拉边缘的实际距离取用。

设计时，应满足以下公式的要求。

$$M \leqslant \frac{1}{\gamma_{\mathrm{d}}}M_{\mathrm{u}} \tag{8-8}$$

经过试验验证，深梁在配备水平分布钢筋后，其抗弯能力得到 $10\% \sim 30\%$ 的提升。但在实际计算中，为了简化流程，往往忽略这一部分的增强效果，将其视为安全储备；对于连续梁支座截面，水平分布钢筋的作用已考虑在内力臂 z 的取值中。

（二）斜截面受剪承载力计算

1. 影响斜截面受剪承载力的主要因素

影响深受弯构件斜截面受剪承载力的主要因素与一般梁相同，现分述如下。

（1）混凝土强度

随着混凝土强度的提升，深受弯构件的受剪承载力也相应增强。这种关系与混凝土的抗拉强度之间存在着明显的线性关联，表现为强度与承载力之间的直接比例增长。同时，试验结果表明，混凝土的受剪承载力还与跨高比（l_0/h）或剪跨比（a/h_0）有关。在分布荷载作用下，混凝土的受剪承载力随跨高比的增大而减小；集中荷载下，随着剪跨比的增加，混凝土的受剪承载力会相应降低。然而，与剪跨比不同，跨高比的变化对混凝土的受剪承载力影响并不明显，这意味着在实际应用中，跨高比通常不是决定受剪承载力的关键因素。

（2）腹筋的配筋率和抗拉强度

深受弯构件的受剪承载力与水平腹筋、竖向腹筋的配筋率和抗拉强度密切相关，并且这种关系受到跨高比的显著影响。随着跨高比的增大，水平腹筋的作用逐渐降低，而竖向腹筋的作用则逐渐提升。当 $l_0/h = 5$ 时，只有竖向腹筋对受剪承载力有作用，而水平腹筋几乎没有作用；当 l_0/h 较小时，只有水平腹筋对受剪承载力起一定的作用，而竖向腹筋基本上不起作用。

（3）纵向受拉钢筋的配筋率和抗拉强度

纵向受拉钢筋的配筋率和抗拉强度对深受弯构件的受剪承载力有一定的影响，纵向受拉钢筋的配筋率和抗拉强度逐渐增强，导致深受弯构件的受剪承载力也相应提升，但增大的程度有限。

（4）剪跨比和跨高比

剪跨比和跨高比是决定深受弯构件斜截面受剪承载力的两个关键因素。对于受到集中荷载的深受弯构件，随着剪跨比的增加，其受剪承载力会逐渐减弱，但这种减弱的速率会逐渐放缓。同时，随着跨高比的增加，竖向腹筋在提高受剪承载力方面的作用会逐渐增强，而水平腹筋的作用则会相应减弱。

在分布荷载的作用下，深受弯构件的受剪承载力随跨高比的增加而减小。这种情况下，水平腹筋对提高受剪承载力的作用会逐步降低，而竖向腹筋的作用则会有所提升。由于混凝土的抗剪能力在受剪承载力中占据重要地位，因此随着跨高比的增大，深受弯构件的受剪承载力会呈现出逐渐降低的趋势。

（5）支座支承长度

深受弯构件的受剪承载力随支座支承长度的增大而提高。对于均布荷载作用下的简支梁，因剪切破坏面离支座较近，支承长度对受剪承载力的影响更大。

2. 斜截面受剪承载力的计算

经过一系列试验验证，对于无腹筋深受弯构件，其受剪承载力在受到分布荷载时，会随跨高比的减小而逐渐增强。相反，在受到集中荷载的情况下，其受剪承载力则会随着剪跨比的减小而增强。因此，在设计和分析深受弯构件时，必须充分考虑跨高比（或剪跨比）减小对混凝土受剪承载力的正面影响。

此外，根据试验数据，深受弯构件中的水平腹筋（水平分布钢筋）应力会随着跨高比的增大而减小，而竖向钢筋（竖向分布钢筋）的应力则会随着跨高比的减小而降低。因此，在跨高比较小的情况下，竖向腹筋的贡献可以忽略，只需按照构造要求进行配置；相反，当跨高比较大时，水平腹筋的贡献也可以忽略不计，同样只需按照构造配置即可。

（1）深梁和短梁斜截面受剪承载力计算

深梁和短梁受剪承载力计算公式的建立原则如下。

①混凝土的受剪承载力。

当 $l_0/h = 5$ 时，计算公式与一般受弯构件衔接，取

$$V_c = 0.7 f_t b h_0 \tag{8-9}$$

当 $l_0/h = 2$ 时，参照国内外规范和试验结果，取

$$V_c = 1.4 f_t b h_0 \tag{8-10}$$

②腹筋的受剪承载力。当 $l_0/h = 5$ 时，

竖向腹筋所承担的剪力：

$$V_{sv} = f_{yv} \frac{A_{sv}}{s_h} h_0 \tag{8-11}$$

水平腹筋所承担的剪力：

$$V_{sh} = 0 \tag{8-12}$$

当 $l_0/h = 2$ 时：

$$V_{sh} = 0.5 f_{yh} \frac{A_{sh}}{s_v} h_0, \quad V_{sv} = 0 \tag{8-13}$$

因为 $l_0/h < 2$ 时受剪破坏形态为斜压破坏，不出现剪压破坏，所以以 $l_0/h = 2$ 作为受剪承载力计算的下限。

③在 $2 < l_0/h < 5$ 时，V_c、V_{sv}、V_{sh} 呈线性变化。因此，《混凝土结构设计规范》规定，当配有竖向分布钢筋和水平分布钢筋时，深梁和短梁的斜截面受剪承载力应按下列公式计算。

$$V = \frac{1}{\gamma_d} \left(V_c + V_{sv} + V_{sh} \right) \tag{8-14}$$

$$V_c = 0.7 \frac{(8 - l_0/h)}{3} f_t b h_0 \tag{8-15}$$

$$V_{sv} = \frac{1}{3} \left(\frac{l_0}{h} - 2 \right) f_{yv} \frac{A_{sv}}{s_h} h_0 \tag{8-16}$$

$$V_{sh} = \frac{1}{6} \left(5 - \frac{l_0}{h} \right) f_{yh} \frac{A_{sh}}{s_v} h_0 \tag{8-17}$$

式中，f_{yv}、f_{yh}——竖向分布钢筋和水平分布钢筋的抗拉强度设计值；

　　　A_{sv}——间距为 s_v 的同一排竖向分布钢筋的截面面积；

　　　A_{sh}——间距为 s_h 的同一层水平分布钢筋的截面面积；

　　　s_h——竖向分布钢筋的水平间距；

　　　s_v——水平分布钢筋的竖向间距。

在上述公式中，当 $l_0/h < 2$ 时，取 $l_0/h = 2$。

值得注意的是，深梁中的水平分布钢筋和竖向分布钢筋对受剪承载力的贡献相对较小。因此，当深梁的受剪承载力不足时，应当优先考虑通过调整截面的尺寸或者提高混凝土的强度来满足受剪承载力的需求。

同时，深受弯构件的受剪承载力计算公式中的混凝土项，体现了随着 l_0/h 比值的减小，剪切破坏模式逐渐由剪压型转变为斜压型。这一转变过程中，混凝土项在受剪承载力中所占的比重逐渐增大。

（2）实心厚板的斜截面受剪承载力计算

承受分布荷载的实心厚板的斜截面受剪承载力应按下列公式计算。

$$V = \frac{1}{\gamma_d}(V_c + V_{sb}) \tag{8-18}$$

$$V_{sb} = \alpha_{sb} f_{yb} A_{sb} \sin \alpha_s \tag{8-19}$$

式中，V_c——混凝土的受剪承载力，按式（8-15）计算；

$\quad\quad f_{yb}$——弯起钢筋抗拉强度设计值；

$\quad\quad A_{sb}$——同一弯起平面内弯起钢筋的截面面积；

$\quad\quad \alpha_s$——弯起钢筋与构件纵向轴线的夹角，一般可取为 60°；

$\quad\quad \alpha_{sb}$——弯起钢筋受剪承载力系数，$\alpha_{sb} = 0.60 + 0.08 l_0/h$，此处，当 $l_0/h < 2.5$ 时，取 $l_0/h = 2.5$。

按式（8-18）计算的 V_{sb} 值大于 $0.8 f_t b h_0$ 时，取

$$V_{sb} = 0.8 f_t b h_0 \tag{8-20}$$

（3）截面限制条件

根据深受弯构件的试验结果并参考薄腹梁的截面限制条件，《混凝土结构设计规范》规定，钢筋混凝土深受弯构件的斜截面受剪承载力计算时，其截面应符合下列要求。

①当 $h_w/b \leqslant 4.0$ 时：

$$V \leqslant \frac{1}{60\gamma_d}\left(10 + \frac{l_0}{h}\right) f_c b h_0 \tag{8-21}$$

②当 $h_w/b \geqslant 6.0$ 时：

$$V \leqslant \frac{1}{60\gamma_d}\left(7 + \frac{l_0}{h}\right) f_c b h_0 \tag{8-22}$$

③当 $4.0 < h_w/b < 6.0$ 时，按直线内插法取用。

式中，V——构件斜截面上的最大剪力设计值；

$\quad\quad l_0$——计算跨度，当 $l_0/h < 2$ 时，取 $l_0/h = 2$；

$\quad\quad b$——矩形截面的宽度和 T 形、I 形截面的腹板宽度。

（三）局部受压承载力验算

对于深受弯构件，支座的支承面和集中荷载的加荷点都是高应力区，很容易发生局部受压破坏，必要时，应配置间接钢筋，以保证安全。

四、深受弯构件的正常使用极限状态验算

（一）抗裂验算

1. 正截面抗裂验算

使用上不允许出现竖向裂缝的深受弯构件应进行抗裂验算，但截面抵抗矩塑性系数

γ_m，应再乘以系数（$0.70 + 0.06l_0/h$），此处，当 $l_0/h < 1$ 时，取 $l_0/h = 1$。

2. 斜截面抗裂验算

深梁一旦出现斜裂缝，其裂缝的长度和宽度都会相对较大。因此，对于要求不出现斜裂缝的深梁，应满足下式。

$$V_k = 0.5 f_{tk} bh \tag{8-23}$$

式中，V_k——按荷载效应标准组合计算的剪力值。

（二）裂缝宽度验算

使用上要求限制裂缝宽度的深受弯构件应验算裂缝宽度，按荷载效应的短期组合（并考虑部分荷载的长期作用的影响）及长期组合所求得的最大裂缝宽度 w_{max} 不应超过表 8-1 规定的最大裂缝宽度限值。

表 8-1　钢筋混凝土结构构件的最大裂缝宽度限值

环境条件类别	w_{max}/mm
一类	0.40
二类	0.30
三类	0.25
四类	0.20
五类	0.15

注：①当结构构件承受水压且水力梯度 $i > 20$ 时，表列数值宜减小 0.05。

②结构构件的混凝土保护层厚度大于 50 mm 时，表列数值可增加 0.05。

③若结构构件表面设有专门的防渗面层等防护措施时，最大裂缝宽度限值可适当加大。

构件受力特征系数按照以下公式取值。

$$\alpha_{cr} = (0.76 l_0 / h + 1.9) / 3 \tag{8-24}$$

且当 $l_0/h < 1$ 时可不作验算。

若深受弯构件的剪力设计值符合式（8-14）～式（8-22）的要求，在使用荷载下其斜裂缝宽度可控制在 0.2 mm 以内。

（三）挠度验算

鉴于受弯构件的竖向刚度通常较大，因此，其挠度表现相对较小，大多数情况下均能满足实际应用的需求。故在实际工程应用中，通常无须对挠度进行额外的验算，这大大简化了设计和施工的流程。

五、深受弯构件的配筋构造

（一）深梁的构造要求

设计深梁时，除按要求进行承载力计算外，尚应符合下列构造要求。

深梁的截面宽度或腹板宽度不应小于 140 mm。为避免出现平面失稳，对其高宽比（h/b）或跨宽比（l_0/b）应予以限制。当 $l_0/h \geqslant 1.0$ 时，h/b 不宜大于 25；当 $l_0/h < 1.0$ 时，l_0/b 不宜大于 25。深梁的混凝土强度等级不应低于 C20。当深梁下部支承在钢筋混凝土柱上时，宜将柱伸至深梁顶，形成梁端加筋肋，以增大深梁的稳定性。深梁顶应与楼板等水平构件可靠连接。

单跨深梁和连续深梁的下部纵向受拉钢筋应均匀地布置在下边缘以上 $0.2h$ 范围内，如图 8-3 和图 8-4 所示。

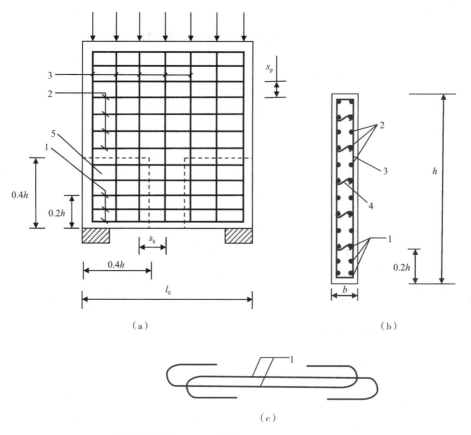

（a）

（b）

（c）

1—下部纵向受拉钢筋；2—水平分布钢筋；3—竖向分布钢筋；4—拉筋；5—拉筋加密区。

图 8-3　单跨简支深梁钢筋布置图

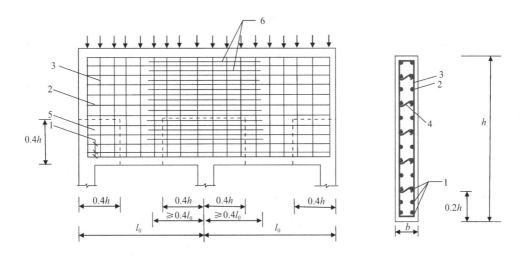

1—下部纵向受拉钢筋；2—水平分布钢筋；3—竖向分布钢筋；
4—拉筋；5—拉筋加密区；6—支座截面上部的附加水平钢筋。

图 8-4　连续深梁钢筋布置图

经过试验与深入分析，可以发现，在弹性阶段，连续深梁支座截面上水平应力 σ_x 的分布会受到跨高比 l_0/h 的影响而发生变化。具体来说，受压区相对较小，主要集中在梁底的 $0.2h$ 范围内，而在这个范围以上的部分则全部为受拉区。当 $l_0/h > 1.5$ 时，最大拉应力位于梁顶。随着 l_0/h 的减小，最大拉应力位置下移。当 $l_0/h = 1.0$ 时，最大拉应力位于（0.2 ～ 0.6）h 的范围内（从梁底算起），梁顶拉应力则相对较小。当达到承载能力极限状态时，由于支座截面已开裂，将产生应力重分布，梁顶钢筋的应力将显著增大。

因此，根据上述规定布置钢筋，能够精准地适应正常使用阶段的拉应力分布，这对于控制支座截面在正常使用极限状态下的裂缝至关重要。然而，这样的布置可能无法完全捕捉 $l_0/h \leqslant 1.0$ 的深梁在承载能力极限状态下支座截面的水平拉应力分布。尽管如此，这并不影响结构在承载能力极限状态下的安全性。鉴于这一特点，提出了一种简化的配筋策略，根据跨高比的不同，设计了四种配筋方案，如图 8-5 所示。对于连续深梁，建议将水平分布钢筋用作纵向受拉钢筋。当计算得出的配筋率超出水平分布钢筋的最小配筋率时，超出的部分应通过附加水平钢筋进行补充，并应均匀分布在距离支座中点 $0.4l_0$ 的两侧，如图 8-4 所示。

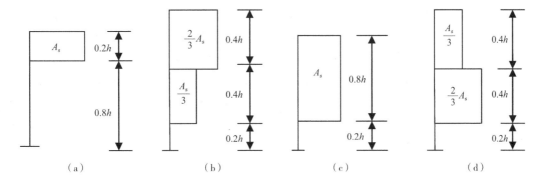

图 8-5　中间支座部位连续深梁和连续短梁上部纵向受拉钢筋布置

当深梁在垂直和斜裂缝出现后，会形成独特的"拉杆拱"传力机制。在此情况下，下部纵向受拉钢筋的应力在接近支座的区域仍然保持较高水平。因此，为了维持结构的完整性，深梁底部的纵向受拉钢筋必须完整地延伸至支座，不可以在跨中部分进行弯曲或截断。针对简支深梁的支座以及连续深梁端部的简支支座，应避免使用竖向弯钩的纵向受拉钢筋。因为采用竖向弯钩时，将在弯钩端形成竖向劈尖，产生水平方向劈裂应力，并与支座竖向压力形成的水平拉应力叠加，引起深梁支座区沿深梁中面的开裂，对纵向受拉钢筋的锚固不利，故纵向受拉钢筋应当如图 8-3 所示的方式，沿着水平方向进行弯折，并采取 180° 的弯折方式进行锚固。同时，这种锚固的长度必须满足如表 8-2 中的受拉钢筋锚固长度 l_a 的 1.1 倍要求，以确保钢筋与混凝土之间的有效黏结以及力的传递。

表 8-2 普通受拉钢筋的最小锚固长度 l_a

项次	钢筋种类	混凝土强度等级				
		C15	C20	C25	C30、C35	≥ C40
1	HPB300 级钢筋	40d	35d	30d	25d	20d
2	HRB335 级钢筋	—	40d	35d	30d	25d
3	HRB400 级、RRB400 级钢筋	—	50d	40d	35d	30d
4	HRB500 级钢筋		55d	50d	40d	35d

注：①表中 d 为钢筋直径。

②表中光面钢筋的锚固长度 l 值不包括弯钩长度。

③当符合下列条件时，最小锚固长度应进行修正：

a. 当 HRB335、HRB400、RRB400 级和 HRB500 级钢筋的直径大于 25 mm 时，其锚固长度应乘以修正系数 1.1。

b. 当钢筋在混凝土施工过程中易受扰动（如滑模施工）时，其锚固长度应乘以修正系数 1.1。

d. 构件顶层水平钢筋（其下浇筑的新混凝土厚度大于 1 m 时）的 l 宜乘以修正系数 1.2。

经上述修正后的锚固长度不应小于表中的最小锚固长度的 0.7 倍，且不应小于 250 mm。

深梁内部需配置至少两片钢筋网，这些钢筋网由水平和竖向分布钢筋共同构成，如图 8-3 所示。对于水平分布钢筋，推荐在梁端进行弯折锚固，如图 8-6（a）所示，或者在梁的中部进行错位搭接，如图 8-6（b）所示。分布钢筋的直径必须大于或等于 8 mm，间距应控制在 100～200 mm。为了保持结构的稳定性，需在分布钢筋最外排两肢间设置拉筋。这些拉筋在水平和垂直方向上的间距均不应超过 600 mm。在支座区域，拉筋的间距需特别关注，在高度和宽度各为 0.4h 的范围内，如图 8-3 和图 8-4 中虚线所示，其水平和竖向间距不应超过 300 mm。

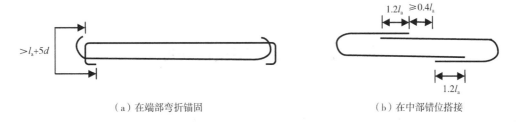

（a）在端部弯折锚固　　　　　　　　　（b）在中部错位搭接

图 8-6　分布钢筋的搭接

深梁、短梁的纵向受拉钢筋配筋率：

$$\rho = \frac{A_s}{bh_0} \tag{8-25}$$

水平分布钢筋配筋率：

$$\rho_{sh} = \frac{A_{sh}}{bs_v} \tag{8-26}$$

竖向分布钢筋配筋率：

$$\rho_{sv} = \frac{A_{sv}}{bs_h} \tag{8-27}$$

以上三种配筋率都不应小于表 8-3 的规定，该规定是参考国内外有关规范，同时考虑承受温度、收缩应力等因素而确定的。

表 8-3　深梁、短梁的最小配筋率

单位：%

钢筋种类	纵向受拉钢筋	水平分布钢筋	竖向分布钢筋
HPB300	0.25（0.25）	0.25（0.15）	0.20（0.15）
HRB335、HRB400 RRB400、HRB500	0.20（0.20）	0.20（0.10）	0.15（0.10）

注：深梁取用不带括号的值，短梁取用带括号的值。

（二）短梁的构造要求

对于跨高比 l_0/h 大于 3.5 的短梁，可以免除水平分布钢筋的配置。在此情况下，竖向分布钢筋的截面面积可以根据式（8-13）至式（8-16）进行计算，并设定 $A_{sh} = 0$。尽管如此，竖向分布钢筋的最小配筋率仍需遵循表 8-3 中规定的标准。

短梁在构造上与一般梁有诸多相似之处，包括其纵向受力钢筋、箍筋及纵向构造钢筋的布置规定。不过，对于短梁的特殊部分，即在构件下部的截面高度大约一半的区域，以及中间支座上部的截面高度大约一半的区域，这些位置所布置的纵向构造钢筋，其配置应当比一般梁中的相应部分更为加强，以确保短梁在这些关键区域的承载力和稳定性得到增强。

第三节　温度作用配筋原则

在水利水电工程中，通常认为结构物的最小尺寸超过 1 m 的混凝土结构是大体积混凝土结构。部分水工非杆件结构应属大体积混凝土结构。但是，与坝工大体积混凝土结构相比，水工非杆件结构温度作用下具有其特殊性。

①由于结构的体型特性独特，不能像处理大坝那样将其简化为平面应变问题。作为一个复杂的三维空间结构，其所有暴露在外的表面都是自由面，这就要求在进行温度应力分析时，必须充分考虑到其三维空间热交换性。

②为预防混凝土温度裂缝并减少温度应力，需全面考虑温度控制、约束条件改善以及混凝土抗裂性能提升这三个关键因素。

然而，在混凝土结构中，温度变化会引起混凝土的体积变化，从而产生温度应力。为了控制温度应力，需要进行合理的配筋设计。因此，这里的温度作用配筋原则，主要是研究混凝土温度应力、温度裂缝以及温度场和应力计算，通过这些内容的分析合理配置钢筋。

一、混凝土温度应力发展过程及类型

（一）混凝土水化热温升发展过程

混凝土结构水化热温升的变化过程，如图 8-7 所示。在完全隔热的情况下，即混凝土结构与外界无热量交换时，其水化热温升的变化路径遵循图中的虚线轨迹。而当混凝土结构表面与外部环境存在热量交换，导致部分热量散失时，其温升变化则按照实线所示进行，达到最高温度（$T_p + T_r$）后，温度开始逐渐下降。当新混凝土覆盖在原有混凝土表面时，由于新混凝土的水化热作用，老混凝土的温度会略有回升。经过第二个温度峰值后，温度持续下降。如果观测点距离侧面较远，温度将以缓慢且稳定的方式下降，最终趋近于稳定温度 T_f。此外，由于外部环境温度的变化，持续温降过程中会伴随着一定的温度波动，如图中实线所示。最终，温度将在 T_f 附近呈现周期性的小幅波动，这被称为准稳定温度状态。

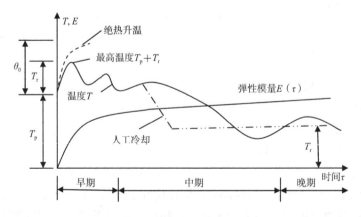

图 8-7　混凝土温度应力的发展过程

混凝土结构中的水化热温升发展变化过程主要受混凝土绝热温升 θ_0、浇筑温度 T_p、外界环境温度和结构散热边界条件等影响。

①浇筑温度 T_p，指的是新浇筑的混凝土在完成浇筑后所具有的温度。该温度的高低主要受以下几个因素影响：浇筑时的环境温度、混凝土原材料在搅拌时的温度，以及搅拌过程中因机械能转换而产生的附加温度。这些因素共同决定了混凝土在浇筑完成后的初始温度状态。

②混凝土绝热温升 θ_0，是指混凝土在制备过程中，由于水泥等胶凝材料水化反应释放的热量，导致混凝土温度上升的程度。这一温升值主要由单位体积混凝土中胶凝材料的含量、比例、品种及成分等因素所决定。

③外界环境温度，涵盖混凝土结构所处环境介质的温度，如气温、水温、日照辐射以及地温等。这些环境因素均对混凝土结构的温度变化产生直接或间接的影响，从而进一步影响结构的性能与安全性。

④结构散热的边界条件，主要是指混凝土结构与周围环境介质之间发生的热交换情况。这一条件受多方面因素影响，包括结构的体型设计、养护方式的选择、拆模时间的确定，以及外部环境条件的变化等。这些要素共同决定了混凝土结构在散热过程中的热交换效率与效果。

⑤水化热温升 T_r，指的是在混凝土搅拌过程中，水泥等胶凝材料因水化作用产生的热量，在受到外部环境因素的作用后，导致混凝土实际温度上升的数值。

（二）温度应力发展过程

在大体积混凝土结构中，从混凝土浇筑成型到使用阶段，由于混凝土弹性模量随龄期而变化特性的影响，温度应力的发展过程可以分为以下三个阶段。

1. 早期

混凝土生命周期的初期阶段，大约持续一个月，始于混凝土的浇筑并延续至水泥水化热释放基本完成。在这个阶段，混凝土展现出两大显著特性。首先，水泥会释放大量的水化热。其次，混凝土的弹性模量会迅速增长。由于这一显著的弹性模量变化，混凝土内部会产生温度残余应力。

2. 中期

当水泥水化释放的热量过程几乎结束时，混凝土开始进入中期阶段。这个阶段会一直延续，直到混凝土的温度达到稳定状态，不再有明显的变化。在这个阶段，混凝土所承受的温度应力主要来自其自身的冷却过程以及外部环境温度的波动。这些新产生的应力与混凝土在初期形成的温度残余应力相互叠加，共同作用于混凝土的内部结构。随着时间的推移，混凝土的弹性模量逐渐趋于稳定，这意味着其抵抗变形的能力已经达到了一个相对固定的水平。

3. 晚期

在混凝土结构的晚期阶段，混凝土运行于一个温度相对稳定的环境之中。在这个阶段，温度应力主要源于外部与内部环境的温度变化以及水温的波动。这些应力与早、中期所形成的温度残余应力叠加，共同构成晚期温度应力。这里暂不考虑由使用期间荷载所引发的应力。

（三）温度应力的类型

温度应力通常可分为以下两类。

1. 自生应力

对于在边界条件无外部约束或处于完全静定状态的结构，当内部温度分布呈现非线性特性时，结构内部因相互制约而产生的温度应力，被定义为自生应力。自生应力的一个明显标志是，在其整个截面上，拉应力和压应力达到平衡状态，这一点可以参考图8-8（a）的示意。

2. 约束应力

当结构的全部或部分边界受到外部约束，使得在温度变化时无法自由形变时，由此引发的温度应力被称作约束应力。例如，当混凝土浇筑块在冷却过程中受到基础结构的限制时，所产生的温度应力即为约束应力，如图8-8（b）所示。

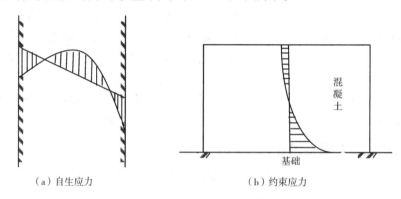

（a）自生应力　　　　　　　　（b）约束应力

图 8-8　温度应力示意图

在静定结构中，只会出现由结构内部互相约束而产生的自生应力。然而在超静定结构中，可能同时出现由外界约束引起的约束应力以及由结构内部互相约束产生的自生应力。

二、混凝土温度裂缝的主要特点和类型

（一）混凝土结构温度裂缝的类型

按温度裂缝产生的位置，通常将温度裂缝分为表面裂缝、深层裂缝和贯穿裂缝，如图8-9所示。

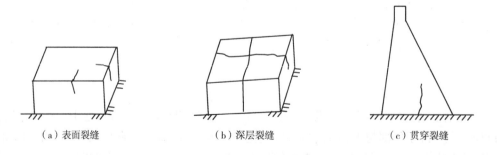

（a）表面裂缝　　　　　　（b）深层裂缝　　　　　　（c）贯穿裂缝

图 8-9　温度裂缝类型示意图

表面裂缝大多局限于混凝土的外表层，其危害相对较小。然而，对于那些位于基础结构或老混凝土约束区域内的表面裂缝，情况有所不同。在内部混凝土温度下降的过程中，这些裂缝有可能扩展成为贯穿性裂缝，对结构安全构成较大威胁。深层裂缝虽然不像贯穿裂缝那样严重，但它们也部分破坏了结构的完整性，因此也不容忽视。至于贯穿裂缝，它们会完全切断结构断面，破坏结构的整体性和稳定性，危害性非常严重。

（二）混凝土结构温度裂缝的特点

相比于由荷载作用引发的裂缝，大体积混凝土结构中由温度作用产生的裂缝具有以下几个显著的特点。

①温度裂缝由混凝土的变形能力控制。温度裂缝的形成源于结构在温度变化下产生的变形。当这种变形受到内部或外部约束的限制时，会导致应力的产生。一旦这些应力超过材料的承受能力，便会在结构中形成裂缝。裂缝一旦形成，结构的变形会得到一定程度的满足，进而应力状态会得到缓解。虽然一些材料的强度指标并不突出，但它们却能够凭借出色的韧性，在变形要求下表现出良好的适应性，并展现出卓越的抗裂性能。因此，在控制混凝土因温度变化而产生的裂缝时，提高混凝土承受变形的能力，也就是增强其极限拉伸应变，成了至关重要的措施。

②温度裂缝具有时间性。混凝土结构在温度变化下所经历的变形、约束应力的形成、裂缝的产生与扩展，并非一蹴而就，而是一个渐进的、多阶段的过程。如果所有的温度变化都是在瞬间发生的，而且导致瞬时应力迅速攀升至峰值，几乎触及弹性应力的极限值，那么紧接着会出现应力松弛现象，这种现象对于实际工程应用而言，并不具备实际价值。因为最高应力已经产生，混凝土已经出现了裂缝。然而，如果温度变形的过程能够在一个相对较长的时间范围内缓慢发生，那么每个时间段内由温差所产生的约束应力将会拥有足够的时间来逐渐释放和松弛。

③温度裂缝处钢筋的应力较小。在裂缝尚未萌生的区域，钢筋所承受的应力普遍处于 $20\sim30$ MPa 的较低水平。然而，当温度裂缝开始显现，即便裂缝的宽度扩展至大约 1 mm，钢筋应力也仅上升至 $100\sim200$ MPa。

三、混凝土温度场及应力场计算

（一）非稳定温度场计算

根据热传导理论，在混凝土中，热的传导满足下列微分方程。

$$\begin{cases} \dfrac{\partial T}{\partial \tau} = a\left(\dfrac{\partial^2 T}{\partial x^2} + \dfrac{\partial^2 T}{\partial y^2} + \dfrac{\partial^2 T}{\partial z^2} \right) + \dfrac{\partial \theta}{\partial \tau} \\ a = \dfrac{\lambda}{c\rho} \end{cases} \tag{8-28}$$

式中，T——温度，℃；

τ——时间，h；

x、y、z——直角坐标。

a——混凝土的导温系数，m^2/h；

θ——混凝土的绝热温升，℃；

λ——混凝土的导热系数，$kJ/(m \cdot h \cdot ℃)$；

c——比热，$kJ/(kg \cdot ℃)$；

ρ——密度，kg/m^3。

热传导方程（8-28）构建了混凝土结构温度与时间、空间之间的普遍联系。结合实际情况中可能存在的初始条件和边界条件，可以推导出既符合内热源非稳态热传导微分方程的要求，又能满足特定边界条件的特殊解。

（二）边界条件

1. 混凝土与空气接触的上表面

基础底板类大体积混凝土的上表面与空气直接接触。根据能量守恒定律，在任意给定的时间段 dt 内，混凝土内部质点通过热传递作用释放给表层质点的热流量 $Q_内$，与混凝土表面通过对流作用向空气传递的热流量 $Q_外$，是保持平衡的。这意味着两者传递的热量相等，即

$$\begin{cases} Q_内 = Q_外 \\ Q_内 = -\lambda \dfrac{\partial T}{\partial n} \\ Q_外 = \beta(T_b - T_a) \end{cases} \tag{8-29}$$

式中，β——传热系数，$kJ/(m^2 \cdot h \cdot ℃)$；

T_b——边界面混凝土温度，这里取 $T_b =$ 入模温度；

T_a——空气温度。

则

$$-\lambda \frac{\partial T}{\partial n} = \beta(T_b - T_a) \tag{8-30}$$

式（8-30）通常称为混凝土温度场计算的第三类边界条件。

2. 混凝土与土壤接触的下表面

因为混凝土与土壤直接接触，所以大体积混凝土与地基接触的边界面上有：$T = T_s$，同时根据热平衡原理有

$$-\lambda \frac{\partial T}{\partial n} = \lambda_s \frac{\partial T_s}{\partial n} = q(t) \tag{8-31}$$

式中，T_s——地基表面的温度；

$q(t)$——沿接触面法向传递的热流密度；

λ_s——土壤的导热系数；

n——混凝土与地基接触面的垂直法线。

3.初始条件

大体积混凝土开始浇筑时的初始温度为混凝土的入模温度 T_j，即

$$\begin{cases} t = 0 \\ T(x, y, z, 0) = T_j \end{cases} \tag{8-32}$$

（三）温度场计算

根据热传导微分方程和相应的初始条件与边界条件，以及有关变分原理，三维非稳定温度场问题的有限单元法求解可取如下泛函 $I(T)$。

$$I(T) = \iiint\limits_{R_t} \left\{ \frac{1}{2}\left[\left(\frac{\partial T}{\partial x}\right)^2 + \left(\frac{\partial T}{\partial y}\right)^2 + \left(\frac{\partial T}{\partial z}\right)^2 \right] + \frac{1}{a}\left(\frac{\partial T}{\partial t} - \frac{\partial \theta}{\partial \tau}\right)T \right\} \mathrm{d}x\mathrm{d}y\mathrm{d}z +$$
$$\iint\limits_{S_1^3} \frac{\beta}{\lambda}\left(\frac{T}{2} - T_a\right)T\mathrm{d}s \tag{8-33}$$

式中，R_t——计算域；其他符号意义同前。

由泛函的驻值条件 $\dfrac{\delta I}{\delta T} = 0$ 和时间差分，可得向后差分的温度场求解的有限单元法格式为

$$\left[[H] + \frac{1}{\Delta t_n}[R]\right]\{T_{n+1}\} - \frac{1}{\Delta t_n}[R]\{T_n\} + \{F_{n+1}\} = 0 \tag{8-34}$$

式中，$[H]$——热传导矩阵；

$[R]$——热传导补充矩阵；

$\{T_n\}$、$\{T_n + 1\}$——结点温度列阵；

$\{F_n + 1\}$——结点温度载荷列阵。

（四）温度应力计算

混凝土在施工期和运行期的应力计算，依据弹性徐变理论，常采用增量初应变方法。该方法全面考虑了混凝土的自身体积变形、环境温度的变化以及干缩等因素。这些因素导致的总应变增量，是通过以下公式综合计算得出的。

$$\{\Delta \varepsilon_n\} = \{\Delta \varepsilon_n^e\} + \{\Delta \varepsilon_n^C\} + \{\Delta \varepsilon_n^T\} + \{\Delta \varepsilon_n^0\} + \{\Delta \varepsilon_n^S\} \tag{8-35}$$

式中，$\{\Delta \varepsilon_n^e\}$——弹性应变增量；

$\{\Delta \varepsilon_n^C\}$——徐变应变增量；

$\{\Delta \varepsilon_n^T\}$——温度应变增量；

$\{\Delta \varepsilon_n^0\}$——自生体积应变增量；

$\{\Delta \varepsilon_n^S\}$——干缩应变增量。

由物理方程、几何方程和平衡方程可得到任一时段 Δt_n 内，在区域 R 上的有限元法支配方程。

$$[K]\{\Delta\delta_n\} = \{\Delta P_n^G\} + \{\Delta P_n^C\} + \{\Delta P_n^T\} + \{\Delta P_n^S\} + \{\Delta P_n^0\} \tag{8-36}$$

式中，$\{\Delta\delta_n\}$——结点位移增量；

$\{\Delta P_n^G\}$、$\{\Delta P_n^C\}$、$\{\Delta P_n^T\}$、$\{\Delta P_n^S\}$、$\{\Delta P_n^0\}$——外荷载、徐变、变温、干缩、自身体积变形引起的等效结点力增量。

由式（8-35）求得任意时段内的结点位移增量 $\Delta\delta_n$，再由下式可得该时段内各个单元的应力增量。

$$[\Delta\sigma_n] = [D][B]\{\Delta\delta_n\} - [D]\left(\{\Delta\varepsilon_n^C\} + \{\Delta\varepsilon_n^T\} + \{\Delta\varepsilon_n^S\}\right) \tag{8-37}$$

对于在弹性基础上构建的混凝土结构，当基础与结构的材料属性满足等比例变形条件时，可以利用混凝土的应力松弛系数来计算徐变温度应力。同样，对于建立在刚性基础上的混凝土结构，这一原理同样适用。在实际应用中，可以将时间划分为 n 个细化的时间段，并在每个时间段的首尾分别计算温差 $\Delta\tau_i$、混凝土的线胀系数 α_c 以及该时段内混凝土的平均弹性模量 $E_c(\tau_i)$。随后，可以计算在第 i 个时间段 $\Delta\tau_i$ 内，由温度变化引起的弹性应力增量 $\Delta\sigma_i$，并通过引入混凝土的松弛系数来体现徐变的影响。

四、混凝土温度作用下的配筋要求

针对需要确保抗裂性能的混凝土结构，若温度作用对其产生影响并导致不满足抗裂要求时，可通过增加结构截面尺寸、提升混凝土强度等级或选择低热水泥等温控措施来满足抗裂要求。

鉴于温度配筋计算的复杂性，对于常见的底板和墙类水工混凝土结构，工程实践中通常建议根据经验直接配置适量的温度钢筋，从而避免烦琐的温度配筋计算过程。这种做法在《水工混凝土结构设计规范》中得到了明确规定，以简化设计流程并确保结构的温度适应性。

①针对闸墩等竖直墙体，其底部受到基岩的约束，如图 8-10（a）所示，在设计配筋时，需要特别注意配筋率的控制。在距离基岩 $L/4$ 的高度区间内，墙体每一侧面的水平钢筋配置比例应被限制在 0.2% 以内。同时，为确保结构经济合理，每米长度的配筋数量不可以超过 5 根直径为 20 mm 的钢筋。在墙体的上部，对于其他高度范围，建议将水平钢筋与墙体竖直钢筋的配置比例控制在 0.1% 以内。此外，每米长度的配筋数量也不应超过 5 根直径为 16 mm 的钢筋。这样的配筋设计可以确保闸墩等竖直墙体在受到温度等因素影响时，仍能保持结构的稳定性和安全性。

②针对图 8-10（b）所示的两端受大体积混凝土约束的墙体，配筋要求如下：墙体两侧的水平钢筋，其配筋率应控制在 0.2% 以内，同时，每米内的钢筋数量不应超过 5 根直径为 20 mm 的钢筋。在距离约束边缘 $H/4$ 长度的区域内，每侧墙体的竖向钢筋配筋率亦应控制在 0.2%，但同样，每米长度内的钢筋数量不得超过 5 根直径为 20 mm 的钢筋。而在墙体的其他部分，为了优化材料使用并保持结构的合理性，建议将竖向钢筋的配筋率降

低到 0.1%，每米内的钢筋数量限制为不超过 5 根直径为 16 mm 的钢筋。

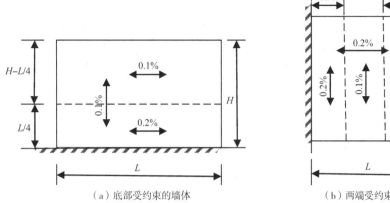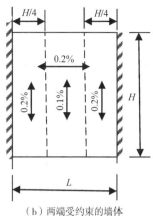

（a）底部受约束的墙体 　　　　　　　（b）两端受约束的墙体

图 8-10　墙体温度钢筋配置示意图

③对于底面受到基岩约束的底板，其板顶面应配置钢筋网以增强结构强度。钢筋网在每一方向上的配筋率建议控制在 0.1% 以内，同时，每米内的钢筋数量不应超过 5 根，且钢筋的直径应限制为 16 mm。

④为了防止因大体积混凝土块体内部温度降低产生的收缩受到基岩或已凝固混凝土的制约而导致基础开裂，应在块体底部合理布置防裂钢筋。这些限裂钢筋能够有效地分散和抵抗由收缩引起的应力，从而减少裂缝的形成，保证结构的完整性和耐久性。

⑤当温度作用与其他荷载共同作用于结构时，如果由其他荷载所需的受拉钢筋面积已经超过了之前所确定的配筋用量，那么就不需要再额外配置专门的温度钢筋。这意味着，在满足其他荷载要求的前提下，已经配置的钢筋足够应对温度效应产生的应力，无须再增加额外的温度钢筋。

第四节　混凝土坝内廊道及孔口结构

混凝土重力坝内设置的廊道及孔口，主要是为了提供交通并进行施工期的灌浆、运行期的观测和排水等，还有的是作为施工导流、泄洪及输水用。根据其功能不同，可分为泄洪孔、导流孔、输水管道、排水廊道、灌浆廊道、监测廊道、交通廊道、闸门操作廊道、电梯井、电缆洞、通风孔、水泵房等。其形状主要有圆形、矩形、马蹄形（下方上圆）及椭圆形。

在混凝土坝内设置这些孔口和廊道不可避免地破坏了坝剖面的连续性。其影响有两个方面：一是坝剖面整体的应力分布发生了改变；二是在孔口周围产生了较大的应力集中，从而提出了孔口周边的强度问题。前者的影响对于小孔口而言是微小的，一般可忽略不计，坝剖面的应力仍可按无孔口的情况作为连续体进行分析。

一、作用在孔口和廊道上的荷载

（一）内水压力

坝内孔口按有无内水压力可分为有压孔口和无压孔口。对于坝内输水道，内水压力则是最主要的荷载。水压力的大小由水力计算确定，包括静水压力和水锤压力。简化计算时，可把孔口中心处的水压力作为均匀的压力计算。孔口尺寸较大时，可考虑顶底部的压力差。

（二）坝体应力

坝体应力是指坝剖面在孔口中心处的应力分量 σ_x、σ_y、τ_{xy}（或 σ_1、σ_2），它是由作用在混凝土重力坝上的作用而引起的。这些作用包括永久作用、可变作用和偶然作用。

永久作用有：坝体自重和永久设备的自重；

可变作用有：正常蓄水位下的静水压力、扬压力、浪压力、动水压力、泥沙压力、冰压力、土压力；

偶然作用有：校核洪水位时的静水压力、地震作用。

混凝土坝在上述荷载作用下产生的应力，一般可用材料力学的公式计算，必要时需进行模型试验或用有限单元法进行计算（如高坝或地质条件较复杂的坝）。

（三）温度作用

一些孔口产生裂缝常由温度应力引起。温度应力大致有三类。

①由施工中混凝土的水化热产生的温差引起的应力。

②边界温度的季节温差引起的应力。

③孔口内的水温变化引起的应力。

第一类主要是通过施工时的温控来减少其影响。第二、三类由水温和气温变化产生的温度应力，有时可能还比较大，必要时要进行温度应力计算。

二、坝内孔口和廊道的应力

这里所讲的孔口和廊道的应力，都是指"小孔口"应力。所谓"小孔口"是指坝内设置该孔口后并不改变通过孔口的截面上的整体应力分布，而仅在孔口周围产生局部的应力改变。反之，如果有孔时的截面应力分布与无孔时的截面应力分布不仅在孔口周边，而且在其他部位均差别较大，则称为"大孔口"。

（一）圆形孔口的应力计算

1. 圆孔在坝体荷载作用下的应力

这里的"坝体荷载"是指坝剖面在圆孔中心处的应力分量，将坝体荷载作为孔口应力分析的荷载。具体做法是：按无孔情况求得坝剖面的应力分布，求得圆孔中心的应力分量，然后截取一平面计算单元进行二次应力分析，如图 8-11 所示。

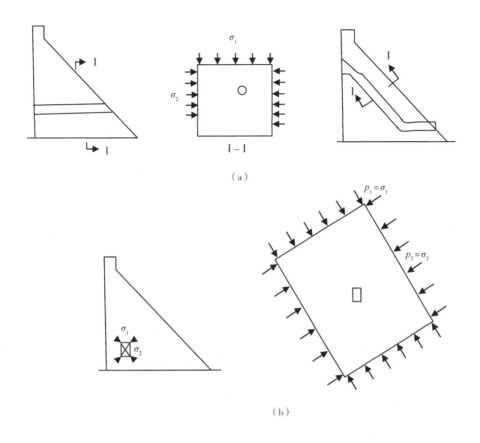

（a）

（b）

图 8-11 无限域中小孔口计算单元

当圆孔的形心距边界的距离超过其直径的 3 倍时，这种计算单元所得出的结果将与在无限大区域内圆孔的应力分布非常接近。对于无限大区域中的圆孔，可以利用弹性理论求得一个经典的解析解，即基尔霍夫（Kirchhoff）公式。图 8-12（b）展示了这种应力分布的情况，其中最大的应力 $\sigma_{\theta\max}$ 出现在圆孔的边缘。随着距离 r 的增大，σ_θ 迅速减小，如图 8-12（a）所示。

2. 圆孔在均匀内水压力作用下的应力

圆孔在均匀内水压力作用下，也可以由弹性理论得到应力计算公式，其应力分布如图 8-12（c）所示。

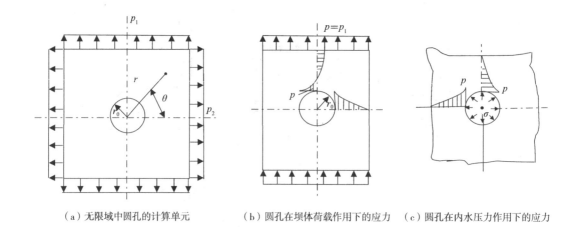

（a）无限域中圆孔的计算单元　　（b）圆孔在坝体荷载作用下的应力　　（c）圆孔在内水压力作用下的应力

图 8-12　圆孔的弹性应力

3. 圆孔在温度作用下的应力

若已知温度分布曲线 $T(r)$，设混凝土为理想弹性体，并认为可以简化成轴对称厚壁圆筒，则可以用弹性理论方法求得温度应力 σ_r、σ_θ、σ_z，如图 8-13 所示。

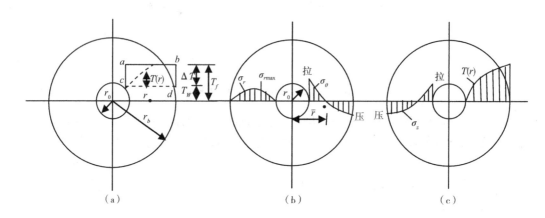

（a）　　　　　　　　　　（b）　　　　　　　　　　（c）

图 8-13　圆孔在温度作用下的应力

（二）矩形孔口和马蹄形孔口的应力计算

这里讨论的仍是无限域中的小孔口。当孔口为矩形、马蹄形或其他形式时，由于其边界复杂，就很难像圆孔那样可以用初等方法解答，而需要用复变函数法求解。复变函数法的计算过程和最终的理论公式都十分冗长，但现在已可以把复变函数法编制成计算机程序进行计算，特别是把计算结果制成了数表，供工程技术人员查用，十分方便。

在 20 世纪 80 年代以前，美国垦务局光弹性实验室所制定的标准廊道数表在工程界被普遍用于应力计算，并且至今仍有其应用价值。然而，文献显示光弹试验所得出的应力值偏高。考虑到现今已有基于复变函数法并通过计算机计算得出的新数表系列，建议将这些更新的成果在工程界广泛推广，以替代旧有的试验结果，从而提供更精确的应力计算。

三、孔口和廊道的配筋

这里主要说明坝内无压孔口和廊道的配筋问题。孔口和廊道的配筋不同于杆件结构。无压孔口主要受坝体荷载的作用，其破坏形态较复杂，缺乏实际工程破坏的例子。只是观察到裂缝的存在，也很难判断这些裂缝对坝体危害的程度。坝内孔口和廊道的破坏，仅有一些模型试验的资料，但模型试验毕竟与实际工程有些差异。如图 8-14 所示为武汉大学土木建筑工程学院原"大体积混凝土应力配筋研究"专题组做的三种孔口模型的试验结果。其破坏形态都在受拉控制截面（竖直面 $A - A$ 上）先产生裂缝，受拉钢筋应力增大，裂缝逐步向上、下两个方向发展（局部破坏），当荷载 p_y 很大时，孔口两侧产生斜向或竖向的劈裂破坏（整体破坏）。受拉钢筋有的在整体破坏前即已屈服。

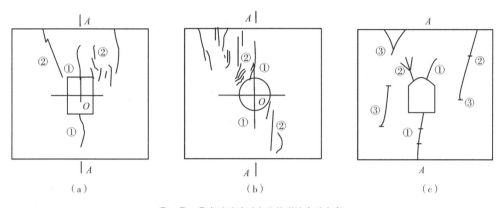

①、②、③表示试验时产生的裂缝先后次序

图 8-14　孔口的模型试验

事实上，整体破坏属于混凝土坝的破坏。这种破坏必须通过降低坝内的应力来解决，是属于整个坝剖面的设计问题，不是通过配筋来防止这种破坏的。孔口结构的破坏应属于局部破坏，孔口和廊道的配筋是为了解决其周边的局部强度问题。通过配筋来增大周边的强度，限制裂缝开展，保持孔口周围混凝土的整体性，不产生大范围的裂缝，以确保混凝土坝的整体安全。

孔口和廊道作为非杆件结构，配筋的依据是孔口周边的拉应力图形。这种按弹性拉应力图形配筋的方法，在我国已经历了三个不同的发展阶段。

① 20 世纪五六十年代的"按全面积配筋"方法。这种方法认为靠混凝土承担拉应力是不可靠的，全部拉应力都由钢筋来承担，如图 8-15（a）所示。

② 20 世纪 70 年代末开始施行的按"大于 $[f_t]$ 的面积配筋"方法，如图 8-15（b）所示。这是《水工钢筋混凝土结构设计规范》（SDJ 20—78）[①] 附录四中的方法。这一方法认为混凝土可以承担一部分拉应力。弹性应力图形中 $[f_t]$ 为混凝土的许用拉应力，按 SDJ 20—78 取值。小于 $[f_t]$ 的部分由混凝土承担，大于 $[f_t]$ 的部分由钢筋承担。

---

① 已废止。现行文件为《水工混凝土结构设计规范》（SL 191—2008）。

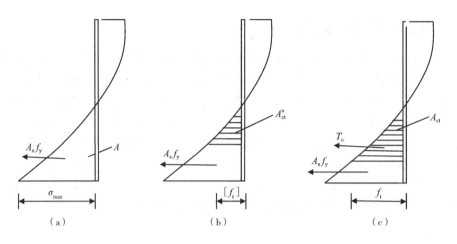

图 8-15　按三种不同的方法配筋示意图

③《水工混凝土结构设计规范》（DL/T 5057—1996）在其附录 H 中，采用了一种基于"大于 f_t 的面积配筋"的方法，如图 8-15（c）所示。专题组结合试验数据，并遵循与原公式相衔接的原则，提出了新的公式，并收录在《水工混凝土结构设计规范》（NB/T 11011—2022）的附录 D 中。这一改动确保了设计规范更为精确、贴近实际工程需求。

$$T \leqslant \frac{1}{\gamma_d}\left(0.6T_c + f_y A_y\right) \tag{8-38}$$

式中，T——由荷载设计值（包含结构重要性系数 γ_0 及设计状况系数 ψ）确定的主拉应力在配筋方向上形成的总拉力；

　　　T_c——混凝土承担的拉力；

　　　A_y、f_y——受拉钢筋的截面积及钢筋抗拉强度设计值；

　　　γ_d——钢筋混凝土结构的结构系数，γ_d 取 1.2。

关于坝内孔口和廊道的配筋，还有一些尚待研究解决的问题。相关规范中对于孔口和廊道是否一定要配筋并未作硬性规定。根据一些相关研究和观测的成果来看，坝内的一些小型廊道和孔口，周围的拉应力区范围及拉应力值都很有限，一些工程技术人员及研究人员认为，这种情况下是可以不配筋的。国内外的工程实践中，也有不配筋的廊道，如我国的富春江大坝的灌浆廊道、新安江大坝的部分检查廊道等都没有配筋。这些廊道，有的有裂缝，有的没有裂缝。裂缝大多是由温度作用引起的。因此，当廊道与上游坝面的距离较大、裂缝不致扩展到上游坝面、结构上又采用了椭圆形或其他避免应力集中的措施，施工时又有严格的温控措施时，则可以少配置或不配置钢筋。

但是，当廊道或孔口处于坝内高应力区时，或裂缝一旦产生就会继续扩展，甚至可能扩展到坝体上游面，造成水渗透入廊道，且危及坝的整体安全时，则必须按式（8-38）计算所需的面积配置钢筋。

第九章 水工混凝土结构耐久性能设计

在建筑工程中，水工混凝土结构的耐久性能设计起着至关重要的作用。水工混凝土结构常常暴露在水环境中，承受着水压、水浸、冻融循环等多种环境因素的影响。因此，耐久性能设计对于保障水工混凝土结构的安全稳定运行具有重要意义。耐久性能设计的目标是延长结构的使用寿命，使其能够在设计寿命内承受预期荷载和环境条件的影响。在水工混凝土结构的耐久性能设计中，需要从具体要求、存在问题、影响因素多个方面着手进行综合考量，然后通过制订科学合理的设计方案和维护措施，保障水工混凝土结构的安全稳定运行，为水利工程的建设提供可靠的保障。本章围绕水工混凝土结构的耐久性要求、水工混凝土的耐久性问题、影响混凝土结构耐久性的因素、水工混凝土结构的耐久性设计展开研究。

第一节 水工混凝土结构的耐久性要求

就水工混凝土结构而言，其耐久性主要是指结构在气候作用、化学侵蚀、物理作用或其他不利因素的作用下，在预定的时间内，其材料性能的恶化不会导致结构出现不可接受的失效概率，也就是说结构在设计使用年限内，不需花费大量资金加固处理而能保证其安全性和适用性的功能。水工混凝土结构的耐久性与结构的使用寿命总是相联系的。水工混凝土结构的耐久性越好，使用寿命越长。

目前，对水工混凝土结构耐久性的研究尚不够深入，关于耐久性的设计方法也不是定量设计[①]。因此，在进行水工混凝土结构的耐久性设计时需要遵循以下要求和规定保证。

一、水工混凝土结构设计内容要求

水工混凝土结构耐久性应根据结构的设计使用年限、结构所处的环境类别和作用等级进行设计。一般来讲，规定的设计内容如下。

①确定结构的设计使用年限、环境类别及其作用等级。

②采用有利于减轻环境作用的结构形式和布置。

③规定结构材料的性能与指标。

④确定钢筋的混凝土保护层厚度。

⑤提出水工混凝土构件裂缝控制与防排水等构造要求。

---

① 鲁伟栋.桥梁结构优化设计理念探讨 [J].中华民居（下旬刊），2013（4）：342-343.

⑥针对严重环境作用，采取合理的防腐蚀附加措施或多重防护措施。

⑦采用保证耐久性的混凝土成型工艺，提出保护层厚度的施工质量验收要求。

⑧提出结构使用阶段的检测、维护与修复要求，包括检测与维护必需的构造与设施。

⑨根据使用阶段的检测，必要时对结构或构件进行耐久性再设计。

建筑结构的设计使用年限如表3-10所示，环境类别如表9-1所示，环境作用等级如表9-2所示。在严重环境作用下，仅靠提高混凝土材料质量、改善混凝土密实性、增加保护层厚度和利用防排水措施等，往往还不能保证设计使用年限内具有足够的耐久性，这就需要采取一种或多种防腐蚀附加措施，如混凝土表面涂层、环氧涂层钢筋、钢筋阻锈剂和阴极保护等。

表9-1　环境类别

环境类别	名称	劣化机理
I	一般环境	正常大气作用引起钢筋锈蚀
II	冻融环境	反复冻融导致混凝土损伤
III	海洋氯化物环境	氯盐侵入引起钢筋锈蚀
IV	除冰盐等其他氯化物环境	氯盐侵入引起钢筋锈蚀
V	化学腐蚀环境	硫酸盐等化学物质对混凝土的腐蚀

表9-2　环境作用等级

环境类别	环境作用等级					
	A 轻微	B 轻度	C 中度	D 严重	E 非常严重	F 极端严重
一般环境	I -A	I -B	I -C	—	—	—
冻融环境	—	—	II -C	II -D	II -E	—
海洋氯化物环境	—	—	III -C	III -D	III -E	III -F
除冰盐等其他氯化物环境	—	—	IV -C	IV -D	IV -E	—
化学腐蚀环境	—	—	V -C	V -D	V -E	—

水工混凝土结构的设计使用年限是建立在预定的维修与使用条件下的。因此，耐久性设计需要明确结构使用阶段的维护、检测要求，包括设置必要的检测通道，预留检测维修空间和装置，对于重要工程需预先设置耐久性预警和监测系统。

二、水工混凝土结构材料要求

水工混凝土质量是影响结构耐久性的重要因素。结构设计时，混凝土强度等级应同时满足耐久性和承载能力的要求。选用水工混凝土材料时，根据结构所处的环境类别、作用等级和结构设计使用年限，应同时满足混凝土最低强度等级、最大水胶比和混凝土原材料组成的要求。

（一）水工混凝土最低强度等级要求

《混凝土结构耐久性设计标准》（GB/T 50476—2019）分别规定了一般环境、冻融环境、氯化物环境和化学腐蚀环境的材料和保护层厚度的要求，其配筋混凝土结构满足耐久性要求的混凝土最低强度等级如表9-3所示。

表9-3　满足耐久性要求的混凝土最低强度等级

环境类别与作用等级	设计使用年限		
	100 年	50 年	30 年
Ⅰ–A	C30	C25	C25
Ⅰ–B	C35	C30	C25
Ⅰ–C	C40	C35	C30
Ⅱ–C	C_a35，C45	C_a30，C45	C_a30，C40
Ⅱ–D	C_a40	C_a35	C_a35
Ⅱ–E	C_a45	C_a40	C_a40
Ⅲ–C，Ⅳ–C，Ⅴ–C，Ⅲ–D，Ⅳ–D，Ⅴ–D	C45	C40	C40
Ⅲ–E，Ⅳ–E，Ⅴ–E	C50	C45	C45
Ⅲ–F	C50	C50	C50

注：表中 C_a 为引气混凝土的强度等级。

此外，为满足耐久性要求，预应力构件的混凝土最低强度等级要求不应低于C40；素混凝土结构的混凝土最低强度等级，对于一般环境不低于C20。对于重要工程或大型工程，除满足表9-3的要求外，还应针对具体的环境类别和作用等级，分别提出抗冻耐久性指数、氯离子扩散系数等具体量化的耐久性指标。

一般来讲，对结构耐久性设计的水工混凝土材料要求包括以下内容。

①处于一、二、三类环境中，设计使用年限为50年的结构，其混凝土材料耐久性的基本要求应符合如表9-4所示的规定。

②处于一类环境中，设计使用年限为100年的结构，应符合以下规定：钢筋混凝土结构的最低强度等级为C30，预应力混凝土结构的最低强度等级为C40；混凝土中的最大氯离子含量为0.06%；宜使用非碱活性骨料，当使用碱活性骨料时，混凝土中的最大碱含量为 $3.0\,kg/m^3$；当采取有效的表面防护措施时，混凝土保护层厚度可适当减小。

表 9-4　结构混凝土材料的耐久性基本要求

环境等级	最大水胶比	最低强度等级	最大氯离子含量 /%	最大碱含量/(kg·m^{-3})
一	0.60	C20	0.30	不限制
二 a	0.55	C25	0.20	
二 b	0.50（0.55）	C30（C25）	0.10	
三 a	0.45（0.50）	C35（C30）	0.10	3.0
三 b	0.40	C40	0.06	

注：1. 氯离子含量按氯离子与水泥用量的质量百分比计算。

2. 预应力构件混凝土中的最大氯离子含量为 0.06%，最低混凝土强度等级应按表中的规定提高两个等级。

3. 素混凝土构件的水胶比及最低强度等级的要求可适当放松。

4. 有可靠工程经验时，二类环境中的最低混凝土强度等级可降低一个等级。

5. 处于严寒和寒冷地区二 b、三 a 类环境中的混凝土应使用引气剂，并可采用括号中的有关参数。

6. 当使用非碱活性骨料时，对混凝土中的碱含量可不做限制。

③处于二、三类环境中，设计使用年限为 100 年的结构，应采取专门的有效措施。专门有效的措施包括：限制混凝土的水胶比；适当提高混凝土的强度等级；保证混凝土的抗冻性能；提高混凝土的抗渗能力；使用环氧涂层钢筋；构造上避免积水；构件表面增加防护层使之不直接承受环境作用等。特别是规定维修的年限或对结构构件进行局部更换，均可延长主体结构的实际使用年限。

④耐久性环境类别为四类、五类的混凝土结构，应符合《混凝土结构耐久性设计标准》的要求。

（二）水工混凝土原材料要求

1. 水泥

①为防止碱 - 骨料反应的发生，采用低碱水泥，水泥的碱含量，按氧化钠（Na$_2$O）当量计，低于 0.6%。

②水泥质量应稳定，实际强度应与其强度等级相匹配，其抗压强度标准差控制在 3.0 MPa 以内。

③为控制水工混凝土温度裂缝的产生，水泥使用时温度不得超过 60℃，避免使用刚出厂的新鲜水泥。

2. 粉煤灰

①粉煤灰必须来自燃煤工艺先进的电厂且为低钙灰。粉煤灰必须是品质稳定、来料均匀、来源固定的二级以上灰。

②粉煤灰的品质特别注意烧失量和需水量比两项指标，其中粉煤灰烧失量不得大于8%，对预应力梁混凝土，烧失量不宜大于5%。

③计算混凝土总碱量时，粉煤灰的碱含量以其中的可溶性碱计算，可溶性碱约为总碱量的1/6，总碱量以 $Na_2O + 0.658K_2O$ 计。

3. 集料

①碎石应符合国家标准《建设用卵石碎石》（GB/T 14685—2022）的技术要求。

②选择料场时必须对碎石进行潜在碱活性的检测，不得采用可能发生碱 – 骨料反应的活性集料。

③水工混凝土碎石应选用粒形和级配良好的碎石，碎石粒径范围为5～31.5 mm 和5～25 mm，采用两级配碎石，碎石的主要技术要求如表9–5所示。

表 9–5　碎石的主要技术要求

序号	项目	指标	
		C50 以下	C50 及以上
1	含泥量或粉尘含量（按质量计，%）≤	0.5	0.5
2	泥块含量（按质量计，%）＝	0	0
3	坚固性指标的质量损失（%）≤	8	5
4	岩石抗压强度 / 混凝土强度，≥	2	2
5	针片状颗粒（按质量计，%）≤	10	5
6	碎石压碎指标（%）≤	10	7
7	表观密度（kg/m³）≥	2 600	2 600
8	松散堆积密度（kg/m³）≥	1 450	1450
9	空隙率（%）≤	45	45
10	吸水率（%）≤	2	2
11	碱 – 骨料反应（膨胀率）（%）≤	0.15	0.15
12	有机物含量	合格	合格
13	硫化物及硫酸盐含量（%）≤	0.5	0.5

④碎石的吸水率、热膨胀系数直接影响混凝土的抗裂性能。

4. 化学外加剂

① C30 及以上强度等级混凝土使用聚羧酸减水剂。

②聚羧酸减水剂中氯离子含量（按折固含量计）不大于 0.6%，总碱量（按折固含量计）不大于 10%。

③外加剂含气量满足《混凝土结构耐久性设计标准》等相关规范要求。

5. 拌和用水

混凝土拌和不得使用海水、污水和 pH 值小于 5 的酸性水，水中的氯离子含量应小于 200 mg/L，硫酸盐含量按硫酸根离子（SO_4^{2-}）计小于 500 mg/L。

三、水工混凝土配合比设计要求

水工混凝土配合比设计应以耐久性为核心，抗裂性和抗渗性并重，同时兼顾混凝土工作性能，确保各项性能均衡发展。

关于配合比设计的具体要求，主要包括以下几方面。

①混凝土的配合比设计除应满足国家标准规定外，尚应满足该工程商品混凝土供应项目招标文件中的相关要求。

②防水混凝土最低水泥用量不宜低于 260 kg/m³。

③为防止碱 – 骨料反应的发生，单方混凝土中总碱含量不应超过 3.0 kg/m³。

四、水工混凝土结构和构造要求

（一）混凝土保护层

混凝土保护层的含义是：结构构件中钢筋外边缘至构件表面范围用于保护钢筋的混凝土。

混凝土结构构件中普通钢筋及预应力筋的混凝土保护层厚度应满足下列要求。

①构件中受力钢筋的保护层厚度不应小于钢筋的公称直径 d；

②设计使用年限为 50 年的混凝土结构，最外层钢筋的保护层厚度应符合如表 9-6 所示的规定；设计使用年限为 100 年的混凝土结构，最外层钢筋的保护层厚度不应小于表 9-6 中数值的 1.4 倍。

表 9-6　钢筋的混凝土保护层最小厚度

单位：mm

环境等级	板、墙、壳	梁、柱、杆
一	15	20
二 a	20	25
二 b	25	35
三 a	30	40
三 b	40	50

注：1. 混凝土强度等级不大于 C25 时，表中保护层厚度数值应增加 5 mm。

2. 钢筋混凝土基础宜设置混凝土垫层，基础中钢筋的混凝土保护层厚度应从垫层顶面算起，且不应小于 40 mm。

房屋建筑混凝土结构和水池等构筑物结构钢筋的混凝土保护层厚度首先应满足表 9-6 的规定。从表 9-6 看出，对三 b 环境类别中的梁、柱、杆，混凝土保护层厚度最小是 50 mm。当保护层厚度超过 50 mm 时，宜对保护层采取有效的构造措施，如设置钢筋网片，但同时要注意网片钢筋的保护层厚度不应小于 25 mm。

《给水排水工程构筑物结构设计规范》（GB 50069—2002）对水池等构筑物各构件的受力钢筋的混凝土保护层最小厚度（从钢筋的外缘处起）也做了规定，如表 9-7 所示。在工程结构设计时，应注意表 9-7 下面的注 5，一般构筑物的结构设计应尽可能在构件的外表面用水泥砂浆抹面，因而可适当减小混凝土保护层厚度，增强构件的结构性能。需要特别指出的是，因为 2024 年版《混凝土结构设计规范》（GB 50010—2010）在当前是关于混凝土结构设计的最新规范，在进行结构设计时，应优先遵守该规范的各项规定。

表 9-7　受力钢筋的混凝土保护层最小厚度

构件类别	工作条件	保护层最小厚度 /mm
墙、板、壳	与水、土接触或高湿度	30
	与污水接触或受水汽影响	35
梁、柱	与水、土接触或高湿度	35
	与污水接触或受水汽影响	40
基础、底板	有垫层的下层筋	40
	无垫层的下层筋	70

注：1. 墙、板、壳内的分布筋的混凝土净保护层最小厚度不应小于 20 mm；梁、柱内箍筋的混凝土净保护层最小厚度不应小于 25 mm。

2. 表列保护层厚度系按混凝土等级不低于 C25 给出，当采用混凝土等级低于 C25 时，保护层厚度尚应增加 5 mm。

3. 不与水、土接触或不受水汽影响的构件，其钢筋的混凝土保护层的最小厚度，应按现行的 2024 年版《混凝土结构设计规范》的有关规定采用。

4. 当构筑物位于沿海环境，受盐雾侵蚀显著时，构件的最外层钢筋的混凝土最小保护层厚度不应小于 45 mm。

5. 当构筑物的构件外表设有水泥砂浆抹面或其他涂料等质量确有保证的保护措施时，表列要求的钢筋的混凝土保护层厚度可酌量减小，但不得低于处于正常环境的要求。

以下几种情况水工混凝土保护层厚度可适当减小：当采取有效的表面防护措施时；工厂化生产的预制构件；在混凝土中掺加阻锈剂或采用阴极保护处理等防锈措施；在确保构件表面抹灰层厚度的条件下，当对地下室墙体采取可靠的建筑防水、防腐做法时，与土层接触一侧钢筋的保护层厚可适当减少，但不应小于 25 mm。

钢筋的混凝土保护层厚度不仅是为了保护钢筋，这个数值在后面的构件截面设计的计算中起到至关重要的作用，保护层过厚对结构设计是不经济的。结构设计还应该有一种思想，对于较差的环境类别，不能一味地增加混凝土保护层厚度，应采取在构件表面抹灰等防护措施。结构设计应该特别注意说明的一点是：不管是建筑物结构还是构筑物结构，一般选择混凝土强度等级都应不小于C25，且都在混凝土结构构件的表面做抹灰，尤其对二a类以上环境类别的结构，应在混凝土结构构件表面用水泥砂浆抹灰，抹灰厚度一般不小于20 mm。所以，当进行结构计算时，选取混凝土保护层厚度采用表9-6较为符合实际，也比较好推论。

除了厚度方面的具体要求，在进行混凝土保护层的具体设置时，还应当注意以下问题。

①为了利于钢筋的定位，要求使用定制保护层定位夹（块）。保护层定位夹（块）的尺寸及其形状应能保证混凝土保护层厚度的准确性。浇筑混凝土前，钢筋安装时保护层厚度的允许偏差：板墙结构 +3 mm，–0 mm；梁及柱结构 +5 mm，–0 mm。保护层内不得有绑扎钢筋的铁丝伸入。

②现场混凝土保护层的实际厚度宜采用非破损检测确定。非破损方法使用的仪器应经过计量检验，并用局部破损方法进行校准，钢筋保护层厚度检测仪检测误差不应大于1 mm。

（二）施工缝和伸缩缝

①结构的施工缝和伸缩缝位置，应尽可能避开可能遭受最不利侵蚀环境的部位以及可能发生较大拉应力的部位。

②在浇筑新混凝土前，施工缝的表面应用压力水冲洗、钢丝刷刷洗或凿毛。在用水刷洗时混凝土抗压强度须达到0.5 MPa，在人工凿毛时须达到2.5 MPa，用风动机凿毛时需达到10 MPa，同时应洒水使混凝土保持潮湿状态直至浇筑新混凝土。

五、水工混凝土结构施工要求

水工混凝土结构施工除应符合国家相关标准的规定外，尚应满足设计、招标文件中的相关要求。此外，还涉及以下几方面。

（一）混凝土拌和

①聚羧酸系高性能减水剂混凝土的搅拌时间应比普通混凝土的搅拌时间适当延长，从投料到出机，总的搅拌时间不少于120 s。对于混凝土的搅拌时间，每一工作班应至少抽查2次。

②混凝土的坍落度应在搅拌站和浇筑地点分别取样检测，每一工作班不应少于2次，如有疑问，可随时检测。在搅拌站和浇筑地点检测坍落度时，还应观察混凝土的和易性，不得泌水、离析、分层。

（二）混凝土浇筑

①应控制混凝土的出机口温度，保证浇筑温度满足温控标准的要求。混凝土浇筑温度应视气温而调整，在炎热气候下不宜高于30 ℃，冬季不得低于5 ℃[①]。

---

① 刘锡明．泉州湾跨海大桥工程结构耐久性措施研究 [J]．福建交通科技，2012（4）：35–40.

②厚度大于 800 mm 的底板（含底梁）、厚度大于 500 mm 的侧墙和顶板、高架部分的承台，必须按大体积混凝土考虑，并采取缓凝措施，且缓凝时间不宜少于 20 h。

③当日平均气温超过 20 ℃时，对厚度大于 300 mm 的墙体，或断面最小尺寸大于 300 mm 的柱，浇筑前应预先冷却模板，浇筑后继续保持模板冷却，其方法有覆盖湿麻布或草袋、喷雾或淋水等。

六、水工混凝土结构质量检验要求

（一）一般要求

①为了确保水工混凝土结构工程质量，对主要原材料（水泥、碎石）、预制构件生产企业和混凝土搅拌站实行招标，对高性能减水剂实行资格准入制度，对混凝土搅拌站和预制构件生产企业实行驻站监理制度。

②当混凝土试件检验结果评定不合格或对混凝土实体产生怀疑时，应进行混凝土实体质量检验。

（二）具体检验要求

①施工前混凝土搅拌站（包括预制构件企业）和监理单位应对所使用的混凝土原材料质量进行检验，检验主要内容包括产品合格证、出厂检验报告和型式检验报告。混凝土配合比首次开盘时监理单位应进行旁站。

②施工过程中混凝土搅拌站（包括预制构件企业）应根据进行实际设计时提出的原材料技术要求和相关国家标准的规定对原材料进行进场检验。同时，监理单位应对进场的原材料进行见证试验。

③施工过程中应对混凝土工作性、强度、抗渗等级等性能进行检验。其检验项目、检验频次、取样和试样留置、检验结果应满足国家相关标准的要求。同时，监理单位应按照相关规定进行见证试验。

④施工过程中应对结构混凝土进行耐久性检验。

第二节　水工混凝土的耐久性问题

一、水工混凝土耐久性的工程问题

自钢筋混凝土结构问世以来，鉴于混凝土具有原材料来源丰富、可塑性强、施工方便等特点，通过在混凝土中配置钢筋，克服了混凝土抗拉强度低的缺点，充分发挥了混凝土和钢筋两种材料的长处，使钢筋混凝土成为水工工程中最重要的建筑材料。长久以来，钢筋混凝土一直被认为是一种耐久性很好的建筑材料。但是，随着混凝土结构使用范围的扩大，使用年限的增长，钢筋混凝土耐久性问题逐渐显现出来。

在我国，水工混凝土结构耐久性的问题也相当严重。新中国成立初期的混凝土结构，其混凝土强度普遍在 C20 左右，一些预制构件的混凝土保护层厚度低于 20 mm。鉴于上述情况，大量工业建筑、土木工程基础设施已经报废。20 世纪 80 年代以来，我国进入高速、大规模土木工程基础设施建设时期。但是，由于水工混凝土技术和施工管理与高速、大规模建设之间尚存在差距，因此我国海洋工程、港口工程、桥梁工程等基础设施，以及大部分工业建筑，因所处的使用环境较为严酷，其耐久性问题仍然令人关注。常见的水工混凝土耐久性工程问题包括以下几方面。

（一）裂缝

由于各种因素而引起的混凝土开裂破坏，统称为混凝土的裂缝。裂缝对水工混凝土建筑物的危害程度不一，严重的裂缝不仅危害建筑物的整体性和稳定性，而且会产生大量的漏水、射水，甚至危及建筑物安全运行。另外，裂缝往往会导致其他病害的发生和发展，如渗漏溶蚀、环境水的侵蚀、冻融破坏的扩展及混凝土碳化和钢筋锈蚀等，这些病害与裂缝形成恶性循环，对水工混凝土建筑物的耐久性产生较大的危害。我国不少的水工建筑物就由于存在着严重的裂缝而成为险坝险闸，使水利设施的经济效益和社会效益受到很大的影响，不得不花费大量人力、物力进行加固修复。

在如今的多座水利工程中，无论是大坝还是水闸、厂房或渡槽，都不同程度地存在着裂缝问题，而且有些工程裂缝还比较严重，已经成为水电站安全生产和水工建筑物安全运行的潜在威胁，应该引起充分重视并尽早采取有关解决措施。

（二）渗漏和溶蚀

水工混凝土建筑物的渗漏和溶蚀也是一个较为普遍的工程问题，不同地区的大坝工程中均程度不同地存在渗漏和溶蚀，发生概率很高，而且其中有些渗漏和溶蚀较为严重，已成为工程安全运行的威胁，如云峰、柘溪等水电站和陆浑、梅山等水库。有的工程虽做了多次处理，但隐患仍未完全消除。

水工混凝土建筑物（闸、坝）的主要任务是挡水，因此，一旦产生渗漏就会从根本上削弱挡水建筑物的主要功能。大量的渗漏水不但会使水利效益受到影响，更重要的是将会对水工混凝土建筑物本身产生破坏，甚至影响建筑物的稳定和安全运行。

（三）冲磨和空蚀

冲磨和空蚀是水工泄流建筑物如溢流坝、泄水洞（槽）、泄水闸等常见的工程问题。尤其是当流速较高且水流中又夹带着悬浮质或推移质时，建筑物遭受的冲磨、空蚀就更为严重。

据调查，大型混凝土坝在运行过程中有许多的工程都存在此类问题，尤其是黄河干流上的几个大型水电站和西南地区的水利水电混凝土工程，由于泥沙和推移质含量大，水流速度高，因此泄水建筑物的冲磨和空蚀已经成为一些水电站运行中的主要问题之一，有的甚至危及工程安全，急需修复。

二、水工混凝土耐久性的设计理论问题

（一）水工混凝土结构的气候环境作用定量化

在水工混凝土结构承载能力设计中，永久荷载、可变荷载以及风荷载、地震作用均可

采用量化模式进行设计；基于概率分析，可以使量化荷载模式具有一定的保证率，从而使设计出来的结构具有相应的可靠度。但是，水工混凝土结构耐久性设计目前还停留在经验的、定性的水平上。随着水工混凝土结构耐久性设计理论的发展，气候环境作用定量化已成为耐久性设计理论中一个突出的问题。

荷载和地震力对结构所产生的作用效应是结构内力和变形。荷载作用效应与结构抗力可以建立明确的对应关系，而环境作用与结构所产生的效应以及环境作用效应与结构抗力的关系则是复杂的。环境作用效应反映在对结构抗力的削弱，是一个渐进的退化过程，且环境作用效应与结构抗力退化不存在直接关系；但是，环境作用效应最后必将落实到结构抗力退化上来。如何建立环境作用、环境作用效应以及结构抗力之间的关系，将是水工混凝土耐久性理论必须解决的一个重要科学问题。

在水工混凝土耐久性设计中，环境作用包括侵蚀环境作用和气候环境作用，即在自然环境中，钢筋混凝土结构不仅受到自然气候环境作用，同时也受到侵蚀环境作用。①气候环境作用主要包括气候环境温度、相对湿度以及日照、降雨、刮风等气象过程的影响；侵蚀环境作用则包括二氧化碳侵蚀、氯盐侵蚀作用。②侵蚀环境作用效应表现在混凝土碳化、氯盐向混凝土扩散和混凝土内钢筋锈蚀速率上；气候环境作用效应则表现在混凝土内部环境所发生的变化。

由此可见，侵蚀环境作用效应与气候环境作用效应具有密切关系。关于侵蚀环境作用及其作用效应关系，即混凝土碳化、氯盐向混凝土扩散和混凝土内钢筋锈蚀速率问题，已在一定程度上解决了定量计算问题，但是，气候环境作用及其作用效应的定量问题尚未得到解决，这将是水工混凝土结构耐久性设计突破经验设计层面的关键。

（二）水工混凝土结构材料劣化和构件抗力退化速率

在现有的水工混凝土结构设计理论中，混凝土与钢筋的设计强度是一个定值；在规定的 50 年设计基准期内，混凝土与钢筋强度按现行规范取值，能满足结构的安全性。但是，在不同的使用环境下，在规定的设计基准期内，材料性能要发生不同程度的劣化，混凝土与钢筋材料设计强度不能保持恒定不变。因此，在侵蚀环境下，混凝土、钢筋材料的强度是服役时间的函数，随服役时间而下降。在不同自然气候环境和侵蚀环境下，研究与服役时间相关的混凝土、钢筋材料性能劣化规律，建立相应的构件抗力退化速率计算模型是重要的。

以混凝土碳化或氯盐侵蚀导致钢筋锈蚀为例，钢筋锈蚀量决定钢筋力学性能、锈蚀钢筋/混凝土黏结性能的劣化程度，上述劣化又将导致构件抗力性能退化。因此，构件抗力退化程度与钢筋锈蚀程度相关，构件抗力退化速率与钢筋锈蚀速率相关。将钢筋锈蚀速率计算模型与考虑锈蚀程度影响的水工混凝土构件性能退化计算模型相结合，对预测水工混凝土构件可靠度指标下降规律具有重要意义。

（三）水工混凝土内钢筋锈蚀速率全寿命过程计算模型

水工混凝土内钢筋锈蚀速率不仅受外界气候环境影响，而且还受钢筋/混凝土界面区微结构环境影响。钢筋/混凝土界面区微结构环境影响表现在：钢筋锈蚀物的膨胀性导致钢筋与混凝土界面区密实度发生变化，从而进入界面区的氧气和水的阻力增大，直接影响钢筋锈蚀的电化学反应速率。也就是说，在外界气候环境不变的情况下，水工混凝土内钢筋锈蚀速率具有时变性。钢筋锈蚀速率全寿命过程就是指从钢筋钝化膜破坏开始，经历钢筋锈蚀、混凝土保护层锈胀开裂和锈胀裂缝达到一定宽度的全寿命过程。

研究钢筋锈蚀速率全寿命过程的计算模型，对预计构件抗力退化速率以及构件使用寿命具有重要意义。

（四）水工混凝土微环境响应理论

在水工混凝土结构承载能力设计中，荷载作用的效应主要体现在结构内力的变化，如轴力、剪力、弯矩的变化。在水工混凝土结构耐久性设计中，气候环境作用的效应则表现在水工混凝土内部环境的变化，一般可以将这种变化称为在气候环境作用下的混凝土微环境响应。这些混凝土微环境的变化将影响混凝土碳化、氯盐侵蚀和钢筋锈蚀速率的变化，从而影响混凝土构件抗力性能的退化速率，以及混凝土结构的使用寿命。

自然气候环境变化与混凝土内微环境变化是密切相关的，但是，与荷载引起的荷载效应不同，气候环境变化对混凝土内微环境产生影响，不是即时响应结果，而是有一个响应过程。由于混凝土微结构特征，气候环境变化不会在混凝土微环境中产生即时等量变化。基于水工混凝土材料的微孔结构特点，以及固 – 气 – 液共存的三相复杂结构，在自然气候环境变化情况下，对应于气候环境变化的混凝土微环境响应存在明显的滞后现象，响应滞后程度取决于混凝土导热和传湿的物理性能。不同的混凝土组成，其物理性能也是不同的，响应的滞后程度也不相同。

（五）水工混凝土结构全寿命设计和既有水工混凝土结构评估

钢筋混凝土结构使用寿命是耐久性设计的关键考量因素之一，对此进行预计是结构设计的全寿命周期管理以及对现有结构进行加固修复和性能评估的重要理论问题。为了准确预测水工混凝土结构的使用寿命，需要综合考虑结构的重要性、侵蚀环境和气候环境等多种因素。具体来说，现阶段对水工混凝土结构使用寿命的评估主要依据几个关键指标，包括混凝土碳化使用寿命、氯盐侵蚀使用寿命、钢筋锈胀开裂使用寿命以及钢筋锈胀裂缝宽度达到特定限值的使用寿命。其中，混凝土碳化使用寿命和氯盐侵蚀使用寿命主要关注的是混凝土内部钢筋因碳化或氯盐侵蚀而发生的锈蚀问题。这些领域的研究成果已经相对丰富，为工程实践提供了有力的理论支撑。然而，在钢筋锈胀开裂使用寿命以及钢筋锈胀裂缝宽度达到特定限值的使用寿命的预测方面，目前的研究尚显不足。

在进行水工混凝土结构耐久性设计时，应确定使用寿命判断标志以及混凝土结构使用寿命目标期（如 50 年、100 年、120 年等）。混凝土结构的全寿命设计则需要在结构使用寿命的目标期内，保证结构的安全性、适用性和经济性。经济性是混凝土结构全寿命耐久性设计的一个重要指标，即要处理好初期建设投资与多次维修投资之间的关系，并达到经济指标的优化。结构使用寿命预计必须考虑混凝土结构所处的侵蚀、气候环境。建立环境作用、混凝土微环境响应以及混凝土碳化、氯盐侵蚀和钢筋锈蚀速率之间的关系，是使用寿命预计和全寿命设计的基础。

既有水工混凝土结构的评估是水工混凝土结构全寿命管理的一个重要环节，应定期进行水工混凝土结构的健康检测，了解水工混凝土结构性能退化情况，判定是否需要进行维修，或确定维修方案，以保证结构达到全寿命设计目标。对于混凝土结构的评估，需要了解水工混凝土结构的材料性能、结构性能的现状，而现场检测技术是了解材料、结构性能现状的重要手段。

目前，对混凝土碳化、氯盐侵蚀和钢筋锈蚀状态的检测技术有了一定的发展，并在现场检测中得到应用，但对钢筋锈蚀程度的检测精度有待进一步提高。既有混凝土结构的实时监测，更有利于及时了解在服役过程中水工混凝土结构的现状，在一些重大工程的健康监测中已开始考虑这方面的监测工作。在混凝土内埋设传感器，用以实时监测水工混凝土内钢筋锈蚀的技术正在发展中。

（六）水工混凝土结构耐久性试验技术

钢筋混凝土结构设计理论的发展与试验理论、试验技术发展密切相关。水工混凝土结构强度试验理论和技术发展已经有了相当长的历程，为水工混凝土结构设计理论做出了巨大的贡献。而水工混凝土结构耐久性试验理论和技术的研究才刚刚开始，所涉及的原理和学科将更加复杂和广泛，需要一个相当长历程的研究积累。

人工气候模拟环境为耐久性试验提供了一种技术手段，气候模拟环境可以进行人为控制，形成一个有规则变化的气候环境，将有利于揭示气候环境变化对水工混凝土结构的影响规律。

在研究混凝土碳化、氯盐侵蚀和钢筋锈蚀速率的计算模型中，人工气候模拟环境已成为不可或缺的重要试验手段，目前可以通过控制主要气候因素变化，模拟环境温度、相对湿度、日照—降雨过程以及空气流动速率的变化。但是，如何以确定的自然气候环境为背景来设计人工气候环境，实现自然气候环境与人工气候环境的相似，则是耐久性试验的一个重要理论问题。

水工混凝土结构强度试验的相似理论已经应用于水工混凝土结构的模型设计；同样，耐久性试验相似理论是进行耐久性模型试验的基础。对于在某一指定气候环境和侵蚀环境下，设计一个相似的人工气候模拟环境，是预计混凝土材料和结构使用寿命的重要途径。但是，强度试验和耐久性试验的相似准则具有本质的区别，强度试验建立在结构模型强度的相似关系上，而耐久性试验需建立在气候环境作用效应的相似关系上。气候环境作用定量化以及混凝土微环境响应理论的发展将为耐久性试验相似理论提供理论基础。

三、水工混凝土耐久性研究与实践方面的问题

我国在水工混凝土耐久性方面的研究以及在水工混凝土结构耐久性设计、评估等领域已取得了一定的成果，但仍有许多问题需要解决，综合归纳起来主要有以下几个方面。

（一）混凝土耐久性的研究起步较晚，重视程度不够

自 19 世纪 60 年代钢筋混凝土的问世，到 20 世纪 30 年代国外开始对混凝土的耐久性进行研究，时间相隔 70 多年，这段时间人们对混凝土的耐久性认识是一片空白。正是经过较长时间后，混凝土结构才会暴露出耐久性问题，才使得混凝土结构耐久性的研究比钢筋混凝土的问世晚了半个多世纪。

我国从 20 世纪 60 年代才开始混凝土结构的耐久性研究，当时主要关注的是混凝土的碳化和钢筋的锈蚀。到 80 年代初，钢筋混凝土结构的耐久性问题在我国也日益受到重视，我国对混凝土结构耐久性开始了广泛而深入的研究，取得了一定成果。但随着化学外加剂和大掺量矿物掺合料的广泛使用，使得混凝土材料的组成及性能更加复杂，混凝土结构形

式也日趋复杂，这给混凝土及混凝土结构耐久性的研究造成新的难题。

另外，由于混凝土耐久性研究试验周期较长，相应的检测资料、积累数据和检验、评定标准并不系统和完善，而混凝土在近几十年变化很大，使得前期经过几十年观测研究积累的成果不能完全套用到现代的水工混凝土上来，这也促使水工混凝土耐久性研究必须加快发展的步伐。

（二）环境和材料层次的研究有待进一步完善

1. 环境层次的研究有待完善

环境一般是对相关研究要考虑的主体而言，指与之有某些关系的事物和现象。在这里，工程结构是需要考虑的主体，围绕着结构的大气圈、水圈等自然圈以及城市、交通、人类活动等则构成了结构周围的环境。工程结构所处的工作环境条件变化多端，影响因素复杂，不同的环境条件直接关系着结构耐久性的退化。无论是新建结构设计还是服役结构的评估加固，考虑结构所处的工作环境，并据此做出相应的结构材料和构造等规定都是必要的。

目前，国内外相关规范和规程均以环境的侵蚀性大小为依据，对工程结构的各类工作环境进行分类，如《水运工程结构防腐蚀施工规范》（JTS/T 209—2020）、2024 年版《混凝土结构设计规范》（GB 50010—2010）、《混凝土结构耐久性设计与施工指南》（CCES 01—2004）、《混凝土结构耐久性设计标准》（GB/T 50476—2019）以及欧洲的《混凝土结构耐久性设计指南》等。其中，《水运工程结构防腐蚀施工规范》在海洋腐蚀性环境区划方面，为其他水工工程行业起到了较好的带头示范作用。

然而，上述规范、指南等标准中所作的相应规定，更多局限于环境分类、材料和设计构造等方面，结构设计中对耐久性及使用年限等的要求只能通过材料和构造层面间接体现，而对耐久性影响因素如环境变化、混凝土性能以及施工误差等的不确定性则较少涉及，使基于可靠性的耐久性设计（或耐久性再设计）目标的量化很难达到。同时，确定性分析所带来的问题和隐患则是显而易见的。因此，工程结构相关工作环境基础数据的调查统计分析及耐久性区划标准的建立，是目前环境层次所面临的主要问题，需要大量的基础工作。

2. 材料层次的研究有待完善

材料层次的研究是工程结构耐久性研究的基础，目前针对单一因素的侵蚀机理研究较为充分。但对于复杂环境下结构的耐久性研究，则主要采用还原论，即将复杂影响分解为多因素的综合影响或某主导因素的主要影响，这从一定程度上割裂了各因素间的相互关联。

在材料层次的研究中，结构钢筋锈蚀检测技术的完善及相关评定标准的统一是面临的问题之一。目前对水工混凝土中结构钢筋锈蚀的检测方法很多，但由于种种因素的限制，在工程实际检测中，仍只能以定性检测为主，如半电池电位法、混凝土电阻率法等[①]。而定量的检测方法，如直流线性极化电阻法、交流阻抗法等，距工程的实际应用仍有一段距离。

由于我国对结构耐久性问题的研究起步较晚，对钢筋锈蚀检测结果的评判从一定程度

---

① 于志伟，李育红，冯辉. 受腐蚀混凝土结构钢筋锈蚀检测技术的研究 [J]. 建材技术与应用，2009（7）：8–10.

上借鉴了国外的先进经验，也从不同程度上带来了评判标准的不一致，给后续的评判工作带来了困难。

（三）检验和评定方法缺乏统一的标准

水工混凝土耐久性研究起步较晚，比较而言，水工混凝土耐久性方面的试验方法和评定方法标准相对较少，而且各国的耐久性试验方法标准和评定方法标准存在较大的差异。我国的耐久性研究相对较晚，很多耐久性试验方法标准也是借鉴国外和国际相应的先进标准。

近十年，随着国家对水工混凝土结构耐久性重视程度的提高和我国水工混凝土耐久性研究的快速发展，相应的耐久性试验方法和评定方法标准完善很快，如我国的《普通混凝土长期性能和耐久性能试验方法标准》（GB/T 50082—2024）、《水工混凝土结构耐久性评定规范》（SL 775—2018）、《混凝土结构耐久性设计标准》（GB/T 50476—2019）等耐久性方面的标准均是最近发布实施的，但这些标准的试验方法和评定准则并不完全统一。

由于有关结构的耐久性设计和评估，可参考的标准规范相对较少，而且部分标准规范并不一致，水工混凝土耐久性的设计和评估仍需进一步研究和发展。从已取得的成果来看，主要包括传统经验法、基于构件耐久性损伤加权的耐久性评定法、基于模糊综合评判的耐久性评定法、基于可靠度的耐久性评定法和专家系统、人工神经网络等方法，但是大部分方法在实际钢筋混凝土结构耐久性评判中的应用还很少见。

随着大掺量矿物掺合料的混凝土、低水胶比的高性能混凝土和掺加纤维等具有特殊功能的混凝土的蓬勃发展，在这种条件下对混凝土耐久性的要求和检测手段也是不同的，因此建立统一的水工混凝土耐久性试验和评价标准存在较多难题，而没有统一的标准对水工混凝土及其结构进行检验和评价，也限制了水工混凝土结构耐久性的设计和评估的进一步发展。

（四）在抑制方法和补救措施方面仍存在较多难题

按耐久性设计混凝土，已成为水工混凝土界发展的趋势，并逐渐成为主流，而水工混凝土的耐久性设计也已成为确保水工混凝土结构达到设计使用年限的前提。通过原材料的筛选和对配合比的优化，并采取相应的综合技术方案，基本可以实现结构水工混凝土耐久性的设计要求，但在解决既有结构的某些耐久性问题和因耐久性造成的结构性能劣化的方面仍存在较多难题，如目前还没有有效的办法对碱－骨料反应造成的破坏进行修补，对寒冷地区严重的盐冻问题也缺乏长久、有效的技术措施，目前也没有较好的方法来讨论分析箍筋锈蚀对水工混凝土构件抗剪承载力的影响等。

第三节　影响混凝土结构耐久性的因素

水工混凝土结构长期暴露在使用环境中，特别是在恶劣的环境中时，长期受到有害物质的侵蚀以及外界温、湿度等不良气候环境往复循环的影响，使材料的耐久性降低。影响结构耐久性的因素很多，主要有以下几个方面。

一、混凝土的质量

研究表明，混凝土水灰比的大小是影响水工混凝土质量以及水工混凝土结构耐久性的主要因素，当混凝土浇筑成型后，由于未参加水化反应的多余水分的蒸发，容易在骨料和水泥浆体界面处或水泥浆体内产生微裂缝，水灰比越大，微裂缝增加也越多，在混凝土内所形成的毛细孔率、孔径和畅通程度也大大增加，因此，对材料的耐久性影响也越大。试验表明，当水灰比不大于 0.55 时，其影响明显减少。

混凝土的水泥用量过少和强度等级过低，则材料的孔隙率增加，密实性差，对材料的耐久性影响也大。

二、混凝土的碳化

混凝土是一种多孔材料，孔隙中存在有碱性的氢氧化钙 [$Ca(OH)_2$] 溶液，钢筋在这种碱性介质条件下，生成一层厚度很薄、牢固吸附在钢筋表面的氧化膜，称为钢筋的钝化膜，它保护钢筋使之不会锈蚀。然而，大气中的二氧化碳（CO_2）或其他酸性气体的侵入，将使混凝土中性化而降低其碱度，这就是混凝土的碳化。可以说，混凝土的碳化是影响水工混凝土结构耐久性的最主要因素。

一般来讲，在自然碳化条件下，密实混凝土中 50 年的平均碳化深度仅为 15 mm，达不到钢筋表面，混凝土对钢筋锈蚀起着防护作用。如果混凝土密实性较差，保护层厚度较薄，相对湿度较大，碳化速度将显著增大。一旦碳化层发展到钢筋表面，钝化膜即遭到破坏。2024 年版《混凝土结构设计规范》主要通过规定混凝土最小保护层厚度来控制碳化对结构耐久性的影响。

碳化对混凝土本身是无害的，反而会使混凝土变得坚硬，但对钢筋是不利的。此外，当水工混凝土构件的裂缝宽度超过一定限值时，将会加速混凝土的碳化，使钢筋表面的钝化膜更易遭到破坏。

影响水工混凝土碳化的因素很多，主要有以下几种。

①外部环境的影响。当混凝土经常处于饱和水状态时，CO_2 气体在孔隙中没有通道，碳化不易进行；若混凝土处于干燥状态下，CO_2 虽能经毛细孔道进入混凝土，但缺少足够的液相进行碳化反应；一般在相对湿度为 70%～85% 时最容易碳化。

②混凝土自身的影响。混凝土胶结料（水泥）中所含的能与 CO_2 反应的氧化钙（CaO）总量越高，则能吸收 CO_2 的量也越大，碳化速度越慢；混凝土强度等级越高，内部结构越密实，孔隙率越低，孔径也越小，则碳化速度越慢。

③混凝土配合比。通常，混凝土配合比包括了水胶比、水泥品种、水泥用量、掺合料种类和掺量、砂率和骨料粒径等参数，其中水胶比是决定混凝土性能的重要参数，水胶比越大，混凝土内部的孔隙率就越大。由于 CO_2 的扩散是在混凝土内部的气孔和毛细管中进行的，因此水胶比就从一定程度上决定了 CO_2 在混凝土中的扩散速度。水泥品种不同，水泥水化产物中碱性物质的含量及混凝土的渗透性不同，从而影响水工混凝土的碳化速度。而混凝土吸收 CO_2 的量取决于水泥用量和混凝土的水化程度，水泥用量越大，碳化速度越慢。

对于掺加粉煤灰对混凝土碳化的影响，目前存在着两种不同的观点。在普通混凝土中掺加粉煤灰后，不仅降低了水泥中的熟料含量，同时粉煤灰的水化会消耗掉部分 $Ca(OH)_2$，这两方面都会导致混凝土吸收 CO_2 的能力降低。

此外，粉煤灰混凝土的早期强度低，孔结构差，会加速 CO_2 在混凝土中的扩散速度，从而使碳化速度加快。但部分观点认为，掺加粉煤灰后改善了混凝土的孔隙结构，降低了混凝土中孔隙的连通性，并提高了浆体和骨料间的界面抗渗性，导致 CO_2 在混凝土中的扩散速率降低，从而提高了混凝土的抗碳化性能。

三、钢筋的锈蚀

综合来讲，钢筋锈蚀也是影响水工混凝土结构耐久性的主要因素之一。

（一）混凝土中钢筋锈蚀的机理

由于混凝土的碳化，破坏了钢筋表面的钝化膜。钢筋表面钝化膜被破坏后，当钢材表面从空气中吸收溶有二氧化碳、氧气（O_2）或二氧化硫（SO_2）的水分，形成一种电解质的水膜时，会在钢筋表面层的晶体界面或组成钢筋的成分之间构成无数微电池。阳极和阴极反应构成电化学腐蚀，结果生成氢氧化亚铁 $[Fe(OH)_2]$，并在空气中进一步被氧化成氢氧化铁 $[Fe(OH)_3]$，又进一步生成红锈（$nFe_2O_3 \cdot mH_2O$），一部分氧化不完全的变成黑锈（Fe_3O_4），在钢筋表面形成锈层。生成铁锈的过程是一个体积膨胀的过程，铁锈体积可大到原来体积的 4 倍。

钢筋锈蚀反应必须有氧参加，因此混凝土中含氧水分是钢筋发生锈蚀的主要因素。如果混凝土非常致密、水灰比又低，则氧气透入困难，可使钢筋锈蚀显著减弱。

氯离子的存在也会导致钢筋表面氧化膜的破坏，并与铁（Fe）生成金属氯化物，对钢筋锈蚀影响很大，因此氯离子含量应予严格限制。混凝土中，氯离子的来源是混凝土所用的拌和水和外加剂，此外，不良环境中的氯离子也会逐渐扩散和渗透进入混凝土的内部，在施工时应严格禁止或控制氯盐的掺量，一般对处于正常环境下的水工混凝土结构，混凝土中氯离子的含量不应大于水泥用量的 1.0%。

（二）钢筋锈蚀造成的危害

一般来讲，钢筋锈蚀给水工混凝土结构造成的危害可以体现在以下方面：

①钢筋锈蚀引起钢筋横截面的损失，导致钢筋的名义强度降低。

②钢筋锈蚀产物体积较锈蚀前增大，导致混凝土内部形成膨胀应力，当其超过混凝土结构抗裂强度时即造成混凝土胀裂。新形成的裂缝为外部有害物质侵入混凝土内部提供了更便利的通道，从而进一步加速钢筋的锈蚀过程。

③钢筋锈蚀产物存在于钢筋与混凝土之间，导致钢筋与混凝土之间的黏结性能降低，进而造成结构构件的力学性能退化。

（三）钢筋锈蚀的主要影响因素

影响钢筋锈蚀的主要因素包括以下几方面。

1.混凝土的保护层厚度

混凝土碳化深度和氯离子侵入深度都与时间的平方根成正比。如果在正常的保护层厚度情况下，需经 50 年钢筋才开始锈蚀；当环境条件不变时，若保护层的厚度减少一半则只需 12.5 年钢筋即可出现锈蚀。因此，减小保护层厚度将显著降低结构的耐久性。

2. 混凝土的水灰比

混凝土的水灰比对混凝土的渗透性有决定性的影响。当水灰比超过 0.6 时，由于毛细孔的增加，渗透性将随水灰比的增大而显著增大。研究表明，钢筋相对锈蚀量与水灰比和保护层厚度有很大关系：当保护层厚度为 20 mm 时，水灰比从 0.62 降低到 0.49，锈蚀量减少了 52%；当水灰比为 0.49 时，保护层厚度从 20 mm 增加到 38 mm 时，锈蚀量减少了55%。

3. 混凝土的养护

若混凝土养护不足（即混凝土表面早期干燥），表层混凝土的渗透性将增加 5～10 倍，其深度通常等于或大于保护层厚度。试验表明，养护不良对构件内部混凝土质量的影响不大，但对保护层混凝土的渗透性则有很大影响。保护层厚度越薄，养护就越重要，这是因为养护不足会使表层混凝土迅速干燥，水泥水化作用不充分，渗透性越大。随水灰比增大、水泥用量的减少，混凝土对养护的敏感性也随之增大。在混凝土第一次干燥以后再采取养护措施是无效的，因为硬化过程一旦中断将很难继续。因此，必须在混凝土浇筑后立即进行养护。

通常由于钢筋大面积的锈蚀才会导致混凝土沿钢筋发生纵向裂缝，纵向裂缝的出现将会加速钢筋的锈蚀。可以把大范围出现沿钢筋的纵向裂缝作为判别水工混凝土结构构件寿命终结的标准。

四、混凝土的碱-骨料反应

当水泥含碱量较高，混凝土恰好使用了某些活性骨料时，水泥中的碱类和骨料的活性物质发生化学反应，使混凝土发生不均匀膨胀，造成开裂的现象，称碱-骨料反应（简称 AAR），这也会对水工混凝土结构耐久性产生影响。

碱-骨料反映的问题是由美国学者斯坦顿（T. E. Stanton）于 1940 年首先提出的。在此之前普遍认为骨料是惰性的，不会发生反应。碱-骨料反应一般进行得比较缓慢，由它引起的破坏往往经若干年后才表现出来。不过有工程案例表明，碱-骨料反应的危害也可短至半年到一年出现。已发现的碱-骨料反应有三类：碱-硅酸（骨料）反应，碱-硅酸盐反应和碱-碳酸盐反应。

（一）碱-骨料反应的类型

1. 碱-硅酸（骨料）反应

当混凝土所采用的骨料中含有活性二氧化硅，而水泥中的碱含量以当量超氧化钠（NaO_2）计（$Na_2O + 0.658K_2O$）大于 0.6% 时，就会在界面处发生化学反应，生成碱性硅酸盐凝胶。

$$SiO_2 + 2NaOH = Na_2SiO_3 + H_2O \tag{9-1}$$

在骨料与水泥石的界面处，首先形成的是含石灰的碱性硅酸盐凝胶的半透膜，这种半透膜只允许水分和碱性氢氧化物的离子和分子通过，不允许碱性的硅酸盐通过。于是在骨料表面不断形成碱性硅酸盐，并从水泥浆中吸水而使其体积膨胀（体积可以增大 3 倍），这种膨胀产生的压力及生成物堆积于骨料颗粒上形成的渗透压力（渗透压可达 3～4 MPa）将使混凝土产生结构性的破坏。

当水泥石中碱与石灰的比值较低时，石灰可以迅速透过半透膜接触含硅酸的骨料颗粒表面，不断形成含石灰的碱性硅酸盐，即 CaO-R-SiO₂（硅酸钙）凝胶，这种凝胶是不膨胀的。因此，低碱水泥（Na₂O 含量小于 0.6%）同活性骨料所发生的反应对混凝土没有影响，甚至可提高界面强度。

混凝土在遭受碱－硅酸反应的影响后，会展现出一些显著的特点。首先，从外观上看，混凝土表面会形成无序的网状裂缝，进一步加剧混凝土的劣化。其次，通过观察混凝土内部的骨料界面，可以发现明显的反应环和反应边，这是碱－硅酸反应在微观层面上的直接证据。最后，碱－硅酸反应还会在混凝土内部引发裂缝，而在空隙中，可以观察到硅酸钠（钾）凝胶的存在。这些凝胶在失去水分后会硬化并粉化，进一步加剧混凝土的劣化过程。

值得注意的是，碱－硅酸反应并不是对所有骨料都产生影响。根据研究，容易发生此类反应的骨料主要包括蛋白石、玉髓、鳞石英、方石英以及酸性或中性玻璃体的隐晶质火成岩。其中，蛋白石质的 SiO₂ 活性可能最大，因此在碱－硅酸反应中扮演着重要的角色。

2. 碱－硅酸盐反应

碱－硅酸盐反应的特点是：反应异常缓慢几乎看不到反应环，凝胶体渗出也很少。但反应及由反应造成的体积膨胀却在持续不断地进行着，并最终导致混凝土严重破坏。这类反应通常可观察到数量不等的硅酸钠（钾）凝胶，但有的岩石虽产生显著膨胀，却几乎查不到凝胶。

这类反应对骨料的影响，一般认为是某些层状晶格硅酸盐的有限度的晶格膨胀和骨料的页状剥落。在显微图像中可以看到某些相当长（十几至几百微米）而薄（1 μm 左右）的板状物，在 1 μm 至几微米厚的相邻层之间产生裂缝状的间隙，此即页状剥落。与碱－硅酸反应相比，碱－硅酸盐反应虽然缓慢但引起的后果更为严重。

产生碱－硅酸盐反应的骨料主要有沉积岩或变质岩中的某些硅酸盐岩石，如硬砂岩、粉砂岩、泥质板岩、泥质石英岩、板岩、页岩、千枚岩、云母片等。

3. 碱－碳酸盐反应

碱－碳酸盐反应主要表现在骨料中的某些微晶或隐晶的碳酸盐石（如某些方解石质的白云岩和白云质的石灰岩等）与水泥石中的碱性物质和水起反应，使碳酸盐石脱白云化。其反应式如下。

$$CaMg(CO_3)_2 + 2ROH \longrightarrow Mg(OH)_2 + CaCO_3 + R_2CO_3 \tag{9-2}$$

$$R_2CO_3 + Ca(OH)_2 \longrightarrow 2ROH + CaCO_3 \tag{9-3}$$

式中，R 代表钾（K）、钠（Na）和锂（Li），为水泥中的碱分。此外，还应明确其中 CaMg（CO₃）₂是指碳酸镁钙，2ROH 是指低元醇。

上述反应所生成的 ROH 将继续侵蚀白云石晶体。由白云石变成水镁石，其体积增加约 239%。用专门装置测定浸在碱液中的活性碳酸盐石，7 天可产生 22.4 MPa 的压力。某些白云石晶体在浸入碱液 14 天后体积膨胀率达 2.5%，足以使混凝土遭到破坏。此类反应的特点是：混凝土裂纹成花纹或地图形，在混凝土的空隙和反应骨料的边界等处无凝胶体，空隙中主要为 $CaCO_3$、$Ca(OH)_2$ 及水化硫铝酸钙晶体。

（二）影响碱 – 骨料反应的主要因素

1. 骨料用量及其粒径

活性骨料的用量对碱 – 骨料反应有很大影响，活性骨料所占比例越大其膨胀量也越大。但对有些骨料（如蛋白石、硅质砂岩等）其用量与膨胀量之间有一个极限，称"最不利"极限。此时的骨料用量为"最不利"含量。对于某些安山岩骨料及碱 – 硅酸盐反应的岩石，一般没有这个极限，即活性骨料越多膨胀量越大。

粒径小于 0.074 mm 及粒径非常大的活性骨料，膨胀量一般都很小。中间状态粒径的骨料一般膨胀量都很大，并存在一个"最不利"极限粒度，此值约为 0.15～0.3 mm。

2. 含碱量

水泥中的碱量以当量 Na_2O 计（$Na_2O + 0.658K_2O$），约为 0.4%～1%，使用时大部分碱都能很快析出到水溶液中，只有当水泥中总碱量 R_2O 大于 0.6% 时，才会与活性骨料发生碱 – 骨料反应。

一般认为 Na_2O 比 K_2O 所起的破坏作用大。对于某些高活性骨料（如蛋白石）当含碱量较大时反应非常迅速，在反应初期由于 SiO_2 的溶解度小，所生成的凝胶体的 Na_2O/SiO_2 比值大，凝胶体黏性小，成流态化，膨胀量较小。随骨料中 SiO_2 溶解，当凝胶体中碱量降至某一限值以下时，因凝胶体黏性增大，混凝土才发生较大膨胀。

需要引起注意的是，即使原材料中的碱含量低于发生碱 – 骨料反应的临界值，也并不意味着就一定不会发生碱 – 骨料反应，关于碱的来源，应当把水工混凝土结构从其工作环境中引入碱的可能性考虑在内。

3. 水与水灰比

当水灰比较大时，水泥浆中的空隙增大，有利于各种离子的扩散和水的移动，从而助长了碱 – 骨料反应。但若水泥成塑性状态，这些空隙又有利于缓和膨胀压力。因此，在通常的水灰比范围内，水灰比的减小不利于缓和膨胀压力，所以混凝土的膨胀量增大。

产生碱 – 骨料反应的条件，除活性骨料、碱金属（Na、K）外，还必须有水的参与，干燥状态的混凝土是不会发生碱 – 骨料反应的。实际上，反应是固相（活性骨料）和液相（碱性溶液）之间的反应，而碱 – 骨料反应所产生的混凝土膨胀裂缝又增大了混凝土的渗透性。若混凝土同时处于冻融循环、干湿交替或化学介质的腐蚀作用等情况时，将会使裂缝扩大，碱 – 骨料反应进一步向混凝土内部扩散。

五、混凝土的表面磨损

磨损、冲蚀、气蚀都会引起水工混凝土表面损伤，磨损一般指干燥摩擦，如交通负荷引起的路面和地坪的磨损；冲蚀通常描述固体悬浮颗粒流体的磨耗作用，易发生在水工结构物，如水管、下水道等；气蚀通常也发生在水工结构中，即高速水流突然改变方向时形成水泡进而崩溃引起质量损失。

目前没有可靠的方法测定冲蚀性能，但混凝土抗磨性与抗冲蚀性能密切相关，因此抗磨性的相关数据可以作为评价抗冲蚀性能的参考。

硬化水泥浆体的抗磨性能不高，在重复摩擦循环下，混凝土的使用寿命将缩短，尤其是当混凝土不够密实或者强度较低时。一般来说，水灰比与混凝土抗磨性能之间有一定关系，想得到足够耐磨的混凝土表面，混凝土的水灰比、骨料级配、含气量等都需满足一定要求。同时，在暴露于侵蚀环境前应该得到充分养护。美国 ACI（美国认证协会）委员会推荐应至少连续 7 天的潮湿养护。因为物理磨损主要发生在混凝土表面，因此至少应保证表面混凝土具备高质量，为了减少薄弱表面的形成，应尽量避免浮浆的形成，施工中应在混凝土表面不再泌水时再抹面。

矿物掺合料也可以用来提高混凝土的强度和密实度，如硅灰和超细矿渣粉。优质混凝土可以很好地抵抗纯净水的稳定流带来的冲蚀，但是流速过高的素流可能通过气蚀对混凝土造成严重伤害。

六、氯盐的侵蚀

水工混凝土结构在使用寿命期间可能遭遇各种环境条件的挑战，其中，氯化物被视为极具破坏性的侵蚀介质，其危害不容忽视。这种物质对钢筋的腐蚀是造成水工混凝土结构失效的主要原因，同时也会对混凝土本身造成一定程度的损害。

氯离子进入混凝土中主要有两种渠道：一是"混入"，如掺用含氯离子外加剂、使用海砂、施工用水含氯离子、在含盐环境中拌制浇筑混凝土等；二是"渗入"，即环境中的氯离子通过混凝土的宏观、微观缺陷逐渐渗透进入混凝土内部，直至接触到钢筋表面。

氯盐对钢筋的腐蚀是一个复杂的电化学过程，受到多种因素的综合影响。因此，在面临化学侵蚀性环境挑战的混凝土结构中，应采用具有抗侵蚀性能的水泥，并掺入高质量的活性掺合料。此外，采用特殊的表面涂层技术也是提高水工混凝土结构耐久性的有效手段。

七、火灾的影响

火灾事故中公共建筑中人员安全是工业建筑设计首要考虑的问题。一般来说，混凝土具有良好的阻燃性能，高温下也不会散发有毒烟雾。在高温下很长时间也不会像钢材一样失去强度，从而保证结构安全。值得注意的是，钢筋表面的混凝土保护层通常也保护钢筋在火灾中不致被烧毁而降低结构倒塌的危险。

当然，混凝土对火灾的反应受到很多因素的控制，水泥浆和骨料中都有可以高温分解的成分，所以控制好混凝土组分对抗火灾性能很重要。此外，混凝土渗透性、结构尺寸和升温速度也很重要。

（一）火灾对硬化水泥浆的影响

高温对水化后水泥浆的影响取决于水化程度和相对湿度，水化良好的水泥浆体组成成分主要有 C-S-H 凝胶（水化硅酸钙凝胶）、氢氧化钙和水化硫铝酸钙等。饱和浆体除了含有吸附水外，还含有大量自由水和毛细孔水。混凝土在高温下容易失去各种水，但是失去的水蒸发吸收大量蒸发热，因此，在失去所有可蒸发水之前，混凝土不会因为升温而破坏。但是，如果大量的水分迅速蒸发，会引起蒸气压增大，增大速率大于水蒸气释放到空气中松弛压力的速率时，就会发生混凝土表面的剥落破坏。

更进一步，当温度达到 300 ℃以上时，水泥浆体会失去 C-S-H 凝胶的层间水以及部分 C-S-H 凝胶和水化硫铝酸盐的化学结合水；温度升至约 500 ℃时，水泥浆体中的氢氧化钙也会失水；当温度高达 900 ℃以上，C-S-H 凝胶会完全分解。

（二）火灾对骨料的影响

骨料的孔隙率和矿物组成对混凝土在火灾中的表现很重要，升温速率和骨料的尺寸、渗透性、含水率等不同，表现各有不同。例如，多孔骨料本身容易遭到破坏性膨胀而突然爆裂，但是低孔隙率骨料不会因为水分迁移造成破坏。

硅质骨料如花岗岩在温度到 600 ℃左右会膨胀引起混凝土的破坏，而碳酸盐岩石温度达到 700 ℃左右时，会因为分解作用发生类似的破坏。除骨料可能发生相变和热分解之外，混凝土对火灾的反应还受到骨料矿物组成影响，如骨料矿物组成决定了骨料和水泥浆体之间热膨胀差异及界面过渡区强度变化。

（三）火灾对混凝土的影响

曾经有研究者对 870 ℃高温短时间灼烧 C20 混凝土进行研究，变量包括骨料品种和加不加荷载。试验结果是当加热而不加荷载时，碳酸盐骨料和轻骨料制备的试样加热至 650 ℃时还能保持 75% 的强度，而在此温度下硅质骨料混凝土试样只能保持原始强度的 25% 左右。碳酸盐骨料和轻骨料制备的试样在高温下表现较好的主要原因也许是骨料与水泥浆体界面区的强度比较高，以及水泥砂浆基体与粗骨料之间热膨胀系数差别较小。

承受荷载并加热的试件强度比不加荷载的试件高约 25%，但是当试样冷却至室温后再开始加热时，骨料矿物组成对强度的影响明显减少。

中等强度的混凝土（25～45 MPa）原始强度对高温暴露后剩余强度百分比几乎没什么影响，与混凝土试件的抗压强度相比，混凝土试样在升温时弹性模量下降非常快。这可能是由于界面过渡区微裂缝扩展引起的。界面过渡区破坏对抗折强度和弹性模量的影响比抗压强度大得多。

第四节　水工混凝土结构的耐久性设计

一、水工混凝土结构耐久性设计的基本原则

耐久性设计的基本原则是根据结构的环境条件类别和设计使用年限进行设计，主要解决环境作用与材料抵抗环境作用能力的问题。要求在规定的设计使用年限内，水工混凝土结构应能在自然和人为环境的化学与物理作用下，不出现无法接受的承载力减小、使用功能降低和不能接受的外观破损等耐久性问题。所出现的问题通过正常的维护即可解决，而

不能付出很高的代价。

由于混凝土的碳化及钢筋锈蚀是影响水工混凝土结构耐久性最主要的综合因素，因此耐久性设计主要是延迟钢筋发生锈蚀的时间，要求如下。

$$T_0 + T_1 \geq T \tag{9-4}$$

式中，T——结构的设计使用年限；

T_0——混凝土保护层的碳化时间；

T_1——从钢筋开始锈蚀至出现沿钢筋的纵向裂缝的时间。

不同结构的耐久性极限状态应赋予不同的定义，当不允许钢筋锈蚀时，混凝土保护层完全碳化，$T_0 \geq T$；当允许钢筋锈蚀一定量值时，$T_0 + T_1 \geq T$。

目前，对水工混凝土结构耐久性的研究尚不够深入，关于耐久性的设计方法也不完善，因此耐久性设计需要采取一系列有效的保证措施。

二、水工混凝土结构耐久性设计的主要内容

水工混凝土结构耐久性设计涉及面广，影响因素多，主要包括以下几个方面的内容。

（一）确定结构所处的环境类别

水工混凝土结构耐久性与结构的工作环境条件有密切的关系。同一结构在强腐蚀性环境中要比在一般大气环境中使用寿命短。基于结构所处的环境划分类别，可使设计者针对不同的环境采用相应的对策。

对于设计使用年限为 50 年的结构，可按结构所处环境条件类别提出相应的耐久性要求。设计使用年限低于 50 年的结构，其耐久性要求可将环境条件类别降低一类，但不可低于一类环境条件。临时性建筑物可不提出耐久性的要求。

（二）明确保证水工混凝土结构耐久性的基本要求

经过多年的研究，虽然碳化深度、冻融深度、氯离子侵蚀深度、钢筋锈蚀率等耐久性问题都已建立了多种不同的物理和数学模型，可进行定量的理论分析，但由于实际工程中水工混凝土耐久性劣化和失效的牵涉面广、工作环境复杂、影响因素多而变化幅度大，以至于各种理论模型的观点不一、机理有别，计算方法的通用性和准确度都还难以满足实际工程的需求，要实现结构全寿命设计还有一定的难度。目前常用的做法是在结构设计时加一些构造措施，以保证水工混凝土结构的耐久性。

以 2024 年版《混凝土结构设计规范》为例，混凝土结构构件按承载能力极限状态进行设计，并对正常使用极限状态进行验算；对混凝土结构耐久性仅根据环境类别和设计使用年限提出基本要求，包括不同环境条件下的最大水灰比、最小水泥用量、最低混凝土强度等级、最大氯离子含量、最大含碱量等的不同限值，如表 9-4 所示，以及最小保护层厚度、最大裂缝宽度等。在恶劣环境下，为提高水工混凝土结构的耐久性，除了正确选择材料、合理设计构造、严格控制上述耐久性基本要求外，还可以采取一些特殊的措施予以防患和补救，如混凝土表面涂层保护、添加钢筋阻锈剂、采取电化学防护技术及选用涂层钢筋、抗腐蚀钢筋、纤维增强复合材料作为配筋材料等。

（三）遵守材料耐久性质量的相关规定

合理设计混凝土的配合比，严格控制集料中的含盐量、含碱量，保证混凝土必要的强度，提高混凝土的密实性和抗渗性。2024 年版《混凝土结构设计规范》（GB 50010—2010）对处于一、二、三类环境中，设计使用年限为 50 年的混凝土结构材料耐久性的基本要求做了明确的规定，水工混凝土结构材料的耐久性应符合相关规定。

在材料耐久性质量方面的相关规定包括以下几方面。

1. 混凝土中最大氯离子含量和最大碱含量

氯离子是引起水工混凝土结构中钢筋锈蚀的主要原因之一，试验和大量工程调查表明，在潮湿环境中，当混凝土中的水溶性氯离子达到凝胶材料重量的约 0.4% 时会引起钢筋锈蚀；在干燥环境中，超过 1.0% 时没有发现锈蚀的情况。

由于碱－骨料反应发生的条件除碱含量大、有活性骨料外，还需要水的参与，当环境条件干燥时，不会发生碱－骨料反应，所以对于一类环境中的混凝土结构，未限制混凝土的碱含量。根据结构所处的环境类别，合理地选择混凝土原材料，控制混凝土中的氯离子含量和碱含量，防止碱－骨料反应。改善混凝土的级配，控制最大水灰比、最小水泥用量和最低混凝土强度等级，提高混凝土的抗渗性和密实度。

对于一类、二类和三类环境中，设计使用年限为 50 年的结构混凝土应符合如表 9-8 所示的规定。

表 9-8　混凝土中最大氯离子含量和最大碱含量

环境类别	最大氯离子含量 /%		最大碱含量 / （kg·m^{-3}）
	钢筋混凝土	预应力混凝土	
一	1.0	0.06	不限制
二	0.3	0.06	3.0
三	0.2	0.06	3.0
四	0.1	0.06	2.5
五	0.06	0.06	2.5

注：1. 氯离子含量是指水溶性氯离子占水泥用量的百分比。

2. 碱含量为可溶性碱在混凝土原料中的含量，以 Na_2O 当量计。

对于设计使用年限为 100 年的水工结构，混凝土耐久性基本要求除应满足表 9-8 的规定外，尚应符合下列要求：混凝土中的氯离子含量不应大于 0.06%；未经论证，混凝土不应采用碱活性骨料。

2. 混凝土抗冻等级

混凝土处在冻融交替的环境中，如果抗冻性不足，就会发生剥蚀破坏。混凝土的抗冻性用抗冻等级来标志，按 28 d 龄期的试件用快冻试验方法测定，分为 F400、F300、F250、

F200、F150、F100 和 F50 七级。经论证，也可以用 60 d 或 90 d 龄期的试件测定。对于有抗冻要求的水工结构，应按表 9-9 根据气候分区、冻融循环次数、表面局部小气候条件、水分饱和程度、结构重要性和检修条件等选定抗冻等级。在不利因素较多时，可选用提高一级的抗冻等级。

表 9-9　混凝土抗冻等级

项次	气候分区	严寒		寒冷		温和
	年冻融循环次数	≥100	<100	≥100	<100	—
1	受冻严重且难以检修的部位： ①水电站尾水部位、蓄能电站进出口的冬季水位变化区的构件、闸门槽二期混凝土、轨道基础。 ②冬季通航或受电站尾水位影响的不通航船闸的水位变化区的构件、二期混凝土。 ③流速大于 25 m/s、过冰、多沙或多推移质的溢洪道，深孔或其他输水部位的过水面及二期混凝土。 ④冬季有水的露天钢筋混凝土压力水管、渡槽、薄壁充水闸门井	F400	F300	F300	F200	F100
2	受冻严重但有检修条件的部位： ①大体积混凝土结构上游面冬季水位变化区。 ②水电站或船闸的尾水渠，引航道的挡墙护坡。 ③流速小于 25 m/s 的溢洪道、输水洞（孔）、引水系统的过水面。 ④易积雪、结霜或饱和的路面、平台栏杆、挑檐、墙、梁、板、柱、墩、廊道或竖井的薄壁等构件	F300	F250	F200	F150	F50
3	受冻较重部位： ①大体积混凝土结构外露的阴面部位。 ②冬季有水或易长期积雪结冰的渠系建筑物	F250	F200	F150	F150	F50
4	受冻较轻部位： ①大体积混凝土结构外露的阳面部位。 ②冬季无水干燥的渠系建筑物。 ③水下薄壁构件 ④水下流速大于 25 m/s 的过水面	F200	F150	F100	F100	F50
5	水下、土中及大体积内部混凝土	F50	F50	F50	F50	F50

注：1. 年冻融循环次数分别按一年内气温从 +3 ℃以上降至 -3 ℃以下，然后回升到 +3 ℃以上的交替次数和一年中日平均气温低于 -3 ℃期间设计预定水位的涨落次数统计，并取其中的大值。

2. 气候分区划分标准为：严寒条件下，最冷月平均气温低于 -10 ℃；寒冷条件下，最冷月平均气温高于或等于 -10 ℃、低于或等于 -3 ℃；温和条件下，最冷月平均气温高于 -3 ℃。

3. 冬季水位变化区是指运行期间可能遇到的冬季最低水位以下 0.5～1 m 至冬季最高水位以上 1 m（阳面）、2 m（阴面）、4 m（水电站尾水区）的部位。

4. 阳面是指冬季大多为晴天，平均每天有 4 h 阳光照射，不受山体或建筑物遮挡的表面，否则均按阴面考虑。

5. 最冷月平均气温低于 -25 ℃地区的混凝土抗冻等级宜根据具体情况研究确定。

6. 在无抗冻要求的地区，混凝土抗冻等级也不宜低于 F50。

抗冻混凝土应掺加引气剂。其水泥、掺合剂、外加剂的品种和数量、配合比及含气量应通过试验确定，或按照《水工建筑物抗冰冻设计标准》（GB/T 50662—2011）选用。处于海洋环境中的混凝土，即使没有抗冰冻要求，也宜掺用引气剂。

3. 钢筋混凝土保护层

混凝土保护层厚度的大小及保护层的密实性是决定混凝土保护层的碳化时间 T_0 的根本因素，环境条件及保护层厚度又是 T_1 的决定因素。因此，保护层厚度成为主要因素。所以，规范规定，按环境类别的不同设置混凝土保护层厚度。同时，还应严格保证保护层的振捣与养护质量。

4. 结构配筋与型式

结构的型式应有利于排去局部积水，避免水汽凝聚和有害物质积聚。当环境类别为四类、五类时，不宜采用薄壁和薄腹的结构型式，因为这种结构暴露面大，比平整表面更易使混凝土碳化而导致钢筋锈蚀，应尽量避免。对遭受高速水流空蚀的部位，应采用合理的结构型式，改善通气条件，提高混凝土密实度，严格控制结构表面的平整度或设置专门防护面层等。在有泥沙磨蚀的部位，应采用质地坚硬的骨料，降低水灰比，提高混凝土强度等级，改进施工方法，必要时还应采用耐磨护面材料。

5. 规定裂缝控制等级及其限值

裂缝的出现加快了混凝土的碳化，也是钢筋开始锈蚀的主要条件。因此，应根据钢筋混凝土结构和预应力混凝土结构所处的环境条件类别和构件受力特征，规定裂缝控制等级和最大裂缝宽度限值。对于采用高强钢丝的预应力混凝土构件，则必须严格执行抗裂要求或控制裂缝宽度。因为，高强钢丝为腐蚀敏感的钢材，稍有锈蚀，就易引发应力腐蚀而脆断。

（四）采取满足耐久性要求相应的技术措施

针对水工混凝土结构，应采取以下专门的有效措施。

1. 优化混凝土结构耐久性干预技术

钢筋腐蚀是引起水工混凝土结构耐久性劣化的主要原因之一。钢筋发生腐蚀时，混凝土结构的力学性能随之退化。当力学性能不满足结构设计要求时，结构即存在不安全风险，甚至引发工程事故。

（1）明确优化混凝土结构耐久性干预技术的学术思路

现阶段，国内外学者针从预防、性能修复或提升等不同角度提出了各种混凝土结构耐久性干预技术，这些技术的学术思路总体而言可以分为三类：①提高钢筋抗腐蚀能力；②改善混凝土性能；③修复或提升结构力学性能。

第一，提高钢筋抗腐蚀能力。钢筋腐蚀是导致水工混凝土结构耐久性劣化的主要诱因，因此提高钢筋自身在混凝土内部的抗腐蚀能力，就能显著提高水工混凝土结构的耐久性。这类以直接提高钢筋抗腐蚀能力为出发点的耐久性干预技术包括采用不锈钢筋或纤维增强聚合物筋代替普通钢筋的方法、钢筋表面布置涂层保护的方法及钢筋阴极保护方法等。

采用抗腐蚀能力良好的不锈钢筋代替普通钢筋与混凝土结合使用，能够抑制或减缓腐蚀介质对水工混凝土结构耐久性造成的劣化问题，但不锈钢筋成本高昂，限制了其推广应用。采用耐久性良好的 FRP 筋代替普通钢筋，可以避免钢筋腐蚀造成的耐久性问题。该方法在构件层面的研究已较为充分，但在结构层面仍需解决 FRP 筋的可焊性与连接问题，尚未形成系统的设计理论和施工方法。

钢筋表面布置涂层是一种保护钢筋的有效方法，其做法是将防腐涂层布置于钢筋表面，使其隔绝混凝土内部的有害物质，进而保护钢筋免受腐蚀。这类方法对涂层质量要求高，涂层内部不得出现孔隙、裂纹、坑洞等缺陷。其中，环氧树脂就是最常见的一种钢筋涂层材料。

混凝土内部钢筋腐蚀是一个电化学过程，可采用电化学保护方法降低钢筋腐蚀速度。阴极保护是一种重要的电化学方法，该方法通过连接钢筋至电位更低的金属或外部电源的负极使钢筋发生阴极还原反应，以达到保护钢筋的目的。阴极保护根据电流来源可分为牺牲阳极阴极保护和外加电流阴极保护。

图 9-1（a）描述了针对钢筋混凝土的牺牲阳极阴极保护系统。牺牲阳极阴极保护将比铁更活泼的金属阳极材料布置在混凝土表面，并通过导线与被保护的钢筋相连，使得阳极材料表面发生阳极氧化反应，在钢筋表面则发生阴极还原反应。牺牲阳极阴极保护方法的效果取决于阳极材料与钢筋的电位差，易受环境因素的影响，保护电流的大小和输出范围有限，而且无法进行主动干预，因此该方法在水工混凝土结构的应用方面受到限制。

图 9-1（b）描述了针对钢筋混凝土的外加电流阴极保护系统。外加电流阴极保护（impressed current cathodic protection, ICCP）技术需将一种辅助阳极材料布置在混凝土表面，并将阳极和钢筋分别连接至外部电源的正极和负极；通过对混凝土内部钢筋施加阴极保护电流，使其电位负移至免蚀区域，从而达到保护钢筋的目的。

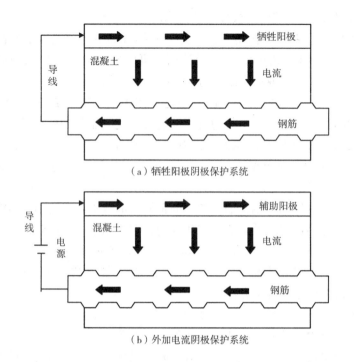

（a）牺牲阳极阴极保护系统

（b）外加电流阴极保护系统

图 9-1　钢筋混凝土的牺牲阳极阴极保护系统和外加电流阴极保护系统

混凝土内部钢筋的腐蚀行为如图 9-2 所示。外加电流阴极保护技术通过外部电源主动调整保护电流，克服了牺牲阳极阴极保护方法存在的弊端，更适合用来保护混凝土内部的钢筋。

现阶段，国内外学者对不同的阳极材料开展了大量研究，如主阳极丝＋导电聚合物、热喷锌涂层、导电油漆涂层及混合金属氧化物钛阳极等。理论上，ICCP 的辅助阳极材料具有一定的力学性能且覆盖于结构的外表面，因此对结构的力学性能有益，完全可以作为结构加固材料使用。然而，工程实践中常用的辅助阳极多为昂贵的贵金属材料，如混合金属氧化物钛阳极等，在实际应用中需要严格控制用量，其对结构力学性能的增益效果可忽略不计。

还应注意的是，采用不锈钢和钢筋表面布置涂层的做法更多是为了预防钢筋腐蚀，对已经存在钢筋腐蚀问题的水工混凝土结构是不适用的；而外加电流阴极保护技术不仅可以作为新建结构的预防方法（此时称作外加电流阴极防护），亦能用来抑制或减缓已有结构的钢筋腐蚀。

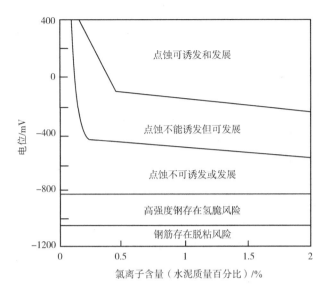

图 9-2　混凝土内部钢筋的腐蚀行为

第二，改善混凝土性能。正常情况下，混凝土孔溶液存在大量的氢氧根离子和碱金属离子，其 pH = 12.5~13.0，这使得钢筋表面会形成一层致密的钝化膜，保护钢筋即使在水和氧气的条件下亦不会发生腐蚀。当外部环境中存在的有害物质侵入到混凝土内部时，这些物质可能会与混凝土中的碱性物质发生反应，导致混凝土内部的碱性环境受到破坏。另外，混凝土中的钢筋也可能会失去其钝化膜的保护，从而容易发生锈蚀和腐蚀。

为了提升水工混凝土结构的耐久性，可以采取多种方法，如提升混凝土的材料性能来有效避免或减缓有害物质在混凝土中的渗透或侵蚀。首先，可以通过优化混凝土孔结构以及提高混凝土的密实度来减少有害物质的侵入通道。其次，提升混凝土对氯离子等有害物质的固化能力也很关键。此外，采用混凝土表面涂层也是一种有效的防护措施。通过在混凝土表面涂覆一层防护涂层，可以阻止外部有害物质的侵入，从而保护混凝土内部不受腐蚀。最后，增加混凝土的保护层厚度也是一种有效的措施。

提高混凝土密实度和优化混凝土孔结构，可减小混凝土的孔隙率，降低有害物质在混凝土内部的传输速率，延迟有害物质到达钢筋表面的时间，进而提高水工混凝土结构的耐久性。工程中可通过调整混凝土水灰比、添加矿物掺合料以及改善混凝土拌制和振捣等提高混凝土密实度和优化混凝土孔结构。

提升混凝土对氯离子的固化能力，可减小氯离子在混凝土内部的传输速率。氯离子在混凝土内有两种存在状态：一是在混凝土孔溶液中以游离态的形式存在，亦称作自由态；二是与混凝土组分通过物理吸附或化学结合以固化态的形式。只有游离态的氯离子在钢筋表面积累到一定浓度后，才会引起钢筋腐蚀。混凝土对氯离子的固化表现为物理吸附与化学结合，前者作用较后者弱。研究证实，混凝土内部含有较多的含铝矿物成分时，对氯离子的固化作用更强。因此，通过改善混凝土的组成或添加含铝的矿物质，可以提高混凝土对氯离子的固化能力。

混凝土表面涂层可以抑制有害物质的入侵。混凝土表面涂层可分为无机涂层和有机涂层。比较常见的无机涂层是渗透结晶型防水涂层，具有绿色环保、防水抗渗、耐久性好等优点。有机涂层主要包括环氧涂层、聚氨酯涂层、丙烯酸涂层等。通过在混凝土表面布置涂层，不仅能阻隔外部有害物质进入混凝土内部，还能阻隔促进钢筋腐蚀反应的水分和氧气，达到延缓钢筋腐蚀的目的。

增加混凝土保护层的厚度可以直接增加混凝土表面到钢筋的距离，延长有害物质到达钢筋表面的时间，从而延长水工混凝土结构的使用寿命。增加混凝土保护层厚度的做法简单直接，效果明显，是目前设计中提高水工混凝土结构耐久性的主要方法之一。

综上所述，以改善混凝土性能为目标的方法，大多通过改善混凝土组成和微观结构，设置混凝土表面涂层或增加混凝土保护层厚度，从而延迟混凝土结构钢筋起锈时间，提高水工混凝土结构的耐久性。

第三，修复或提升结构力学性能。结构的基本功能是承担荷载作用，而结构的耐久性劣化通常最终反映为结构的承载性能退化。因此，虽然在工程实践中广泛应用的各类结构加固技术不以提升结构耐久性为基本出发点，但可以通过提高结构承载性能从而间接地提升结构耐久性。当前应用较为普遍的混凝土结构加固技术包括增大截面加固法、预应力加固法、粘钢补强加固法、粘贴纤维增强复合材料加固法等。

增大截面加固法是指将原有的结构构件截面尺寸增大或提高构件截面的配筋，弥补钢筋腐蚀对构件力学性能造成的损失，提高构件的力学性能。该方法工艺简单，增强效果显著，但存在增加结构自重、改变构件外观及影响建筑使用空间等缺点。

预应力加固法是通过采用施加预应力的钢拉杆或撑杆对结构进行整体加固的方法。该方法改变了结构的受力体系，采用预应力钢拉杆或撑杆分担部分原结构构件的应力，减小原结构构件的内力，从而使得钢筋腐蚀劣化后的构件仍然满足结构承载能力和使用性能的要求。由于实际工程中结构的受力体系难以更改，所以该方法的应用限制较多。

粘钢补强加固法是指通过在混凝土结构构件外部粘结钢材来提高构件的承载能力，以达到满足结构承载能力和使用功能的要求。这种方法提高构件性能的关键在于外部粘贴钢材与基材混凝土之间的荷载传递。该方法对结构构件的外观影响较小，可有效提高水工混凝土结构的承载能力，但钢板自重大，施工难度高，而且存在钢板腐蚀劣化的风险。

粘贴纤维增强复合材料加固法与粘钢补强加固法类似，其区别在于用纤维增强复合材料代替钢材粘贴到混凝土构件表面。由于纤维增强复合材料具有轻质、高强、耐腐蚀和耐久性好等特点，该方法成为水工混凝土结构最主要的加固方法。该方法除了不影响结构外观，还具有施工过程便捷、不增加结构自重及不会腐蚀等优点，但其施工对环境条件要求高，粘贴材料有毒，同时存在高温环境及长期环境因素作用下纤维增强复合材料性能退化显著等缺点。

上述结构加固技术能有效提升结构的承载能力，而且研究成熟，并可依据相关规范进行设计。这些结构加固技术主要针对承载能力不足的既有结构，是结构性能劣化后的修复提升方法。然而，对于遭受钢筋腐蚀问题的水工混凝土结构，虽然应用结构加固技术能保障短时期内结构的承载能力，但若钢筋腐蚀未能得到有效控制，结构的承载能力将继续劣化，进而导致其再一次不满足结构性能的要求。因此，可以预见的是，对遭受钢筋持续腐蚀作用的结构，有必要不止一次地采用结构加固技术来保障结构服役期间的安全性能。

（2）提出并完善基于碳纤维增强复合材料双重性能的水工混凝土结构耐久性复合干预技术——ICCP-SS

氯离子导致的钢筋腐蚀是水工混凝土结构耐久性劣化的最主要特征，并进而导致结构安全性和适用性的退化。经过广泛的实践验证，ICCP技术被公认为在盐污染环境中对抗结构物腐蚀的高效手段，有时甚至被视为唯一的可靠选择。然而，尽管ICCP技术能够有效地抑制钢筋的腐蚀过程，但它并不能修复由早期钢筋腐蚀所引发的结构力学性能下降。也就是说，当结构已经出现性能劣化时，单纯依赖ICCP技术并不足以恢复其原有的强度和稳定性。

另外，SS（结构加固）技术则通过直接提升或恢复结构的承载力来保障修复后水工混凝土结构的安全性和实用性。这种技术能够在短期内显著提高结构的性能，但遗憾的是，它无法从根本上阻止外部环境或内部的有害因素，如海水或海砂混凝土中的氯离子和硫酸根离子等对钢筋的持续侵蚀。

在实际工程中，许多结构因为反复受到腐蚀和损伤，不得不进行多次加固处理。可以说，无论是ICCP技术还是SS技术，在保障水工混凝土结构耐久性方面都存在一定的局限性。因此，为了确保水工混凝土结构的安全性和长期稳定性，工程实践中往往需要将阴极保护（如ICCP技术）与结构加固（如SS技术）相结合，这样有助于实现标本兼治的效果。然而，ICCP技术和SS技术分属电化学和结构工程两个学科，彼此拥有独立的材料系统、技术要求和设计方法，导致水工混凝土结构耐久性防护问题更加复杂和困难。

将ICCP技术与SS技术进行结合，进而得到一种兼具二者优点的新型混凝土结构耐久性干预技术是研究的重点内容。一个典型的混凝土外加电流阴极保护系统一般包括辅助阳极、参比电极、电源和控制系统，如图9-1（b）所示。理论上，ICCP的辅助阳极材料具有一定的力学性能且覆盖于结构的外表面，因此对结构的力学性能有益，完全可以作为结构加固材料。

因此，有必要找到一种同时满足阴极保护辅助阳极和结构加固双重功能要求的材料，从而形成ICCP技术与SS技术的有机结合。进一步考虑，利用这种双重功能材料有可能通过体系创新得到解决水工混凝土结构耐久性和安全性问题的新思路。碳纤维（carbon fiber, CF）是含碳量超过95%的丝状材料，具有力学性能优异、化学稳定性好、耐腐蚀及导电性好等特点。碳纤维增强复合材料（carbon fiber reinforced polymer, CFRP）是以高分子环氧树脂为基体、以碳纤维为增强体的复合材料，因其轻质高强、耐腐蚀和性能可设计等特性，已成为土木工程结构加固改造和增强的重要材料。

由于碳纤维表面呈惰性，含氧官能团少，浸润性低，造成纤维与树脂基体的黏结较弱。为此，不少学者提出多种表面处理方法，通过对纤维的表面进行改性，如增加纤维表面官能团和提高浸润性等，进而增强纤维与树脂基体的黏结。这些表面处理方法包括电化学阳极氧化法、等离子处理法及射线照射处理法等，其中电化学阳极氧化法是一种广泛使用的方法。

电化学阳极氧化法利用碳纤维的导电性能，将其浸入电解质溶液中并通过阳极电流使其表面发生阳极氧化反应，进而达到改性纤维表面的目的。实施该方法时，纤维作为阳极，并且在较短的时间内通过较大的电流，以保证表面改性的效果。可以看出，碳纤维能够作为电解池的阳极，可通过纤维/电解质界面的阳极氧化反应有效传递电荷。以此为基础，碳纤维逐渐应用于钢筋混凝土的外加电流保护系统，或者是以短纤维形式掺入砂浆中作为次阳极，或者是以连续纤维的形式直接作为主阳极。以碳纤维作为辅助阳极构建的钢筋混凝土外加电流阴极保护系统，可有效保护混凝土内部的钢筋免遭腐蚀。从跨学科的视角出发，将 CFRP 同时作为辅助阳极和结构加固材料，通过 ICCP 技术和 SS 技术的有机结合，实现对水工混凝土结构抗腐蚀能力与承载能力的复合干预的学术思想是可行的。

深圳大学教授朱继华等率先研究了 CFRP 的双重功能，并提出了结合阴极保护和结构加固（impressed current cathodic protection, structural strengthening, ICCP-SS）的水工混凝土结构耐久性复合干预技术。ICCP-SS 技术不仅可以实现钢筋锈蚀保护，还可以提高结构力学性能，可用于既有水工混凝土结构的耐久性修复与性能提升。

另外，ICCP-SS 技术是一种新型组合结构体系，还可用于新建水工混凝土结构，对于氯离子浓度高的海水海砂的资源化应用具备独特的优势。值得注意的是，采用 ICCP-SS 技术的海水海砂混凝土仍然可以采用普通钢筋，因此可以依托成熟的混凝土结构和组合结构设计、生产和施工体系，这对于新结构和新材料技术的推广实践是至关重要的。

2. 构建提升耐久性的混凝土组成

（1）合理选择和使用外加剂

外加剂作为现代混凝土不可或缺的组分，在水工混凝土结构中起着举足轻重的作用。在耐久性混凝土中，它解决了其低水胶比、低用水量与施工性能之间的矛盾。目前我国在混凝土技术中使用最多的是减水剂，生产时，应注意提高减水率而且考虑环境保护和劳动保护，要认真地进行毒性检查和混凝土中溶出试验。在实际工程中经常会添加减水剂、引气剂等，有些工程为了减少混凝土温度开裂和满足混凝土长距离运输往往会加入缓凝剂。

（2）合理生产和应用耐久性混凝土的胶凝材料

目前，国产水泥质量差异很大，它和高效外加剂相容性很不稳定，必须适合低水胶比和耐久性的需要，在混凝土的施工质量控制方面造成了较大的困难。工厂生产从流变性能的需要出发，进行石膏、掺合料和外加剂等组分的选择和配合比优化，再选择合适的水泥熟料，调节其他辅助材料，以合适的参数共同磨细，制造用于不同强度耐久性混凝土的胶凝材料，可以大大简化施工过程，稳定混凝土的质量。

用于混凝土时，拌和物不离析、不泌水，有良好的可泵性和填充性，硬化后有良好的耐久性。当然水泥的生产，应该注意环境保护，实现可持续发展。耐久性混凝土的低水胶比，使用矿物掺合料，会大大减少水泥的需求，减少自然资源和能源的消耗以及对环境的污染，有利于建筑行业可持续发展性，耐久混凝土有待进一步优化，使其向理想混凝土发展。

（五）确定混凝土结构全寿命设计框架

《建筑结构可靠性设计统一标准》（GB 50068—2018）中指出，结构在规定的设计使用年限内应满足安全性、适用性和耐久性三方面的功能。在环境与荷载的共同作用下，结构安全性和使用性能会随时间的增长而不断下降。

因此，水工混凝土结构在进行全寿命设计时理论上应考虑结构性能的时变退化规律，也就是说耐久性本质上是时变的安全性和时变的适用性。以时变结构安全性为例，在建立时变抗力和效应概率模型的基础上，结构全寿命设计时应确保在设计使用年限内的失效概率小于允许值。

混凝土结构全寿命设计的理论框架如图 9-3 所示。为实现水工混凝土结构的全寿命设计，首先根据工程所在位置确定环境作用，利用荷载作用下 CO_2 扩散系数、氯离子扩散系数等模型，确定钢筋开始锈蚀时刻 t_0。利用胀裂前钢筋锈蚀速率模型和胀裂时的钢筋锈蚀量预测模型，确定混凝土保护层锈胀开裂时间 t_1。利用胀裂后钢筋锈蚀速率预测模型和锈蚀构件受力性能的退化模型，可以建立锈蚀钢筋混凝土构件的时变抗力模型。将结构服役寿命 T 分为 n 个相等的时段 τ。同时，抗力 $R(t)$ 和荷载效应 $S(t)$ 被离散为 n 个随机变量 $R(t_i)$、$S(t_i)$，从而将结构的时变可靠度计算转化为串联系统的常规可靠度计算。为保证结构安全服役 T 年，$p_f(0, T)$ 需小于结构失效临界值。

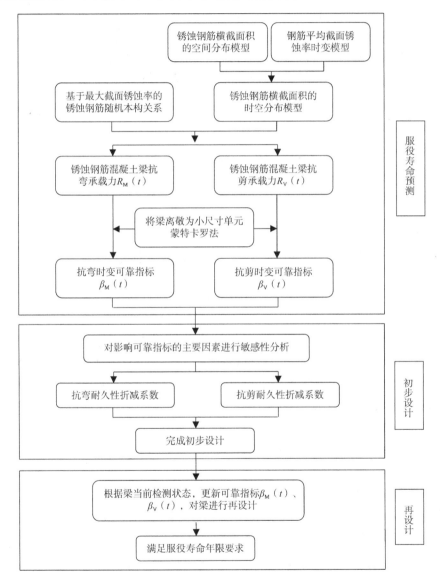

图 9-3　混凝土结构全寿命设计理论框架

第十章 水工混凝土结构抗震性能设计

水工混凝土结构的抗震性能设计是保障工程安全的重要环节。随着人们对于水利工程安全性要求的不断提高，抗震设计成为水工混凝土结构设计中的关键问题。抗震性能设计的目标是通过优化结构的力学性能和受力机制，使结构能够在地震中承受力学作用，确保结构的安全性和可靠性。本章围绕地震与抗震、抗震设计的基本要求、钢筋混凝土框架结构的抗震设计与延性保证等内容展开研究。

第一节 地震与抗震

一、地震基本知识

地震是由地球内部积累的能量突然释放而导致地表振动的自然现象。全球每年平均发生约 500 万次地震，其中强烈地震可能引发地震灾害，造成严重的人员伤亡和经济损失。中国是世界上常发生地震的国家之一，历史上曾多次遭受巨大破坏的地震，造成了极为严重的损失。

我国地震灾害较严重的主要原因是：①地震活动带几乎遍布全国，无法集中力量作重点设防；②我国强震的重演周期长，易引起麻痹，对抗震设计重视不够；③不少地震发生在人口稠密的城镇地区；④我国虽较早地制订了抗震设计规范，但曾以为地震烈度为 6 度的地区可以不设防，而最近几十年中，在 6 度地区却发生了多次大地震。

根据地震的成因，可将地震划分为不同类型。其中，诱发地震是由人工爆破、矿山开采及工程活动引起的；陷落地震则是由地表或地下岩层的大规模陷落和崩塌造成的；火山地震源自火山爆发；而构造地震则是因地球内部岩层的构造变动而产生的。在这些类型中，构造地震的发生频率最高，大约占据了地震总数的 90%，且其影响范围广泛。因此，构造地震成了地震工程领域的主要研究对象。

（一）地震术语

震源：地球内岩体断裂错动并引起周围介质剧烈振动的部位称为震源。

震源深度：震源到震中的垂直距离。按震源的深度不同，可将地震分为三种类型。

浅源地震：震源深度在 60 km 以内的地震。

中源地震：震源深度在 60～300 km 范围内的地震。

深源地震：震源深度超过 300 km 的地震。

震中：震源正上方的地面位置。

震中距：地面某处至震中的水平距离。

（二）地震作用

1. 地震作用的概念

地震释放的能量会以地震波的形式向四周扩散。当这些波到达地面后，会引发地面的运动。原本静止的建筑物在这种动力作用下，会产生强迫振动。在振动的过程中，地面会产生加速度运动，进而强迫建筑物也产生相应的加速度反应。在这个过程中，建筑物上会受到一个相反于加速度方向的惯性力，这个力是导致建筑物遭受破坏的主要原因。这种由地震引起的、作用在建筑物上的惯性力被称为地震作用，它属于间接荷载的一种。

地震作用是一种动力反应，它属于结构动力学的范畴。这种作用与多个因素有关，包括结构本身的质量、刚度，以及建筑场地等。在结构分析中，这些因素都是需要考虑的重要因素。研究结构在动荷载作用下的内力和变形是一个非常复杂的问题，为简化计算，常常将地震作用视为静荷载，然后作用在结构上，按静力学的规律计算出内力，以便进行结构抗震设计。所以，在抗震设计中计算的地震作用是一种反映地震影响的等效荷载。

2. 确定地震作用的方法

当地震作用效应与其他荷载效应的组合超过结构构件的承载能力，或者地震导致的结构侧移超出了允许范围时，建筑物可能会遭受不同程度的破坏，甚至倒塌。因此，在建筑结构设计中，准确评估并确定地震作用的影响至关重要。这是因为地震作用对建筑物的影响是显著的，且难以预测，所以必须给予足够的重视和准确的计算，以确保建筑的抗震作用。

在工程实践中，主要有以下两类计算结构地震作用的方法。第一类是拟静力法，这种方法通过反应谱理论将地震对房屋结构的影响转化为等效的荷载。具体而言，它首先按照地震引起的建筑房屋结构的最大加速度反应求出惯性力，然后采用静力方法计算在等效荷载作用下的结构内力和位移。之后，通过结构的抗震能力验算，将原本的动力问题转化为静力荷载作用下的静力计算问题。第二类是直接动力法，也被称为时程分析法。这种方法在选定的地震加速度作用下，利用数值积分方法直接求解结构体系的运动微分方程。通过这种方法，可以得到结构在地震作用下从静止到振动，直至振动终止整个过程中的地震反应，包括位移、速度、加速度等与时间变化的关系，进而得出时程曲线。这种方法要求结构体系的动力学模型比较精确，且整个计算过程能依靠电子计算机来完成。我国《抗震规范》按照建筑的具体情况规定，一般采用反应谱法（底部剪力法和振型分解反应谱法），少数情况下需采用时程分析法进行补充分析。

3. 地震作用的分类

（1）按作用方向分

地震时，建筑物在地震波的作用下既颠簸又摇晃，这时建筑物既受到垂直方向的地震作用，又受到水平方向的地震作用，分别称为竖向地震作用和水平地震作用。一般建筑物的破坏主要是由水平方向的地震作用引起的。水平方向的地震作用，还可以按垂直和平行于建筑物纵轴的两个方向，分别称为横向水平地震作用和纵向水平地震作用。

（2）按作用大小分

地震作用根据其作用大小可以分为多遇地震作用、基本地震作用和预估的罕遇地震作用。

（三）地震活动性

1. 世界地震活动性

由上述可知，地震的发生与地质构造密切相关。通常来讲，岩层中原来已有断裂存在，致使岩石的强度较低，容易发生错动或产生新的断裂，也就是容易发生地震。尤其是在活动性较高的断裂带的两端和转角位置，两条活动断层的交汇点，以及现代断裂差异运动变化剧烈的大型隆起或凹陷的转换区域，这些地点的地应力分布较为集中，构造相对薄弱，通常容易发生地震，从世界范围对地震进行历史性的研究，就可得出每年的地震情况和历史上地震的分布规律。

小地震几乎到处都有，大地震则主要发生在某些地区，即地球上的 4 个主要地震带。

（1）环太平洋地震带

全球大约 80% 的浅源地震和 90% 的中深源地震，以及近乎所有的深源地震，都汇聚在这一特定的地震带中。这条地震带从南北美洲的西海岸开始，经过阿留申群岛，转向西南方向延伸到日本列岛，接着穿越我国的台湾，最终抵达菲律宾、新几内亚和新西兰。这一地震带的地震活动异常活跃，是全球地震监测和研究的重点区域。

（2）欧亚地震带

除了环太平洋地震活动带中的中深源地震，几乎所有的其他中深源地震以及一些大型浅源地震都集中在另一个地震活动带——欧亚地震带。这一地震活动带内的震中分布与山脉的走向大致相符。它始于大西洋的亚速岛，延伸经过意大利、土耳其、伊朗、印度北部，我国的西部和西南地区，再穿越缅甸，最终与环太平洋地震带在印度尼西亚相接。这一地震活动带的地震活动频繁，人口密集，是全球地震监测和地震防范工作的重点。

（3）沿北冰洋、大西洋和印度洋中主要山脉的狭窄浅震活动带

北冰洋和大西洋地震带起始于勒拿河口附近地震活动相对较少的区域，随后穿越一系列海底山脉和冰岛，最终顺着大西洋底部的隆起带延伸。而印度洋地震带则起始于阿拉伯半岛以南，沿海底隆起延伸，最终朝南方向延伸至南极。

（4）地震相当活跃的断裂谷如东非洲和夏威夷群岛等

前两者为世界地震的主要活动地带。

2. 我国地震活动性

我国地理位置特殊，东邻环太平洋地震带，南接欧亚地震带，因此地震分布十分广泛。在国内，存在两条主要的地震带。这些地震带的存在使得我国地震活动频繁，对地震监测和防范工作提出了较高的要求。

（1）南北地震带

从贺兰山北部开始，经过六盘山，穿越秦岭直至云南省的东北部，形成了一个北南走向的地震带。这个地震带的宽度在各个地方都不相同，大致在几十到几百千米。分界线由一系列规模很大的断裂带和断陷盆地构成，地质构造十分复杂。

（2）东西地震带

我国主要有两条东西构造带，其中北面的构造带从陕西出发，经过山西、河北北部，一直向东延伸至辽宁北部的千山地区；而南面的构造带则从帕米尔高原起始，穿越昆仑山、秦岭，最终到大别山区。

基于这些构造带的分布，我国大致可以划分为六个地震活动区，包括：①台湾及其周边海域地震活动区；②喜马拉雅山脉地震活动区；③南北地震带；④天山地震活动区；⑤华北地震活动区；⑥东南沿海地震活动区。这些地震活动区的划分有助于更好地了解地震的分布和特点，为地震监测和防范工作提供重要参考。

综上所述，由于我国所处的地理环境，使得地震情况比较复杂。根据历史地震记录，除了少数几个省份，我国绝大多数地区都经历过较为猛烈的破坏性地震。同时，一些地区的现代地震活动仍然相当剧烈。具体来说，台湾是我国地震最为频发的地区，紧随其后的是新疆和西藏。而西南、西北、华北和东南沿海地区也是经常发生破坏性地震的地区。

（四）地震波、震级和地震烈度

1. 地震波

当发生地震时，地球内部的岩石体发生断裂和错动，由此产生的振动被称为地震动。这种振动以波的形式通过介质从震源向四周扩散，称之为地震波。地震波属于弹性波的范畴，它包含了体波和面波两种类型。

地球内部传播的波被称为体波，体波有两种主要形式，分别是纵波和横波。纵波，也称为压缩波（P波），其介质质点的运动方向与波的前进方向相同。由于纵波周期短、振幅较小，它的传播速度最快，常常引起地面上下颠簸。而横波，也被称作剪切波（S波），其介质质点的运动方向垂直于波的前进方向。横波周期长、振幅较大，传播速度仅次于纵波，引起地面左右晃动。

沿地球表面传播的波叫作面波。面波有瑞利波（R波）和乐夫波（L波）两种形式。瑞利波传播时，质点在波的前进方向与地表法向组成的平面内做逆向的椭圆运动，会引起地面晃动；乐夫波在与波的前进方向垂直的水平方向做蛇形运动。面波传播速度较慢，周期长，振幅大，比体波衰减慢。

综上所述，地震时纵波最先到达，横波次之，面波最慢；就振幅而言，面波最大。当横波和面波同时抵达时，产生的振动最为剧烈。由于面波携带的能量较大，它成为导致地表和建筑物遭受破坏的主要因素。然而，随着地震波的传播，其强度会逐渐减弱。随着距离震中的增加，地面的振动也会逐渐减弱，因此也会相应减轻地震的破坏作用。

2. 震级

震级是按照地震本身强度而定的等级标度，是表示一次地震时所释放的能量的多少，也是表示地震强度大小的指标，用符号 M 表示。目前，我国采用的是国际通用的里氏震级，它以标准地震仪在距震中 100 km 处记录的最大水平地动位移 A 的对数值来表示该次地震的震级，其表达式如下。

$$M = \lg A + R(\Delta) \tag{10-1}$$

式中，A——地震记录图上量得的以微米为单位的最大水平位移（振幅）；

$R(\Delta)$——随震中距而变化的起算函数。

震级 M 与地震释放的能量 E 之间的关系为

$$\lg E = 1.5M + 11.8 \tag{10-2}$$

式（10-2）表明，震级 M 每增加一级，地震所释放的能量 E 约增加 32 倍。

一次地震只有一个震级。通常，地震的震级小于 2 级时，被称为无感地震或微震，人们通常不会感受到其影响。当震级在 2～5 级之间时，被称为有感地震，人们能够感受到其轻微的振动。而震级达到 5 级以上的地震，则被称为破坏性地震，具有造成一定破坏的潜力。震级达到 7 级以上的地震，则被称为强烈地震，通常会造成严重的破坏和影响；8 级以上的地震称为特大地震。至今记录到的世界上最大地震震级为 8.9 级。

3. 地震烈度

地震烈度是描述地震对某一地区地面和建筑物产生影响强弱的指标。即便两次地震的震级相同，由于震源深度、距离震中的远近和土质条件等因素的不同，对地面和建筑物的实际破坏程度也可能大相径庭。因此，仅用地震震级来衡量地震的强度并不足以全面反映其对地面和建筑物造成的实际影响。地震烈度则能更准确地反映这一点，因为它考虑了地震在不同地点造成的不同影响，即使这些地点距离震中的距离不同，地震烈度也可能有所不同。

一般来说，离震中越近，地震影响越大，地震烈度越高；离震中越远，地震烈度就越低。另外，震中烈度通常可以被视为地震大小和震源深度的函数。然而，考虑到那些对人民生命财产造成最大影响且发生频率最高的地震，它们的震源深度大多介于 10～30 km。所以，为了简化研究，可以近似地认为震源深度是一个恒定值，从而探究震中烈度 l_0 与震级 M 之间的关系。《中国地震目录》（1983 年版）给出了根据宏观资料估定震级的经验公式。

$$M = 0.58l_0 + 1.5 \tag{10-3}$$

为了对地震烈度进行评定，需要制定一个统一的标准，这就是所谓的地震烈度表。这个表格主要依据震害的宏观现象来区分和判断地震烈度，它综合考虑了人的感知、器物的反应、建筑物的受损程度以及地貌变化特征等宏观因素。通过这些综合考量，可以对地震烈度进行更为准确和全面的评估。然而，由于对烈度影响轻重的分段不同，以及在宏观现象和定量指标确定方面的差异，加之各国建筑情况和地表条件的不同，各国所制定的地震烈度表也就不同。

（五）地震的发生原因

地壳分分秒秒都在运动，只是由于地壳的运动大多十分缓慢，因此并不易被人们察觉。然而，地壳的运动与变化并非都是不被察觉、非常缓慢的，有时也会出现突然的、快速的运动，这种运动引起地球表层的振动，就是地震。人为的原因也能引起地表振动，如开山放炮、地下核爆破等，但是这些毕竟是少数，对人类造成的危害也比较小，我们更关心的是容易对人类造成危害的天然地震。天然地震是由自然界的原因引起的地震。

（六）地震的成因类型

地震按成因分类一般可分为天然地震、人工地震和诱发地震三大类。自然界发生的地震，叫作天然地震，如构造地震、火山地震、塌陷地震等；由人类活动如开山、开矿、爆破等引起的地表晃动叫作人工地震；诱发地震是指由矿山冒顶、水库蓄水等人为因素引起的地震。下面主要阐述天然地震和诱发地震。

1. 天然地震

（1）构造地震

地震是由于地壳运动导致的构造性突变，这种突变造成地壳岩层的错动和破裂。地球在持续不断的运动和变化中，内部积蓄了巨大的力量，这种力量在地壳单位面积上表现为地应力。在地应力的长期、渐进作用下，地壳岩层逐渐发生弯曲和变形。一旦地应力超过岩层所能承受的极限，岩层就会发生错动和断裂，瞬间释放出巨大的能量。这些能量以波的形式传播至地面，从而引发地震。

（2）火山地震

火山地震是由火山活动引起的，通常与岩浆的喷发冲击或热力作用有关。这类地震的震级一般较小，对地面造成的破坏程度较低，且发生频率也相对较低，仅占据全球地震总数的7%。

（3）陷落地震

一般而言，地下水对可溶性岩石进行了溶解，导致岩石内部形成空洞，这些空洞随时间的推移而不断扩大。另外，地下矿石的开采也会形成巨大的空洞。当这些空洞扩大到一定程度时，岩石顶部和土层可能会发生崩塌和陷落，进而引发地面振动，这就是所谓陷落地震。陷落地震的震级相对较小，大约占地震总数的3%。即使是规模最大的矿区陷落地震，其震级也仅为5级左右。我国曾发生过4级的陷落地震。尽管震级不大，但这类地震对矿井的上下部分都可能造成严重的破坏，并对矿工的生命安全构成威胁。因此，对此类地震不能掉以轻心，必须加强防范措施。

2. 诱发地震

诱发地震是指由特定地区的地壳外部因素引起的地震，如矿山冒顶、油井注水、水库蓄水等。在这些情况中，水库地震是最常见的类型。以福建省的水口水库为例，自1993年3月底开始蓄水，不到两年时间内，就诱发了近千次0.3级以上的地震，其中最大震级为3.9级。由于诱发地震的震源较浅，当地居民在2级以上的地震中就能感受到明显的晃动。另一个例子是广东河源新丰江水库，该水库于1959年建成，而在1962年就发生了最大震级为6.1级的地震。水库地震的主要原因在于水库蓄水后使得地面的应力状态发生了改变。当库水渗入已有的断层中，它起到了润滑和腐蚀的作用，从而促使断层产生新的滑动。但是，并非所有水库蓄水后都会发生地震，其发生需要满足一定条件，只有在这些特定条件下，水库蓄水才可能诱发地震。

（七）地震的基本灾害

强烈的地震会严重破坏环境，也会给人类的生命和财产造成巨大的损失。一般把由地震引起的灾害统称为地震灾害，简称震害。震害又可分为直接震害和间接震害两大类。间接震害又可分为地震次生灾害和地震延伸灾害（衍生灾害）。

1. 地震直接灾害

地震直接带来的灾害多种多样，其中最为显著的是房屋倒塌和人员伤亡。此外，地震还会对铁路、桥梁、码头、公路、机场、水利水电工程等关键基础设施造成破坏。这些破坏不仅限于建筑本身，还包括喷沙冒水、地裂缝等现象，这些都会对建筑物、农田、农作物以及公路等造成严重影响。

一般来说，直接地震灾害是地震灾害的重要组成部分。大震，特别是发生在城市和其他工程设施、人口高度密集地区的地震，可能造成数以万计的人员伤亡，有时甚至毁灭整个城市。例如，1976 年 7 月 28 日，河北唐山发生的 7.8 级大地震，使整个唐山市变成一片废墟，共死亡 24.2 万人，经济损失高达 100 亿元；2008 年 5 月 12 日发生的四川汶川大地震，直接灾害也很严重。

2. 地震次生灾害

（1）火灾

地震时，火灾的易发性显著增加。以 1923 年的日本关东大地震为例，该次地震导致大约 10 万人丧生，其中东京就有 4 万多人因大火而丧命。地震中，房屋倒塌数量达到 25 万间，而因火灾烧毁的房间更是高达 45 万间左右。2011 年 3 月 11 日 13 时 46 分，日本本州东海岸附近海域发生 9.0 级强烈地震，在重灾区宫城县气仙沼市，地震造成了大范围的火灾，火灾绵延数千米，火柱冲天，到处是滚滚黑烟，气仙沼市陷入一片火海；千叶的一家炼油厂也因此发生火灾，引发连环爆炸，导致 3 人受伤；一家钢铁厂也发生了火灾，致 5 人受伤；当时，东京多处大楼也相继传出失火的消息。

（2）海啸

有些地震还会伴随产生破坏力巨大的海啸。以 2011 年 3 月 11 日发生在日本的那次 9.0 级强烈地震为例，它不仅是有"地震之国"之称的日本历史上遭遇的最强烈的地震，而且还引发了最高达 10 m 的大海啸。这场海啸几乎瞬间席卷了日本全境沿海地区，造成了巨大的破坏和损失。

（3）水灾

地震水灾造成的危害虽然比不上火灾、海啸那么严重，但其潜在影响同样不可小觑。以 1933 年 8 月 25 日发生在四川叠溪的 7.5 级地震为例，地震引发的水灾造成了显著的破坏。地震时附近山区发生崩塌，大量坠落的土石堵塞了岷江，形成了三条高度超过百米的大坝，导致江水断流长达 45 天。这些坝体前形成了三个堰塞湖，随着连续的暴雨，湖水不断积聚，水位逐渐上升。最终，在 10 月 9 日下午，大坝溃决，形成了高达 60 m 的水头，汹涌的洪水席卷了下游两岸。以灌县为例，洪水冲毁了 600 多公顷的良田，造成了巨大的经济损失。这一事件充分展示了地震水灾的潜在危害和不可低估的影响。

（4）瘟疫

地震后，常常伴随着瘟疫的流行。以 1668 年我国郯城大地震为例，地震导致大量房屋倒塌，大量人员伤亡。由于死尸遍布野外，地下水受到严重污染，这进一步导致了瘟疫的暴发。疫情肆虐，灾民生活极度痛苦，陷入绝境。这再次强调了地震后卫生和环境管理的重要性，以防止瘟疫等疾病的蔓延。

（5）火山爆发

有些大地震的发生，可能会触发附近活火山的爆发，进一步加剧受灾的程度。

（6）危险品爆炸

如果地震破坏区域内存有危险品，那么在地震发生时，这些危险品可能会因为剧烈震动而引发爆炸，进一步可能导致火灾等严重后果。

（7）毒气泄漏

如果地震破坏区域内存有大量毒气，如工厂生产过程中产生的某些有害气体，那么在地震发生时，这些毒气容易因为建筑物损坏或储存设施破裂而发生泄漏。这种情况将会严重损害人民的生命财产安全，因为毒气泄漏可能会导致空气污染、动植物中毒甚至死亡。

（8）滑坡和崩塌

这类地震的次生灾害主要集中在山区和塬区。当发生地震时，其强烈的振动会导致原本就不稳固的山崖或塬坡发生崩塌或滑坡。尽管这些灾害的影响范围相对较小，但它们的破坏力通常是巨大的，有可能导致整个村庄或家庭的居民及其财产被完全掩埋。

此外，泥石流、地裂、地面塌陷、喷沙冒水、地面变形等也都是地震的次生灾害，它们都可能造成人员伤亡，破坏建筑物，破坏交通运输，毁坏农田等。因此，在预防地震的同时，还要预防地震可能引起的各种次生灾害。

二、抗震基本概念

（一）基本烈度、小震和大震

1. 基本烈度

基本烈度描述的是一个地区在特定时期（我国设定为 50 年）内，在普通场地环境下，基于一定的超越概率（我国设定为 10%）可能遇到的最大地震烈度。这一烈度标准可以作为该地区抗震设防的参考。目前，我国已经根据不同的基本烈度将国土划分为不同的区域。

2. 小震和大震

每一地区在一定期限内实际发生的烈度是随机的。相应于众值烈度的地震一般可视为该地区的"小震"，相应于基本烈度的地震可视为该地区的"中震"，相应于罕遇烈度的地震即为该地区的"大震"。

（二）场地类别

1. 覆盖层厚度

场地覆盖层厚度，原意是指地表面至地下基岩面的距离。理论上讲，当相邻两土层中的下层剪切波速比上层剪切波速大很多时，下层可以看作基岩，下层顶面至地表的距离则看作覆盖层厚度。覆盖层厚度的大小直接影响场地的周期和加速度。我国抗震设计规范中按如下原则确定场地覆盖层厚度。

①通常情况下，会根据地面至剪切波速超过 500 m/s 的土层顶面的垂直距离来做出决定。

②如果在地面以下 5 m 的地方存在剪切波速超过相邻上层土剪切波速 2.5 倍的土层，

并且其下方的岩土层的剪切波速都不低于 400 m/s，那么可以按照地面至该土层顶面的垂直距离来做出决定。

③对于那些剪切波速超过 500 m/s 的孤石和透镜体，可以将其视为周围土层。

④如在土层中遇到的火山岩硬夹层，应当被视作刚体进行处理，并且在计算或评估时，其厚度应从所覆盖的土层厚度中扣除。

2. 土层的等效剪切波速

土层的等效剪切波速反映各土层的平均刚度，可按下列公式计算。

$$v_{se} = d_0 / t \qquad (10\text{-}4)$$

$$t = \sum_{i=1}^{n} d_i / v_{si} \qquad (10\text{-}5)$$

式中，v_{se}——土层等效剪切波速，m/s；

d_0——计算深度，取覆盖层厚度和 20 m 二者较小者，m；

t——剪切波在地面至计算深度之间的传播时间，s；

d_i——计算深度范围内第 i 土层的厚度，m；

v_{si}——计算深度范围内第 i 土层的实测剪切波速，m/s；

n——计算深度范围内土层的分层数。

对于不超过 10 层并且高度不超过 30 m 的丙类建筑和丁类建筑，倘若无实测剪切波速，可按照岩土名称和性状，根据表 10-1 划分场地土的类型，再利用当地经验在表 10-1 的剪切波速范围内估计土层的剪切波速 v_{si}。

表 10-1　土的类型划分和剪切波速范围

土的类型	岩土名称和性状	土层剪切波速范围 / （m·s⁻¹）
坚硬土或岩石	稳定岩石，密实的碎石土	$v_{se} > 500$
中硬土	中密、稍密的碎石土，密实、中密的砾、粗、中砂，$f_{ak} > 200$ kPa 的黏性土和粉土，坚硬黄土	$250 < v_{se} \leqslant 500$
中软土	稍密的砾、粗、中砂，除松散外的细、粉砂，$f_{ak} > 130$ kPa 的黏性土和粉土，可塑黄土	$140 < v_{se} \leqslant 250$
软弱土	淤泥和淤泥质土，松散的砂，新近沉积的黏性土和粉土，$f_{ak} \leqslant 130$ kPa 的填土，流塑黄土	$v_{se} \leqslant 140$

注：f_{ak} 为由荷载试验等方法得到的地基承载力特征值，kPa；v_{se} 为岩土剪切波速。

3. 场地类别

建筑场地的类别是场地条件的基本特征，场地条件对地震的影响已被大量地震观测记录所证实。研究表明，两个场地条件是影响场地地震动的主要因素：场地的土层刚度和场地覆盖层厚度。场地的土层刚度可通过土层的等效剪切波速来反映。抗震设计规范根据场地土层的等效剪切波速和覆盖层厚度将建筑场地分为 4 类，如表 10-2 所示。建筑场地划分的目的，是在地震作用计算时按照不同的场地条件，可以采用合理的计算参数。

表 10-2 各类建筑场地的覆盖层厚度

单位：m

等效剪切波速 / (m · s⁻¹)	场地类别			
	I	II	III	IV
$v_{se} > 500$	0	—	—	—
$250 < v_{se} \leqslant 500$	< 5	≥ 5	—	—
$140 < v_{se} \leqslant 250$	< 3	3 ~ 50	> 50	—
$v_{se} \leqslant 140$	< 3	3 ~ 15	15 ~ 80	> 80

三、建筑物抗震设防策略

抗震设防是指在工程建设时对建筑物进行抗震设计并采取抗震措施，以达到预期的抗震能力。我国规范规定，对于抗震设防烈度在 6 度及以上地区的建筑，必须进行抗震设防。由于地震的不确定性、偶然性和地震灾害的毁灭性，建筑结构的抗震设防是一个复杂的科学决策问题。

（一）地震中的建筑行为与抗震设防思想

了解地震中建筑的行为，有助于理解建筑抗震的设防策略。地震中，地震动输入能量给建筑物，建筑物则通过运动、阻尼、变形等来耗散地震的能量。地震过程中，建筑物类似一个滤波器，对地震动进行滤波和放大，与结构频率相近的频率成分被放大，与结构频率相差较大的频率成分则被抑制。一般情况下，建筑物的地震响应比地表的地震动输入大。

大量震害表明，地震中建筑物表现出不同程度的行为。当地震较小时，结构地震效应没有达到承载能力，建筑物不产生损坏，结构本身处于弹性工作状态。随着地震强度的增大，建筑物将产生损伤和破坏，首先是非结构构件，之后是结构构件。由于结构构件的破坏，导致结构刚度降低，自振周期增长，此时结构产生的变形一部分呈现塑性特点，是不可恢复的。如果地震强度进一步增强，则结构产生破坏的部位进一步增多，损伤程度进一步增强甚至构件逐步退出工作，结构产生比较大的塑性变形。在重力二阶效应的作用下，当变形增大到一定程度而令结构不能承担时，结构则发生倒塌。同时，震害也表明，在相同强度的地震下，不同设防水平的建筑结构有不同的行为状态，设防水平高的建筑物损伤较轻。

一个值得思考的问题是，能不能将结构设计得足以抵御所有未来可能发生的地震？然而，经验和数据分析显示，这种努力可能是不必要且不现实的。首要原因是人们无法准确预测未来地震的强度和频率。其次，虽然提高结构的承载能力需要巨大的经济投入，但这并不意味着投资回报率高。因为预测建筑在其使用寿命期间遭遇地震的可能性同样是一个巨大的挑战。但是，如果建筑物不进行抗震设防，一旦遭遇地震，后果则是令人难以接受的。抗震设防类似于投保，需要综合考虑地震环境、建设工程的重要程度、允许的风险水平及要达到的安全目标和国家经济承受能力等因素，做出合理的决策。

如今，国际上广泛认同的建筑抗震设计原则是：建筑物在其使用寿命内，应对不同强度和频率的地震表现出相应的抵抗能力。这一理念同样适用于其他类型的工程结构。在强烈地震中，完全避免建筑结构受损是不现实的，人们需要接受并认可结构可能遭受地震破坏的事实。抗震设计的最低要求是确保建筑物不会倒塌，因为只要建筑物保持不倒，就可以最大限度地减少生命财产的损失和人员伤亡，从而减轻灾害的影响。

与其他作用相比，强烈地震作用下允许结构发生损伤或破坏。

（二）建筑抗震基本设防目标"三水准"要求

根据前述的抗震设计原则，我国为大多数建筑制订的抗震设防目标可以总结为"三水准"要求。

第一水准：在遭遇低于本区域设定的抗震设防烈度的常遇地震（小震）时，建筑物应能够保持完好或不需要修复依然可继续使用。

第二水准：在遭受与本区域设定的抗震设防烈度相当的地震（中震）时，建筑物可能会受到一定程度的损害，但经过常规维修后应能恢复其正常使用功能。

第三水准：在面对超过本区域设定的抗震设防烈度的罕见大地震（大震）时，建筑物必须能够防止倒塌或发生威胁生命安全的严重损坏。

上述抗震设防目标简称为"小震不坏，中震可修，大震不倒"，实质上规定了用于建筑抗震设计的三个地震作用水准，以及在相应地震水准下结构所应该满足的目标形态。三个地震作用水准需要根据国家规定的抗震设防依据来确定。

1. 抗震设防依据

简言之，抗震设防依据就是一个地区进行抗震设防所遵守的地震动指标，用以反映该地区所可能遭受到的地震影响的水平。显然，震级是不适合用作抗震设防依据的。应予明确的是，抗震设防的依据并非仅仅基于某一地区的地震影响水平，而是在综合考虑了地震影响水平、经济承受能力以及社会发展水平等多个因素的基础上制订的。这意味着抗震设防标准的设定是一个综合性的决策过程，旨在平衡地震风险、经济投入和社会发展的需求。

我国目前的抗震设防依据采取双轨制，即可以采用抗震设防烈度或者设计地震动参数作为抗震设防依据。多数情况下，可以采用抗震设防烈度；对于已经编制抗震设防区划并经主管部门批准的城市，可以采用批准的设计地震动参数（包括地震动 PGA、加速度反应谱、时程曲线等）。

所谓抗震设防烈度，是指按国家规定的权限批准作为一个地区抗震设防依据的地震烈度。一般情况下，采用中国地震动参数区划图的地震基本烈度；对已经编制抗震设防区划并经主管部门批准的城市，也可采取批准后的烈度值（如上海市）。

为了衡量一个地区遭受的地震影响程度，我国规定了一个统一的尺度，即地震基本烈度。它是指该地区在一般场地条件下 50 年内超越概率为 10% 的地震烈度值，由地震危险性分析得到。根据统计分析，依据我国多数地区地震烈度的概率，结构基本符合极值Ⅲ型分布。烈度越高，超越概率越小。根据极值Ⅲ型分布的特点可以计算出，50 年超越概率 10% 的烈度值相当于重现期为 475 年的地震影响水平。即我国按照重现期为 475 年的烈度值来标定全国各地的地震影响水平，并以此作为抗震设防的依据。

2024 年版《建筑抗震设计规范》（GB/T 50011—2010）对我国主要城镇中心地区的抗震设防烈度、设计地震加速度值给出了具体规定 [①]。另外，《中国地震动参数区划图》（GB 18306—2015）给出了较为详尽的全国各省（自治区、直辖市）乡镇人民政府所在地、县级以上城市的基本地震动峰值加速度和基本地震动加速度的反应谱特征周期，作为各地的抗震设防依据。《建筑抗震设计规范》规定，6 度及以上地区必须进行抗震设防。

2. 三个地震水准

上述的三个地震水准（小震、中震、大震）用以反映同一个地区可能遭受的地震影响的强度和频度水平。规范规定：多遇地震（小震）为 50 年超越概率为 63.2% 的地震影响水平，相当于重现期为 50 年，多遇地震对应于概率密度最大的峰值点，又称为众值烈度；设防烈度地震（中震）为 50 年超越概率为 10% 的地震影响水平，相当于重现期为 475 年；罕遇地震（大震）为 50 年超越概率为 2%～3% 的地震影响水平，相当于重现期为 1642—2475 年。统计表明，就平均意义而言，按照烈度对应关系，设防烈度比多遇地震烈度高约 1.55 度，罕遇地震烈度比设防烈度高约 1 度；按照加速度对应关系，多遇地震约为设防烈度地震的 1/3，罕遇地震约为多遇地震的 4～6 倍。

需要指出的是，罕遇地震作用仅是指可以预估的超越概率为 2%～3% 的地震影响水平，并不意味着该地区可能遭受的所有地震影响都比设防烈度高。

3. 结构性态与要求

在抗震设计过程中，应遵循以下原则来评估结构在三个地震水准作用下的性能表现。

第一水准，结构在地震作用下基本保持弹性工作状态。这意味着不仅结构的主要构件不应受损，非结构构件如填充墙等，也不能出现需要修复的破坏。填充墙等具有脆性特征，且仅能承受有限的变形，一旦变形超过特定限值，便会发生开裂。因此，这一水准的核心是限制结构的弹性变形，以确保结构在地震中的整体稳定性。

第二水准，结构开始进入一定程度的弹塑性工作状态。在此过程中，部分结构构件会因为塑性变形而发生损坏，但这种损坏应控制在一般可修理的范围内，意味着结构依然保持足够的强度。在这一水准，可以基于第一水准所计算的弹性地震效应，并依据极限状态设计方法来对结构承载力进行合理设计。

第三水准，结构将进入强烈的塑性工作阶段。在这一阶段，许多结构构件会失去承载能力并退出工作。然而，结构的优良塑性变形能力会发挥关键作用，通过吸收和耗散地震能量来防止建筑倒塌。

（三）建筑抗震设防目标的实现途径——两阶段设计

我国为实现建筑抗震设防的"三水准"要求，采取了两阶段的设计方法。具体而言，第一阶段设计主要围绕多遇地震作用展开，通过对其进行强度和变形验算，确保设计建筑物在地震作用下实现抗震的目标。设计内容主要有以下几点。

---

① 张亚维. 浅谈工程抗震设计及必要措施 [J]. 信息系统工程，2010（4）：47.

①按多遇地震作用计算结构的弹性地震效应，包括内力及变形。

②采用地震作用效应与其他荷载效应的基本组合验算结构构件承载能力并采取抗震措施。

③进行多遇地震作用下的结构弹性变形验算。

④概念设计和抗震构造措施。

其中，第①～③项工作旨在实现第一水准和第二水准的设防目标，第④项则用于实现第二水准及第三水准的设防目标。

第二阶段设计，基于罕遇地震作用进行的结构弹塑性变形验算。设计内容为：

①进行罕遇地震作用下的结构弹塑性变形计算。

②为确保达到第三水准的设防目标，需要对结构的薄弱部位进行弹塑性层间变形验算，并据此采取相应的构造措施。

考虑到工程实践经验和第二阶段设计的复杂性，许多结构仅需完成第一阶段设计即可满足要求。然而，对于具有特殊要求的建筑、在地震中易于倒塌的结构，以及存在明显薄弱层的不规则结构，除了第一阶段设计外，还必须进行第二阶段设计以确保其安全性和稳定性。

（四）抗震设防类别及标准

建筑抗震设防目标是一个总体原则。在满足总体原则的前提下，为了确保既能有效利用建设投资，又可以达到抗震安全的要求，对于不同重要性和所处地震环境的建筑物，其抗震设计的设防标准可以有所差异。这种设防标准的确定是基于抗震设防烈度（或设计地震动参数）以及建筑抗震设防类别来衡量的，它反映了建筑结构对抗震设防要求的尺度。通过这样的设计，可以确保建筑物在不同地震环境下都能保持一定的抗震能力，从而保障人们的生命财产安全。

1. 建筑抗震设防类别

根据建筑物在遭遇地震破坏后可能带来的人员伤亡、直接和间接经济损失以及社会影响的程度，并考虑其在抗震救灾中的重要性，将建筑工程划分为不同的抗震设防类别。根据《建筑工程抗震设防分类标准》（GB 50223—2008），建筑工程被明确划分为以下四个抗震设防类别。

①特殊设防类：简称甲类，是指那些具有特殊设施、对国家公共安全至关重要的重大建筑工程。这些建筑在地震发生时，可能会引发严重的次生灾害或其他特别重大的灾害后果。因此，对它们需要进行特殊的抗震设防设计，以确保在地震中的安全性和稳定性。

②重点设防类：简称乙类，主要指的是那些在地震时其功能不容中断或需要迅速恢复的建筑，如生命线相关建筑。此外，还包括那些在地震时可能引发大量人员伤亡等重大灾害后果的建筑，这些建筑需要提高其设防标准以确保安全性。应特别指出的是，幼儿园、小学和中学的教学用房（如教室、实验室、图书室、体育馆、礼堂等）的设防类别为乙类。

③标准设防类：简称丙类，指大量的除①、②、④条以外，按标准要求进行设防的建筑。

④适度设防类：简称丁类，这类建筑指的是那些在日常使用中人员流动较少，且在地震受损后不太可能引发次生灾害的建筑物。对于这类建筑，在满足一定条件的前提下，可

以适当降低其抗震设防的要求。

2. 建筑抗震设防标准

按照《建筑抗震设计规范》，各抗震设防类别建筑的抗震设防标准应符合表10-3的要求。

表10-3 建筑抗震设防标准

抗震设防类别	地震作用	抗震措施
特殊设防类（甲类）	应高于本地区抗震设防烈度的要求，其值应按批准的地震安全性评价结果确定	①当抗震设防烈度为6～8度时，建筑物的抗震设计应满足提高一个烈度等级的要求； ②对于抗震设防烈度为9度的建筑物，其抗震设计需要符合比9度设防更高的标准
重点设防类（乙类）	应符合本地区抗震设防烈度的要求	①在大多数情况下，对于抗震设防烈度为6～8度的建筑物，其抗震设计应满足提高一个烈度等级的要求。而对于抗震设防烈度为9度的建筑物，其抗震设计则需符合比9度设防更高的标准。 ②对于规模较小的乙类建筑，如果其结构采用了抗震性能较好的结构类型，那么这些建筑可以依照本地区的抗震设防烈度要求来采取相应的抗震措施
标准设防类（丙类）	应符合本地区抗震设防烈度的要求	应与本地区抗震设防烈度的要求相符
适度设防类（丁类）	一般情况下，仍应符合本地区抗震设防烈度的要求	在某些特定情况下，针对那些人员稀少且震损不会引发次生灾害的建筑，可以允许其抗震设防要求适当低于本地区的标准。但必须强调的是，当抗震设防烈度为6度时，出于安全考虑，不应降低任何抗震设防要求

注：抗震措施是指除地震作用计算和抗力计算以外的抗震设计内容，包括抗震构造措施；抗震构造措施是指根据抗震概念设计原则，一般不需计算而对结构和非结构各部分必须采取的各种细部要求。

当抗震设防烈度为6度时，除甲类建筑及抗震规范另有规定要求进行计算外，乙、丙、丁类建筑可不进行地震作用计算，但仍须采取相应的抗震措施。

按照上述抗震设防标准，不同建筑物的实际抗震性能是不一样的，如甲类建筑可能达到或接近达到"中震不坏，大震可修"的水平，丁类建筑则会侧重于"中震可修，大震不倒"。

（五）抗震性能化设计方法

基于性能的抗震设计方法的核心理念是确保设计的工程结构在其使用期限内能够满足一系列预定的性能目标。我国现行的抗震设计标准，即"小震不坏、中震可修、大震不倒"的三水准目标，正是一种典型的抗震性能目标。然而，这一标准对于中震和大震的性能要求主要是定性的，缺乏具体的量化指标和抗震性能化设计原则[①]。

1. 性能化设计要求

（1）选定地震动水准

对于设计使用年限为 50 年的结构，可以采用多遇地震、设防地震和罕遇地震的地震作用进行计算。然而，对于设计使用年限超过 50 年的结构，需要开展专门的研究，并充分考虑其实际需求和潜在风险，并据此对地震作用进行适当调整。另外，对于位于发震断裂两侧附近的结构，地震动参数的确定应充分考虑近场效应的影响。

（2）选定性能目标

为了满足实际需求和应对各种可能性，必须为整个结构及其各个组成部分设定明确的性能目标，包括结构的整体性能、局部或关键部位的稳定性、关键部件和重要构件的承载能力，以及次要构件的耐用性。此外，对于建筑构件和机电设备的支座，也需要设定相应的性能目标。这些目标的设定应确保结构在各种情况下都能保持功能和安全性。

为了确保建筑物在不同地震动水准下的保持预期损坏状态或者功能，需要设定至少三个不同水准的设防目标。

（3）选定性能设计指标

在设计过程中，应明确设定提升结构或其关键部位抗震承载力和变形能力的具体指标，当然，也可以直接提升这两项指标。这些指标不仅关注结构的强度，还注重其在地震作用下的变形能力，以确保结构在地震中能够保持稳定。同时，必须认识到不同水准地震作用取值的不确定性，并在设计中对此进行合理考量。

此外，设计过程中应明确设定结构各部位在不同地震动水准下的水平和竖向构件的承载力要求。这意味着，需要根据地震动强度的不同，对每个部位进行精确的受力分析，并据此确定所需的承载力。同时，为了应对地震产生的变形，还需要根据不同的地震动水准，选择预期的弹性或弹塑性变形，这些要求可以是高、中或低等不同级别。这样的设计策略可以确保结构在各种地震条件下都能保持稳定的性能。

2. 性能化设计的计算要求

分析模型必须精确反映地震作用力的传递路径，以确保设计的安全性和准确性。此外，模型还需明确楼盖在不同地震强度下的弹性工作状态，是整体还是分块。

在进行弹性分析时，一般采用线性方法，这种方法简单且有效。然而，对于弹塑性分析，情况则更为复杂。应根据预先设定的性能目标，对结构的弹塑性状态进行预测，进而选择适合的分析方法。这可能包括等效线性化方法，以增加阻尼来模拟非线性行为；或是采用静力或动力非线性分析方法，以便更精确地模拟结构的实际响应。

虽然非线性分析模型在某些方面可能相较于弹性分析模型有所简化，但在模拟多遇地震情境时，两种模型的线性分析结果仍应大致一致。在进行这种分析时，必须充分考虑重力对结构产生的二阶效应，因为这些效应可能对结构的响应产生显著影响。

3. 结构构件抗震性能设计

在选择结构构件的抗震性能时，应综合考虑其抗震承载力、变形能力以及构造的抗震等级。对于结构的不同部位的构件，包括竖向构件和水平构件，可以根据具体情况选择相

同或不同的抗震性能要求。

①当以提高结构的抗震安全性为主要目标时，需要为结构构件设定与不同性能要求相对应的承载力参考指标，可按表10-4选用。

表10-4 结构构件实现抗震性能要求的承载力参考指标

性能要求	多遇地震	设防地震	罕遇地震
性能1	完好，按常规设计	完好，承载力按抗震等级调整地震效应的设计值复核	基本完好，承载力按不计抗震等级调整地震效应的设计值复核
性能2	完好，按常规设计	基本完好，承载力按不计抗震等级调整地震效应的设计值复核	轻～中等破坏，承载力按极限值复核
性能3	完好，按常规设计	轻微损坏，承载力按标准值复核	中等破坏，承载力达到极限值后能维持稳定，降低少于5%
性能4	完好，按常规设计	轻～中等破坏，承载力按极限值复核	不严重破坏，承载力达到极限值后基本维持稳定，降低少于10%

②当需要根据地震后结构的残余变形来评估其使用性能时，除了确保结构构件满足提高抗震安全性的性能要求外，还应参考表10-5来选用不同性能要求下的层间位移参考指标。

表10-5 结构构件实现抗震性能要求的层间位移参考指标

性能要求	多遇地震	设防地震	罕遇地震
性能1	完好，变形远小于弹性位移限值	完好，变形小于弹性位移限值	基本完好，变形略大于弹性位移限值
性能2	完好，变形远小于弹性位移限值	基本完好，变形略大于弹性位移限值	轻微塑性变形，变形小于2倍弹性位移限值
性能3	完好，变形明显小于弹性位移限值	轻微损坏，变形小于2倍弹性位移限值	明显塑性变形，变形小于4倍弹性位移限值
性能4	完好，变形小于弹性位移限值	轻～中等破坏，变形小于3倍弹性位移限值	不严重破坏，变形不大于0.9倍塑性变形限值

③结构构件细部构造的抗震等级，可以根据不同性能要求参考表10-6进行选用。对于结构中同一部位的不同构件，如竖向构件和水平构件，可以分别根据其最低性能要求所对应的抗震构造等级进行选择。这意味着，在设计和评估结构细部构造时，需要对竖向构件和水平构件进行区分，并考虑它们各自在地震作用下的受力特点和性能需求。

表 10-6　结构构件对应于不同性能要求的构造抗震等级

性能要求	构造的抗震等级
性能 1	基本抗震构造。可按常规设计的有关规定降低 2 度采用，但不得低于 6 度，且不发生脆性破坏
性能 2	低延性构造。可按常规设计的有关规定降低 1 度采用，当构件的承载力高于多遇地震提高 2 度要求时，可按降低 2 度采用，均不得低于 6 度，且不发生脆性破坏
性能 3	中等延性构造。当构件的承载力高于多遇地震提高 1 度要求时，可按常规设计的有关规定降低 2 度且不低于 6 度采用，否则仍按常规设计的规定采用
性能 4	高延性构造。仍按常规设计的有关规定采用

第二节　抗震设计的基本要求

建筑抗震设计是一个综合性的过程，它涵盖了概念设计、抗震计算和构造措施三个核心方面。概念设计是抗震设计的灵魂，它基于地震灾害的教训和工程实践经验，为建筑和结构的总体布局以及细部构造提供指导原则和设计思想。通过概念设计，能够从宏观上把握抗震设计的整体方向和基本原则。抗震计算则是将概念设计转化为具体的数值分析，为建筑抗震设计提供定量的依据。通过精确的计算，可以评估结构在不同地震烈度下的响应和抗震性能，为设计决策提供科学定量的依据。而构造措施则是确保抗震计算结果有效性的关键。它涉及结构的整体性和局部薄弱环节的加强，可以保证结构在实际地震中能够按照设计预期进行响应，减少地震对建筑的损害。这三个层次的内容相互关联、相互支撑，构成了一个不可分割的整体。忽略其中任何一个方面，都可能导致整个抗震设计方案的失败。

对于特殊的建筑结构，可以进行"性能设计"。性能设计宜多考虑隔震、减震技术。在建筑结构的抗震性能化设计过程中，应综合考虑多个因素，包括抗震设防类别、设防烈度、场地条件、结构类型和不规则性，以及建筑的使用功能和附属设施功能的要求。同时，还需要考虑投资大小、震后损失和修复难易程度等因素。这些因素的考量将影响选定的抗震性能目标的合理性和可行性。基于上述因素的综合分析，需要对选定的抗震性能目标进行技术和经济可行性的深入研究，包括评估不同设计方案的抗震效果、成本效益以及震后恢复能力。通过对比不同方案的优势和劣势，可以提出一个全面而具体的建筑抗震性能化设计总原则。同时，给出了建筑结构的抗震性能化设计三个方面的要求：选定地震动水准、选定性能目标、选定性能设计指标。

一、场地和地基

在对建筑场地进行选择时，需要综合考虑工程需求、地震活动情况，以及工程地质和地震地质的相关资料。这些因素将有利于评估不同地段对于抗震的有利、一般、不利和危险程度。对于评估为不利的地段，应提出明确的避开要求。如果确实无法避开，那么必须采取有效的措施来确保建筑的安全性。对于危险地段，绝对禁止建造甲、乙类建筑，并且也不推荐建造丙类建筑。当建筑场地被划分为Ⅰ类时，对于甲、乙类建筑，可以按照本地区的设防烈度要求来采取相应的抗震构造措施。而对于丙类建筑，虽然一般情况下可以按照本地区抗震设防烈度降低1度的要求来采取抗震构造措施，但如果抗震设防烈度为6度，那么仍然需要按照本地区的抗震设防烈度要求来实施抗震构造措施，以确保建筑的安全性。

地基与基础设计需遵循以下几点关键原则。

①同一结构单元的基础应避免置于性质大相径庭的地基之上，这是为了确保结构的整体稳定性和均匀受力。

②在同一结构单元中，不建议同时使用天然地基与桩基。若确需采用不同类型的基础或存在显著的基础埋深差异，应充分考虑到地震时可能产生的地基沉降差异，并在上部结构的相应部位采取必要措施以应对这种差异，从而保障结构的完整性和安全。

③当地基由软弱黏性土、液化土、新近填土或严重不均匀土构成时，应特别警惕地震可能引发的地基不均匀沉降或其他潜在不利影响。针对这些潜在风险，必须采取相应的预防和应对措施，保证建筑结构的稳固性和安全性。

二、建筑结构的规则性

建筑结构的不规则性可能在地震时引发扭转效应，导致严重的应力集中，甚至形成抗震设计的薄弱层。所以，在建筑的抗震设计中，应优先确保建筑物的平面布置规则且对称，这样可以增强结构的整体稳定性。同时，建筑的立面和竖向剖面也应保持规则，确保结构侧向刚度的均匀变化。此外，竖向抗侧力构件的截面尺寸和材料强度应自下而上逐渐减小，以防止抗侧力结构在地震中发生侧向刚度和承载力的突变，从而避免形成抗震薄弱层。

建筑结构的不规则类型可分为平面不规则和竖向不规则，分别如表10-7、表10-8所示。若建筑结构呈现不规则性，其地震作用计算和内力调整必须严格遵循2024年版《建筑抗震设计规范》的相关规定。同时，针对可能出现的薄弱部位，必须采取有效的抗震构造措施，以增强其抵抗地震的能力，确保建筑的整体稳定性和安全性。

对于体型复杂、平立面高度不规则的建筑结构，在实际需求的基础上，可以在适当的部位设置防震缝，这样可以将整体结构划分为多个相对规则的结构单元。但是，在对防震缝进行设置时，务必确保形成的各结构单元的自振周期与场地的主要自振周期（卓越周期）不重合，以预防共振现象的发生，确保结构的整体抗震性能。

表 10-7　平面不规则的主要类型

不规则类型	定义和参考指标
扭转不规则	在具有偶然偏心的规定水平力作用下，楼层两端抗侧力构件弹性水平位移（或层间位移）的最大值与平均值的比值大于1.2
凹凸不规则	平面凹进的尺寸，大于相应投影方向总尺寸的30%
楼板局部不连续	楼板的尺寸和平面刚度急剧变化，如有效楼板宽度小于该层楼板典型宽度的50%，或开洞面积大于该层楼面面积的30%，或较大的楼层错层

表 10-8　竖向不规则的主要类型

不规则类型	定义和参考指标
侧向刚度不规则	该层的侧向刚度小于相邻上一层的 70%，或小于其上相邻三个楼层侧向刚度平均值的 80%；除顶层或出屋面小建筑外，局部收进的水平向尺寸大于相邻下一层的 25%
竖向抗侧力构件不连续	竖向抗侧力构件（桩、抗震墙、抗震支撑）的内力由水平转换构件（梁、桁架等）向下传递
楼层承载力突变	抗侧力结构的层间受剪承载力小于相邻上一楼层的 80%

三、抗震结构体系

众多地震灾害案例显示，确保建筑结构的抗震体系合理、加强整体稳固性、提升构件的延展性是减少地震损害、增强建筑物抵御地震能力的核心。在对建筑结构体系进行选择时，必须全面考虑多重因素，包括建筑的抗震分类、设防烈度、建筑高度、地形环境、地基材料以及施工条件等。通过深入的技术分析、经济评估以及使用条件的研究，做出最合理的决策，确保建筑结构体系在满足安全性和稳定性的同时，也符合经济性和实用性的要求。

（一）选择建筑抗震结构体系的要求

①建筑结构应具备清晰的计算简图，地震作用能够沿合理的路径传递。

②为了确保建筑结构的抗震能力，应该设计多道抗震防线。这样可以防止因部分结构或构件的损坏而导致整个结构失去抗震或承载重力荷载的能力。在抗震设计中，可以运用多种策略来设置多道防线，如增加结构的超静定数，利用框架中的填充墙，或安装耗能元件和装置等。这些措施都能有效地提高结构的抗震性能，保障建筑在地震中的安全。

③建筑结构必须具备足够的抗震承载力、出色的变形能力以及消耗地震能量的能力。在面对强烈地震时，结构的抵抗能力主要取决于其吸收和耗散能量的能力。这种能力通过结构或构件在预定位置形成塑性铰来实现，这意味着结构能够承受反复的塑性变形而不会倒塌，并保持一定的承载能力。为了达到这一目的，可以利用结构各部件之间的连接构件来创建耗能元件，或者将塑性铰控制在一些相对安全的部位。这样，在地震发生时，这些不太关键的部位会首先形成塑性铰或发生可修复的破坏，从而保护主要承重结构的安全。

④建筑结构的刚度和承载力分布应合理设计，以避免由于局部削弱或突变造成的薄弱部位，从而减少过大的应力集中或塑性变形集中。对于可能出现的薄弱部位，应采取措施增强其抗震能力，确保结构在地震作用下的整体稳定性。

⑤在设计中予以特别注意，要保证建筑结构在两个主轴方向上的动力特性相近，这样可以确保结构在不同方向上的地震响应相似，提高整体抗震性能。

（二）结构构件的设计的要求

①为了确保砌体结构的稳定性和安全性，应按规定设置钢筋混凝土圈梁和构造柱、芯柱。此外，还可以采用约束砌体、配筋砌体等加强措施，以提高结构的整体抗震和承载能力。

②在设计混凝土结构构件时，应严格控制截面尺寸，并合理设置受力钢筋和箍筋。这样可以防止剪切破坏先于弯曲破坏，确保在受力过程中，混凝土的压溃发生在钢筋屈服之前，而钢筋的锚固黏结破坏也应在钢筋本身破坏之前发生。这些措施有助于保障结构的延性和耗能能力。

③对于预应力混凝土构件，应配置足够的非预应力钢筋，以提高其整体抗弯承载力和延性。

④钢结构构件的尺寸设计应合理控制，以避免局部失稳或整个构件失稳。通过优化截面尺寸和形状，以及选择合适的材料和连接方式，可以确保钢结构在受力过程中保持稳定和可靠。

⑤对于多层和高层建筑的混凝土楼板和屋盖，优先选择使用现浇混凝土板。现浇混凝土板具有整体性好、结构强度高、耐久性强等优点，能够提供更好的承载能力和稳定性，满足建筑安全和使用要求。但是，如果采用预制装配式混凝土楼屋盖，就需要通过楼盖体系和构造设计上的特别措施，确保各个预制板之间的连接具有足够的整体性，以维护结构的整体稳定性和安全性。

（三）结构各构件之间连接的要求

①在建筑结构中，构件节点的破坏不应先于与其连接的构件。这意味着节点设计应确保足够的强度和稳定性，以承受可能发生的各种荷载和变形，从而保护连接的构件不受过早破坏。

②预埋件的锚固破坏同样不应先于连接件。预埋件的锚固设计应充分考虑其受力特性和环境因素，确保其在服役期间不会发生先于连接件的破坏。

③装配式结构构件的连接设计应确保结构的整体性。这意味着连接件应能够传递和分散荷载，保持结构各部件之间的协同工作，从而确保结构在受力过程中不发生局部失效或整体失稳。

④对于预应力混凝土构件，预应力钢筋的锚固位置宜选择在节点核心以外。这样可以避免节点核心区域的应力集中和复杂受力状态，提高预应力钢筋的锚固效果和结构的整体稳定性。

四、非结构构件

非结构构件，包括建筑非结构构件和建筑附属机电设备。为了减少附加震害的发生次数，减少损失，应处理好非承重结构构件与主体结构之间的关系。

①为确保楼、屋面结构上的非结构构件以及楼梯间的非承重墙体在地震中的安全性，这些部分应与主体结构建立可靠的连接或锚固。这样可以有效防止它们在地震中倒塌或脱落，从而避免伤害人或损坏重要设备。

②在设计框架结构的围护墙和隔墙时，应充分考虑其对结构抗震性能的不利影响。不合理的设置可能导致主体结构在地震中受到破坏。因此，这些墙体的设置应经过精心规划和设计，以确保它们不会对主体结构造成负面影响。

③幕墙和装饰贴面作为建筑外观的重要组成部分，应与主体结构建立可靠连接。这样可以防止它们在地震中脱落或损坏，从而避免可能出现的人员伤害和财产损失。

④安装在建筑上的附属机械、电气设备系统的支座和连接件，应满足地震使用功能的要求。这意味着这些部件的设计应确保它们在地震中能够正常工作，而不会导致相关部件的损坏或失效。

五、结构材料与施工

建筑结构材料与施工质量的好坏，直接影响建筑物的抗震性能。因此，在 2024 年版《建筑抗震设计规范》中，对结构材料性能指标提出了最低要求；对施工中的钢筋代换和施工顺序也提出了具体要求。在抗震结构设计中，对于材料和施工质量的特殊要求，必须在设计文件中明确标注，并确保在实际施工过程中得到严格执行。

（一）砌体结构材料的规定

①普通砖和多孔砖的强度等级必须至少达到 MU10，同时，用于砌筑这些砖块的砂浆强度等级也必须不低于 M5，以确保结构的稳定性和安全性。

②对于混凝土小型空心砌块，其强度等级应至少为 MU7.5，而用于砌筑这些砌块的砂浆强度等级应不低于 Mb7.5。这样的规定是为了保证建筑物的整体强度和耐久性。

（二）混凝土结构材料的规定

①混凝土的强度等级：框支梁、框支柱以及抗震等级为一级的框架梁、柱、节点核心区，其混凝土强度等级不应低于 C30。这是为了确保这些关键构件在承受地震等极端荷载时具有足够的强度和稳定性。对于构造柱、芯柱、圈梁以及其他各类构件，其混凝土强度等级不应低于 C20[①]。这一要求旨在保证这些构件在正常使用条件下具有足够的耐久性和承载能力。

②对于抗震等级为一、二、三级的框架和斜撑构件（含梯段），若采用普通钢筋作为纵向受力钢筋，必须严格遵循以下标准：首先，钢筋的抗拉强度实测值应至少为其屈服强度实测值的 1.25 倍，这确保了钢筋在受力时具有足够的拉伸强度；其次，钢筋的屈服强度实测值不得超过其标准值的 1.3 倍，这保证了钢筋在达到屈服点前的安全使用范围；最后，钢筋在承受最大拉力时的总伸长率实测值应不低于 9%，这反映了钢筋的延展性和变形能力，对于防止构件在地震中发生脆性破坏至关重要。这些规定确保了钢筋在地震等极端情况下的性能稳定，从而提高了整个结构的抗震能力。

（三）钢结构的钢材的规定

①钢材的屈服强度与抗拉强度的实测比值需控制在 0.85 以内，以确保钢材在受力时能够展现出良好的延性和塑性变形能力。

②钢材应具备明显的屈服台阶特性，并且其伸长率应达到或超过 20%，这有助于钢材在受力过程中吸收更多的能量，提高结构的抗震性能。

③钢材应具备优异的焊接性能，同时还应拥有合格的冲击韧性，以确保钢材在结构中的连接牢固可靠，并在受到冲击时能够保持结构的完整性。

---

① 周献祥，姜波.结构设计强制性条文的分类和作用 [J].工程建设标准化，2018（3）：57–64.

（四）结构材料性能指标的要求

①在选材方面，对于普通钢筋，应优先选择那些具有良好延性、韧性以及优异焊接性能的钢筋。普通钢筋的强度等级的选择，要根据具体应用环境来确定，对于纵向受力钢筋，推荐使用符合抗震性能指标且不低于 HRB400 级的热轧钢筋。当然，如果条件允许，选择 HRB335 级热轧钢筋也是一个不错的选择。对于箍筋，推荐使用符合抗震性能指标且不低于 HRB335 级的热轧钢筋，或者也可以考虑使用 HPB300 级热轧钢筋。

特别注意，钢筋的检验方法应符合现行国家标准《混凝土结构工程施工质量验收规范》（GB 50204—2015）的规定。

②混凝土结构的混凝土强度等级，抗震墙不宜超过 C60；其他构件，抗震设防烈度为9 度时不宜超过 C60，抗震设防烈度为 8 度时不宜超过 C70。

③钢结构的钢材宜采用 Q235 等级 B、C、D 的碳素结构钢与 Q345 等级 B、C、D、E 的低合金高强度结构钢；当有可靠依据时，还可采用其他钢种和钢号。

第三节　钢筋混凝土框架结构的抗震设计与延性保证

钢筋混凝土框架结构的抗震设计和延性保证主要是提高框架梁、柱的延性，贯彻"强剪弱弯、强柱弱梁、强节点弱构件"等原则。其主要内容分述如下。

一、框架梁

考虑地震作用组合的框架梁的正截面受弯承载力计算仍按受弯构件正截面的承载力公式进行。然而，在受弯承载力计算公式右边应除以相应的承载力抗震调整系数 γ_{RE}。

（一）梁端部截面受压区计算高度 x 的限值

为确保梁端塑性铰区需要具备较大的塑性转动能力，进而使框架梁在地震等极端情况下具有足够的曲率延性，对梁端部截面受压区计算高度 x 应加以限制，要求计入纵向受压钢筋的梁端混凝土受压区高度应符合：

一级抗震等级

$$x \leqslant 0.25h_0 \tag{10-6}$$

二、三级抗震等级

$$x \leqslant 0.35h_0 \tag{10-7}$$

且梁端纵向受拉钢筋的配筋率不应大于 2.5%。式中，h_0——混凝土截面（梁、板）有效高度。

（二）保证强剪弱弯的要求

在框架结构设计过程中，目标是在罕遇地震作用下，框架能够形成一个以梁端塑性铰为主要耗能机制。为了实现这一目标，必须尽量避免梁端塑性铰区域在达到充分塑性转动之前就发生脆性剪切破坏，因为这种情况下的框架梁耗能能力低且延性差。所以，设计时应确保梁在受到外力作用时发生弯曲破坏而非剪切破坏。这就要求构件的抗剪承载能力要高于其抗弯承载能力，也就是所谓的"强剪弱弯"原则。

为了确保上述要求得以实现，关键在于确定剪力设计值的过程中，要充分考虑梁端弯矩的增大。另外，对于设防烈度达到 9 度的各类框架以及符合一级抗震等级的框架结构，必须特别关注梁端纵向受拉钢筋是否存在超配的可能性。所以，在工程设计过程中，要求梁左、右两端的实际配筋截面面积和强度标准值应被采用，以确保结构的抗震性能和安全性。

考虑地震作用组合的框架梁端剪力设计值 V_b 应按下列规定计算。

（1）9 度设防烈度的一级框架和一级抗震等级的框架结构

$$V_b = 1.1 \frac{(M_{bua}^l + M_{bua}^r)}{l_n} + V_{Gb} \qquad (10-8)$$

（2）其他情况

$$V_b = \eta_{vb} \frac{(M_b^l + M_b^r)}{l_n} + V_{Gb} \qquad (10-9)$$

式中，M_{bua}^l、M_{bua}^r——框架梁左、右端按实配钢筋截面面积（计入受压筋和相关楼板钢筋）、材料强度标准值，且考虑承载力抗震调整系数的正截面抗震受弯承载力所对应的弯矩值；

η_{vb}——梁端剪力增大系数，一、二、三级抗震等级 η_{vb} 分别为 1.3、1.2 和 1.1；

M_b^l、M_b^r——考虑地震作用组合的框架梁左、右端弯矩设计值；

V_{Gb}——考虑地震作用组合时的重力荷载代表值产生的剪力设计值，可按简支梁计算确定；

l_n——梁的净跨。

（3）四级抗震等级，取地震作用组合下的剪力设计值。

在式（10-8）中，M_{bua}^l 与 M_{bua}^r 之和，应分别按顺时针和逆时针方向进行计算，并取其较大值。式（10-9）中，M_b^l 与 M_b^r 之和，应分别按顺时针方向和逆时针方向进行计算，并取其较大值。对一级抗震等级，当两端弯矩均为负弯矩时，绝对值较小的弯矩值应取零。

（三）斜截面限制条件

为了防止斜压破坏，限制斜裂缝过宽，考虑地震作用组合的框架梁，当跨高比 $l_0/h >$ 2.5 时，其受剪截面应符合下列条件。

$$V_b \leqslant \frac{1}{\gamma_{RE}} (0.20 \beta_c f_c b h_0) \qquad (10-10)$$

当跨高比 $l_0/h \leqslant 2.5$ 时，其受剪截面应符合下列条件。

$$V_b \leqslant \frac{1}{\gamma_{RE}} (0.15 \beta_c f_c b h_0) \qquad (10-11)$$

式中，β_c——混凝土强度影响系数：当混凝土强度等级不超过 C50 时，取 $\beta_c = 1.0$；当混凝土强度等级为 C80 时，取 $\beta_c = 0.8$；其间按线性内插法确定。

（四）斜截面抗震受剪承载力计算

经过对国内外钢筋混凝土连续梁和悬臂梁在低周反复荷载作用下的受剪承载力试验结果的深入研究，这种荷载作用会导致梁的斜截面受剪承载力显著降低。主要原因在于混凝土剪压区的剪切强度下降，以及斜裂缝间混凝土的咬合力与纵向钢筋的暗销力减弱。因此，在评估斜截面的抗震承载力时，通常将混凝土承担的剪力设定为非抗震情况下混凝土受剪承载力的 60%，以便更准确地计算矩形、T 形和 I 形截面框架梁在地震作用下的表现，其斜截面受剪承载力计算公式如下。

一般框架：

$$V_b \leqslant \frac{1}{\gamma_{RE}}\left[0.42f_t bh_0 + f_{yv}\frac{A_{sv}}{s}h_0\right] \tag{10-12}$$

集中荷载作用下（包括有多种荷载，其中集中荷载对节点边缘产生的剪力值占总剪力值的 75% 以上的情况）的框架梁：

$$V_b \leqslant \frac{1}{\gamma_{RE}}\left[\frac{1.05}{\lambda+1}f_t bh_0 + f_{yv}\frac{A_{sv}}{s}h_0\right] \tag{10-13}$$

式中，λ——计算截面的剪跨比，可取 $\lambda = a/h_0$，a 为集中荷载作用点至节点边缘的距离；当 $\lambda < 1.5$ 时，取 $\lambda = 1.5$；当 $\lambda > 3$ 时，取 $\lambda = 3$。

二、框架柱

（一）保证强柱弱梁的要求

震害表明，底层柱和薄弱层柱在极端情况下可能会提前出现塑性铰，并伴随着显著的层间位移。这种位移不仅可能导致结构稳定性较差的问题，还会对结构承受垂直荷载的能力造成威胁，从而引发整体结构体系的破坏。特别是当房屋的高宽比过大时，这种位移甚至可能引发结构的倾覆和倒塌。所以，各国延性框架设计的规范都明确要求遵循"强柱弱梁"的设计原则，即确保柱的承载能力相对较强，以抵御可能出现的层间位移，从而保护整体结构的稳定性和安全性。

考虑地震作用组合的框架柱，其节点上、下端和框支柱的中间层节点上、下端的截面内力设计值应按下列公式计算。

1. 节点上、下端的弯矩设计值

（1）9 度设防烈度的一级框架和一级抗震等级的框架结构

$$\sum M_c = 1.2\sum M_{bua} \tag{10-14}$$

（2）其他情况

$$\sum M_c = \eta_c \sum M_b \tag{10-15}$$

式中，$\sum M_c$——考虑地震作用组合的节点上、下柱端截面顺时针和逆时针方向组合的弯矩
设计值之和；确定柱端弯矩设计值时，一般可将式（10-14）或式（10-15）
计算的弯矩之和，按上、下柱端弹性分析所得的考虑地震作用组合的弯矩
比进行分配。

$\sum M_{bua}$——同一节点的左、右梁端，需按照顺时针和逆时针方向，采用实际配置的
钢筋截面面积（这包括梁受压钢筋和相关楼板钢筋）以及材料的强度标
准值；计算时，还需考虑承载力抗震调整系数，以得出正截面抗震受弯
承载力所对应的弯矩值，将这两个方向的弯矩值相加，并取较大值作为
设计依据；特别要注意，梁端的 M_{bua} 值应按照上一节框架梁的相关规定
进行计算。

$\sum M_b$——同一节点的左、右梁端，需要分别按照顺时针和逆时针方向计算考虑地震
作用组合的弯矩设计值。然后，将这两个方向的弯矩设计值相加，并取两
者中的较大值作为最终的设计依据；需要注意的是，对于一级抗震等级，
如果两端弯矩均为负弯矩，绝对值较小的那个弯矩值，要将其视为零来进
行后续的设计计算。

η_c——柱端弯矩增大系数；对框架结构，二、三、四级抗震等级 η_c 分别为 1.5、1.3、
1.2；其他结构类型中的框架，一级可取 1.4，二级可取 1.2，三、四级可取 1.1。

如果反弯点位于柱的层高范围之外，那么框架柱端弯矩的设计值可以直接通过将地震
作用组合的弯矩设计值乘以相应的柱端弯矩增大系数来算出。对于框架的顶层柱以及轴压
比小于 0.15 的柱，其柱端弯矩的设计值可以直接采用地震作用组合的弯矩设计值。

2. 节点上、下柱端的轴向力设计值

在考虑地震作用组合的框架结构中，对于底层柱（此处底层指的是无地下室的基础之
上或地下室之上的首层）下端截面的弯矩设计值，需根据一、二、三、四级不同的抗震等
级，分别乘以相应的系数，即 1.7、1.5、1.3、1.2。这样的设计考虑是为了确保底层柱在
地震时具有足够的承载能力和延性。同时，底层柱的纵向钢筋配置应基于柱上、下端的不
利情况进行设计，以提高结构的整体抗震性能。

（二）剪力设计值 V_c 的计算

考虑地震作用组合的框架柱、框支柱的剪力设计值 V_c 应按下列公式计算。

1. 9 度设防烈度的一级抗震等级框架和一级抗震等级的框架结构

$$V_c = 1.2 \frac{(M_{cua}^t + M_{cua}^b)}{H_n} \qquad (10\text{-}16)$$

2. 其他情况

$$V_c = \eta_{vc} \frac{\left(M_c^t + M_c^b\right)}{H_n} \qquad (10\text{-}17)$$

式中，M_{cua}^t、M_{cua}^b——框架柱上、下端按实配钢筋截面面积和材料强度标准值，且考虑承

载力抗震调整系数计算的正截面抗震受弯承载力所对应的弯矩值。

η_{vc}——柱剪力增大系数。对框架结构，二、三、四级抗震等级，η_{vc}分别为 1.3、1.2 和 1.1；对其他类型的结构，一、二级可分别取 1.4、1.2，三、四级可取 1.1。

M_c^t、M_c^b——考虑地震作用组合，且经调整后的框架柱上、下端弯矩设计值。

H_n——柱的净高。

式（10-16）中，M_{cua}^t与M_{cua}^b之和应分别按顺时针和逆时针方向进行计算，并取其较大值。式（10-17）中，M_c^t与M_c^b之和应分别按顺时针和逆时针方向进行计算，并取其较大值。

框支柱的中线最好与框支梁相重合。对于框支柱的数量，如果不少于 10 根，则它们所承受的地震剪力之和应至少达到结构底层总地震剪力的 20%。如果框支柱的数量少于 10 根，则每根柱所承受的地震剪力应至少为结构底层总地震剪力的 2%，同时框支柱的地震弯矩也需要进行相应的调整。

对于一、二级抗震等级的框支柱，由地震作用产生的附加轴力需要分别乘以增大系数 1.5 和 1.2。但在计算轴压比时，这些增大系数可以不考虑。

此外，对于一、二、三、四级抗震等级的框架角柱，其弯矩和剪力设计值应基于经过上述调整后的值，并乘以不小于 1.1 的增大系数。

（三）斜截面限制条件

为防止斜压破坏，限制裂缝宽度，考虑地震作用组合的框架柱和框支柱的受剪截面应符合下列条件。

剪跨比 $\lambda > 2$ 的框架柱

$$V_c \leqslant \frac{1}{\gamma_{RE}}(0.2\beta_c f_c b h_0) \tag{10-18}$$

框支柱和剪跨比 $\lambda \leqslant 2$ 的框架柱

$$V_c \leqslant \frac{1}{\gamma_{RE}}(0.15\beta_c f_c b h_0) \tag{10-19}$$

（四）斜截面抗震受剪承载力计算

一系列国内试验研究了反复荷载作用下偏压柱塑性铰区的受剪承载力特性。这些试验结果表明，相比于单调加载的情况，反复加载会导致构件的受剪承载力降低 10%～30%。这种降低主要是由于混凝土在反复加载条件下受剪承载力的退化所引起的。为了有效应对这一问题，并参考框架梁的处理原则，决定调整混凝土项的抗震受剪承载力。具体来说，将抗震情况下的混凝土受剪承载力设定为非抗震情况下混凝土受剪承载力的 60%。这一调整有助于更准确地评估结构在地震等动态荷载作用下的性能，从而确保结构的安全性和稳定性。考虑地震作用组合的框架柱和框支柱的斜截面抗震受剪承载力如下。

$$V_c \leqslant \frac{1}{\gamma_{RE}}\left[\frac{1.05}{\lambda+1}f_t b h_0 + f_{yv}\frac{A_{sv}}{s}h_0 + 0.056N\right] \tag{10-20}$$

式中，λ——框架柱和框支柱的计算剪跨比，取 $\lambda = M/(Vh_0)$；此处，M 宜取柱上、下端考虑地震作用组合的弯矩设计值的较大值，V 取与 M 对应的剪力设计值，h_0 为柱截面有效高度；当框架结构中的框架柱的反弯点在柱层高范围内时，可取 $\lambda = H_n/(2h_0)$，此处，H_n 为柱净高；当 $\lambda < 1.0$ 时，取 $\lambda = 1.0$；当 $\lambda > 3.0$ 时，取 $\lambda = 3.0$。

$\qquad$ N——考虑地震作用组合的框架柱和框支柱轴向压力设计值，当 $N > 0.3f_cA$ 时，取 $N = 0.3f_cA$。

当考虑地震作用组合的框架柱和框支柱出现拉力时，其斜截面抗震受剪承载力应符合下列规定。

$$V_c \leq \frac{1}{\gamma_{RE}}\left[\frac{1.05}{\lambda+1}f_tbh_0 + f_{yv}\frac{A_{sv}}{s}h_0 - 0.2N\right] \qquad (10\text{--}21)$$

式中，N——考虑地震作用组合的框架柱轴向拉力设计值。

当上式右边括号内的计算值小于 $f_{yv}\dfrac{A_{sv}}{s}h_0$ 时，取等于 $f_{yv}\dfrac{A_{sv}}{s}h_0$，且 $f_{yv}\dfrac{A_{sv}}{s}h_0$ 值不应小于 $0.36f_tbh_0$。

三、框架梁柱节点

（一）保证强节点弱构件的要求

根据规范要求，对于一、二、三级抗震等级的框架节点，必须进行受剪承载力的详细计算，以确保这些节点在地震作用下的稳定性。然而，对于四级抗震等级的框架节点，则只需按照规定的构造要求配置箍筋，无须计算受剪承载力。

框架梁柱节点核心区考虑抗震等级的剪力设计值 V_j 应按下列规定计算。

1.9 度设防烈度的一级框架和一级抗震等级的框架结构

（1）顶层中间节点和端节点

$$V_j = 1.15\frac{M_{bua}^l + M_{bua}^r}{h_{b0} - \alpha_s'} \qquad (10\text{--}22)$$

（2）其他层中间节点和端节点

$$V_j = 1.15\frac{(M_{bua}^l + M_{bua}^r)}{h_{b0} - \alpha_s'}\left(1 - \frac{h_{b0} - \alpha_s'}{H_c - h_b}\right) \qquad (10\text{--}23)$$

2. 其他情况

（1）顶层中间节点和端节点

$$V_j = \eta_{vj}\frac{(M_b^l + M_b^r)}{h_{b0} - \alpha_s'} \qquad (10\text{--}24)$$

（2）其他层中间节点和端节点

$$V_j = \eta_{vj} \frac{(M_b^l + M_b^r)}{h_{b0} - \alpha_s'}(1 - \frac{h_{b0} - \alpha_s'}{H_c - h_b}) \qquad （10-25）$$

式中，M_{bua}^l、M_{bua}^r——框架节点左、右两侧的梁端按实配钢筋截面面积、材料强度标准值，且考虑承载力抗震调整系数的正截面抗震受弯承载力所对应的弯矩值；

　　　　η_{vj}——节点剪力增大系数，对于框架结构，一、二、三级抗震等级 η_{vj} 宜分别为 1.50、1.35 和 1.20；

　　　　M_b^l、M_b^r——考虑地震作用组合的框架节点左、右两侧的梁端弯矩设计值；

　　　　h_{b0}、h_b——梁的截面有效高度、截面高度，当节点两侧梁高不相同时，取其平均值；

　　　　H_c——节点上柱和下柱反弯点之间的距离；

　　　　α_s'——梁纵向受压钢筋合力点至截面近边的距离。

式（10-22）、式（10-23）中的（$M_{bua}^l + M_{bua}^r$），以及式（10-24）和式（10-25）中的（$M_b^l + M_b^r$），均应按前面的规定采用。

（二）节点核心区受剪的截面限制条件

为了避免节点截面过小，使得核心区混凝土承受过大的斜压应力，进而导致节点混凝土因受压而先行破坏，框架梁柱节点核心区的受剪水平截面必须满足以下条件。

$$V_j \leqslant \frac{1}{\gamma_{RE}}(0.3\eta_j\beta_c f_c b_j h_j) \qquad （10-26）$$

式中，h_j——框架节点核心区的截面高度，可取验算方向的柱截面高度，即 $h_j = h_c$。

　　　　b_j——框架节点核心区的截面有效验算宽度，当 $b_b \geqslant b_c/2$ 时，可取 $b_j = b_c$；当 $b_b < b_c/2$ 时，可取（$b_b+0.5h_c$）和 b_c 中的较小值；当梁与柱的中线不重合，且偏心距 $e_0 \leqslant b_c/4$ 时，可取（$0.5b_b+0.5b_c+0.25h_c-e_0$）、（$b_b+0.5h_c$）和 b_c 三者中的最小值；此处，b_b 为验算方向梁截面宽度，b_c 为该侧柱截面宽度。

　　　　η_j——正交梁对节点的约束影响系数：当楼板为现浇、梁柱中线重合、四侧各梁截面宽度不小于该侧柱截面宽度的 1/2，且正交方向梁高度不小于较高框架梁高度的 3/4 时，可取 $\eta_j = 1.50$，对 9 度的一级宜取 $\eta_j = 1.25$；其他情况均取 $\eta_j = 1.00$。

（三）节点的抗震受剪承载力计算

框架梁柱节点的抗震受剪承载力主要由两部分构成：一是混凝土斜压杆的受剪承载力，二是水平箍筋的受剪承载力。虽然节点核心区内混凝土斜压杆的截面面积在柱端轴力增加时会有一定的增加，这在节点剪力较小的情况下对提升节点的抗震性能具有积极意义。但是，当节点剪力较大时，由于核心区混凝土已经承受了较高的斜向压应力，此时进一步增加柱轴压力可能会对节点的抗震性能产生不利影响。因此，需要适当降低轴压力的有利作用，以确保节点在地震作用下的稳定性。

当节点在两个正交方向均存在梁时，核心区混凝土受到的约束作用会增强，进而提升节点的受剪承载力。然而，如果这两个方向的梁截面尺寸较小，那么这种约束效果就会变得不明显。所以，规范中明确规定了，只有在两个正交方向都有梁，并且梁的宽度、高度满足一定要求，同时有现浇板存在时，才能考虑梁与现浇板对节点的约束作用，并对节点的抗震受剪能力乘以一个大于1.0的约束系数。对于梁截面尺寸较小或只有一个方向存在直交梁的中间节点、边节点以及角节点，则不考虑梁对节点的约束影响。按照以上分析得框架梁柱节点的抗震受剪承载力如下。

1. 9度设防烈度一级

$$V_j \leqslant \frac{1}{\gamma_{RE}} \left[0.9\eta_j f_t b_j h_j + f_{yv} A_{svj} \frac{h_{b0} - \alpha_s'}{s} \right] \qquad (10\text{-}27)$$

2. 其他情况

$$V_j \leqslant \frac{1}{\gamma_{RE}} \left[1.1\eta_j f_t b_j h_j + 0.05\eta_j N \frac{b_j}{b_c} + f_{yv} A_{svj} \frac{h_{b0} - \alpha_s'}{s} \right] \qquad (10\text{-}28)$$

式中，N——对应于考虑地震作用组合剪力设计值的节点上柱底部的轴向力设计值。当 N 为压力时，取轴向压力设计值的较小值，且当 $N > 0.5f_c b_c h_c$ 时，取 $N = 0.5f_c b_c h_c$；当 N 为拉力时，取 $N = 0$。

A_{svj}——核心区有效验算宽度范围内同一截面验算方向箍筋各肢的全部截面面积；

h_{b0}——梁截面有效高度，节点两侧梁截面高度不等时取平均值。

四、框架结构的抗震构造

（一）框架梁

1. 框架梁截面尺寸的要求

①截面宽度应至少为 200 mm。

②截面高度与宽度的比例应控制在 4 以内。

③净跨与截面高度的比例应不小于 4。

2. 框架梁的钢筋配置的规定

①纵向受拉钢筋的配筋率不应小于表 10-9 规定的数值。

表 10-9　框架梁纵向受拉钢筋的最小配筋百分率

单位：%

抗震等级	梁中位置	
	支座	跨中
一级	0.4 和 $80f_t/f_y$ 中的较大值	0.3 和 $65f_t/f_y$ 中的较大值

抗震等级	梁中位置	
	支座	跨中
二级	0.3 和 $65f_t/f_y$ 中的较大值	0.25 和 $55f_t/f_y$ 中的较大值
三、四级	0.25 和 $55f_t/f_y$ 中的较大值	0.20 和 $45f_t/f_y$ 中的较大值

②在设计框架梁梁端截面时，底部和顶部纵向受力钢筋的截面面积比值不仅要通过计算来确定，还必须满足抗震等级的要求。针对一级抗震等级而言，这一比值必须达到或超过 0.5 的标准；而对于二、三级抗震等级，这一比值则不应小于 0.3。这样的设计原则旨在确保框架梁在地震等动态荷载作用下具有足够的延性和耗能能力。

③关于梁端箍筋的加密区长度、箍筋的最大间距以及箍筋的最小直径，这些参数应按照表 10-10 中的规定进行选取。当梁端纵向受拉钢筋的配筋率超过 2% 时，表中的箍筋最小直径应相应增加 2 mm。这一规定旨在增强梁端的约束效果，防止在地震等动态荷载下出现剪切破坏，从而确保梁的整体稳定性和安全性。

表 10-10　框架梁梁端箍筋加密区的构造要求

抗震等级	加密区长度 /mm	箍筋最大间距 /mm	箍筋最小直径 /mm
一级	$2h$ 和 500 中的较大值	纵向钢筋直径的 6 倍，梁高的 1/4 和 100 中的最小值	10
二级		纵向钢筋直径的 8 倍，梁高的 1/4 和 100 中的最小值	8
三级	$1.5h$ 和 500 中的较大值	纵向钢筋直径的 8 倍，梁高的 1/4 和 150 中的最小值	8
四级		纵向钢筋直径的 8 倍，梁高的 1/4 和 150 中的最小值	6

注：表中 h 为截面高度。

④在梁的全长范围内，不管是顶部还是底部，都应配置至少两根纵向钢筋，且这些钢筋必须贯穿整个梁的长度。对于一、二级抗震等级的梁，钢筋的直径应大于 14 mm。同时，这两根钢筋的截面面积之和需满足不应少于梁两端顶面和底面纵向受力钢筋中较大截面面积的 1/4 这一要求，以确保梁的承载能力和抗震性能。对于三、四级抗震等级的梁，钢筋的直径则应大于 12 mm。这样的配置可以确保梁在受到地震等动态荷载作用时，有足够的强度和延性。

⑤在梁箍筋的加密区长度内，箍筋的肢距需要按照不同的抗震等级来设定。具体来说，对于一级抗震等级的梁，箍筋的肢距应控制在不大于 200 mm 和不大于 20 倍箍筋直径中

的较大值；而对于二、三级抗震等级的梁，这一肢距则不应超过 250 mm 和不大于 20 倍箍筋直径中的较大值。在所有抗震等级下，箍筋的肢距都不应超过 300 mm。这样的规定有助于保证箍筋在梁中的均匀分布，提高梁的约束效果和抗剪承载能力。

⑥梁端设置的第一个箍筋应位于距离框架节点边缘不超过 50 mm 的位置。同时，非加密区的箍筋间距应控制在加密区箍筋间距的 2 倍以内，以确保结构的整体稳定性和受力均匀性。

沿梁全长箍筋的配筋率 ρ_{sv} 应符合下列规定。

$$\rho_{sv} \geq \alpha_\rho \frac{f_t}{f_{yv}} \tag{10-29}$$

式中，α_ρ——配箍系数，一级取 0.30，二级取 0.28，三、四级取 0.26。

（二）框架柱

1. 框架柱的截面尺寸的要求

①当抗震等级为四级或建筑物不超过两层时，柱的截面宽度和高度不应小于 300 mm；而当抗震等级为一、二、三级且建筑物超过两层时，这些尺寸则不应小于 400 mm；对于圆柱，其截面直径也有相应要求：在抗震等级为四级或建筑物不超过两层的情况下，直径不应小于 350 mm；对于一、二、三级抗震等级且建筑物超过两层的情况，直径则不应小于 450 mm。这些规定是为了确保柱在地震等动态荷载作用下具有足够的承载能力和稳定性，从而保障整体结构的安全。

②柱的剪跨比应大于 2，以满足结构的稳定性和承载能力要求。

③柱的截面高度与宽度的比值不超过 3，以确保柱的刚度和受力性能。

2. 框架柱和框支柱的钢筋配置要求

①框架柱和框支柱中的所有纵向受力钢筋的配筋百分率必须符合表 10-12 所规定的数值要求。此外，每一侧的配筋百分率不得低于 0.2。对于位于 Ⅳ 类场地上且属于较高层建筑，最小配筋百分率应根据表 10-11 中的数值增加 0.1 来执行。

表 10-11　柱全部纵向受力钢筋最小配筋百分率

单位：%

柱类型	抗震等级			
	一级	二级	三级	四级
中柱、边柱	0.9（1.0）	0.7（0.8）	0.6（0.7）	0.5（0.6）
角柱、框支柱	1.1	0.9	0.8	0.7

注：表中括号内数值用于框架结构中的柱；柱全部纵向受力钢筋最小配筋百分率，钢筋强度标准值为 350 MPa 时，应按表中数值增加 0.1，钢筋强度标准值为 400 MPa 时，表中数值应增加 0.05；当混凝土强度等级为 C60 及以上时，应按表中数值增加 0.1。

②框架柱和框支柱上、下端箍筋应加密，加密区的箍筋最大间距和箍筋最小直径应符合表 10-12 的规定。

表 10-12 柱端箍筋加密区的构造要求

抗震等级	箍筋最大间距 /mm	箍筋最小直径 /mm
一级	纵向钢筋直径的 6 倍和 100 中的较小值	10
二级	纵向钢筋直径的 8 倍和 100 中的较小值	8
三级	纵向钢筋直径的 8 倍和 150（柱根 100）中的较小值	8
四级	纵向钢筋直径的 8 倍和 150（柱根 100）中的较小值	6（柱根 8）

③对于框支柱以及剪跨比 λ 小于或等于 2 的框架柱，应在整个柱高范围内加密箍筋，并确保箍筋的间距不超过 100 mm，以增强结构的稳定性。

④一级框架柱的箍筋直径应大于 12 mm，同时箍筋肢距不应超过 150 mm；对于二级框架柱，箍筋直径不小于 10 mm，肢距不大于 200 mm。除了根柱外，这些框架柱的箍筋间距允许值为 150 mm。对于三级框架柱，当截面尺寸不大于 400 mm 时，箍筋允许的最小直径为 6 mm。而对于四级框架柱，当剪跨比不大于 2 或柱中全部纵向钢筋的配筋率大于 3.0% 时，箍筋直径不应小于 8 mm，以确保结构的抗震性能。

⑤框架柱和框支柱的纵向受力钢筋配筋率应控制在 5% 以内，以保证结构的合理性和安全性。纵向钢筋的配置应尽可能对称，以提高柱的受力均匀性。对于截面尺寸超过 400 mm 的柱，纵向钢筋的间距不宜超过 200 mm，以确保钢筋的有效约束和传递力的能力。当按照一级抗震等级设计时，且柱的剪跨比 λ 小于或等于 2 时，每侧纵向钢筋的配筋率应控制在 1.2% 以内，以增强柱的抗震性能。

⑥在确定框架柱的箍筋加密区长度时，应遵循以下原则：首先考虑柱截面长边尺寸的实际大小，这是因为柱的截面尺寸直接影响箍筋的布置和加密效果；其次，考虑柱净高的 1/6 这一比例值，这反映了柱高度对加密区长度的影响；最后，还需对固定数值 500 mm 进行参考。综合这三者，加密区长度的最终取值应为这三者中的最大值，以确保箍筋的有效加密和结构的整体稳定性。特别地，对于一、二级抗震等级的角柱，由于其受力复杂且对结构抗震性能要求较高，其箍筋应沿柱的全高进行加密处理，从而使结构的抗震能力得到显著增强。

⑦柱箍筋加密区内的箍筋肢距：对于不同抗震等级下的框架柱和框支柱，其箍筋或拉筋的约束条件有所不同。在一级抗震等级下，箍筋或拉筋的间距不应大于 200 mm，以确保结构在地震作用下的稳定性。对于二、三级抗震等级，箍筋或拉筋的间距不宜大于 250 mm，同时也不应超过 20 倍箍筋直径中的较大值，以提供足够的约束和承载能力。在四级抗震等级下，箍筋或拉筋的间距不应大于 300 mm，以满足结构的基本抗震要求。此外，为了确保纵向钢筋在两个方向都能得到有效的约束，每隔一根纵向钢筋在两个方向上都应设置箍筋或拉筋。当采用拉筋进行约束时，拉筋应紧靠纵向钢筋，并确保钩住封闭箍

筋，以提高结构的整体性和稳定性。

⑧柱箍筋加密区箍筋的体积配筋率应符合下列规定。

一是柱箍筋加密区箍筋的体积配筋率，应符合下列规定。

$$\rho_v \geqslant \lambda_v \frac{f_c}{f_{yv}} \tag{10-30}$$

式中，ρ_v——柱箍筋加密区的体积配筋率。

f_c——混凝土轴心抗压强度设计值；当强度等级低于 C35 时，按 C35 取值。

f_{yv}——箍筋及拉筋抗拉强度设计值。

λ_v——最小配箍特征值，按表 10-13 采用。

表 10-13　柱箍筋加密区的箍筋最小配箍特征值 λ_v

抗震等级	箍筋形式	轴压比								
		≤ 0.3	0.4	0.5	0.6	0.7	0.8	0.9	1.0	1.05
一级	普通箍、复合箍	0.10	0.11	0.13	0.15	0.17	0.20	0.23	—	—
	螺旋箍、复合或连续复合矩形螺旋箍	0.08	0.09	0.11	0.13	0.15	0.18	0.21	—	—
二级	普通箍、复合箍	0.08	0.09	0.11	0.13	0.15	0.17	0.19	0.22	0.24
	螺旋箍、复合或连续复合矩形螺旋箍	0.06	0.07	0.09	0.11	0.13	0.15	0.17	0.20	0.22
三级	普通箍、复合箍	0.06	0.07	0.09	0.11	0.13	0.15	0.17	0.20	0.22
	螺旋箍、复合或连续复合矩形螺旋箍	0.05	0.06	0.07	0.09	0.11	0.13	0.15	0.18	0.20

注：1.普通箍指单个矩形箍筋或单个圆形箍筋；螺旋箍指单个螺旋箍筋；复合箍指由矩形、多边形、圆形箍筋或拉筋组成的箍筋；复合螺旋箍指由螺旋箍与矩形、多边形、圆形箍筋或拉筋组成的箍筋；连续复合矩形螺旋箍指全部螺旋箍为同一根钢筋加工成的箍筋；

2.在计算复合螺旋箍的体积配筋率时，其中非螺旋箍筋的体积应乘以换算系数 0.8；

3.对一、二、三、四级抗震等级的柱，其箍筋加密区的箍筋体积配筋率分别不应小于 0.8%、0.6%、0.4% 和 0.4%；

4.混凝土强度等级高于 C60 时，箍筋宜采用复合箍、复合螺旋箍或连续复合矩形螺旋箍；当轴压比不大于 0.6 时，其加密区的最小配箍特征值宜按表中数值增加 0.02；当轴压比大于 0.6 时，宜按表中数值增加 0.03。

二是框支柱优先选择使用复合螺旋箍或井字复合箍。这些箍筋的最小配箍特征值应根据表 10-13 中的数值增加 0.02 来取用，以确保其性能满足设计要求。同时，框支柱的体积配筋率不应低于 1.5%，以增强其承载能力和结构稳定性。

三是当剪跨比 λ 小于或等于 2 时，对于一、二、三级抗震等级的柱，推荐使用复合螺旋箍或井字复合箍。这些柱的箍筋体积配筋率不应低于 1.2%。在 9 度设防烈度的情况下，箍筋的体积配筋率则不应小于 1.5%，以确保结构在极端地震作用下的安全性。

3. 柱的轴压比限值

柱的轴压比是影响框架结构延性的重要因素。随着轴压比的增加，柱的延性会逐渐降低。当轴压比超过一定的界限值时，柱将经历小偏压破坏，这种破坏形式表现为脆性。因此，在抗震设计中，必须确保柱的轴压比不超过规定的限制值，以确保柱在受到地震作用时能够发生大偏压破坏，并具备一定的延性。这有助于增强结构的抗震性能。一、二、三级抗震等级的各类结构的框架柱和框支柱，其轴压比 $N/(f_cA)$ 不宜大于表 10-14 规定的限值。对 IV 类场地上较高的高层建筑，柱轴压比限值应适当减小。

表 10-14　框架柱轴压比限值

结构体系	抗震等级			
	一级	二级	三级	四级
框架结构	0.65	0.75	0.85	0.9
框架-剪力墙结构、筒体结构	0.75	0.85	0.90	0.95
部分框支剪力墙结构	0.6	0.7	—	—

参 考 文 献

[1] 赵小云．混凝土与钢筋混凝土工程 [M]．郑州：河南科学技术出版社，2010.

[2] 姜福田．水工混凝土性能及检测 [M]．郑州：黄河水利出版社，2012.

[3] 田正宏，强晟．水工混凝土高质量施工新技术 [M]．南京：河海大学出版社，2012.

[4] 郑建波．水工混凝土结构耐久性研究 [M]．北京：北京理工大学出版社，2018.

[5] 王海彦，刘训臣．混凝土结构设计原理 [M]．成都：西南交通大学出版社，2018.

[6] 张淑云．混凝土结构基本原理 [M]．北京：北京理工大学出版社，2018.

[7] 赵二峰，顾冲时．水工混凝土结构强度理论 [M]．南京：河海大学出版社，2019.

[8] 武永彩，孙晓倩，侯志成．混凝土及砌体结构 [M]．武汉：武汉大学出版社，2019.

[9] 黄振兴．混凝土生产与施工技术 [M]．北京：中国建材工业出版社，2020.

[10] 路彦兴等．混凝土结构检测与评定技术 [M]．北京：中国建材工业出版社，2020.

[11] 刘伟东，孙永亮，龚丽飞．水利工程与混凝土施工 [M]．长春：吉林科学技术出版社，2020.

[12] 田春鹏．装配式混凝土结构工程 [M]．武汉：华中科技大学出版社，2020.

[13] 杨虹．混凝土结构与砌体结构设计 [M]．北京：机械工业出版社，2020.

[14] 马芹永．混凝土结构基本原理 [M]．北京：机械工业出版社，2020.

[15] 王欣，郑娟，窦如忠．装配式混凝土结构 [M]．北京：北京理工大学出版社，2021.

[16] 付士峰．绿色再生轻骨料混凝土应用研究 [M]．北京：中国建材工业出版社，2021.

[17] 肖明和，张成强，张蓓．装配式混凝土结构构件生产与施工 [M]．北京：北京理工大学出版社，2021.

[18] 薛学涛，苏悦．混凝土结构检测、鉴定与加固 [M]．郑州：黄河水利出版社，2021.

[19] 高小建，杨英姿．混凝土早期性能与评价方法 [M]．哈尔滨：哈尔滨工业大学出版社，2021.

[20] 徐翔宇，侯蕾，曾欢．装配式混凝土建筑设计与施工 [M]．长沙：湖南大学出版社，2021.

[21] 董志强等．新型 FRP 海砂混凝土结构 [M]．南京：东南大学出版社，2022.

[22] 严加宝，王涛，罗云标．钢 – 混凝土组合结构 [M]．天津：天津大学出版社，2022.

[23] 罗健林等．新型泡沫混凝土及其性能调控 [M]．重庆：重庆大学出版社，2022.

[24] 王承忠．误差分析及数理统计 第二讲 概率论基础及数理统计中几个常用的概念 [J]．上海钢研，1988（2）：49-64.

[25] 任重阳．构造要求在钢筋混凝土结构设计中的重要性 [J]．长江水利教育，1991（3）：50，67-70.

［26］ 陈海斌，郑昊，王霁新 . 民用建筑楼面活荷载标准值取值分析 [J]. 工业建筑，2003（10）：64–65，89.

［27］ 陈萌 . 钢筋混凝土深受弯构件的受剪机理分析 [J]. 郑州大学学报（工学版），2003（4）：63–66.

［28］ 李伟，赵建昌 . 钢筋混凝土异形柱的合理布筋形式分析 [J]. 甘肃科技，2005（1）：135–136，162.

［29］ 卢羽平，张燎军，冉懋鸽 . 洪家渡水电站厂房矩形钢管混凝土叠合柱抗震分析 [J]. 华北水利水电学院学报，2005（1）：35–38.

［30］ 张永胜，李雁英 . 预应力混凝土深受弯构件的裂缝实验研究 [J]. 工程力学，2008（增刊1）：86–89.

［31］ 于志伟，李育红，冯辉 . 受腐蚀混凝土结构钢筋锈蚀检测技术的研究 [J]. 建材技术与应用，2009（7）：8–10.

［32］ 李宗津，孙伟，潘金龙 . 现代混凝土的研究进展 [J]. 中国材料进展，2009，28（11）：1–7，53.

［33］ 辛酉阳 . 混凝土抗压强度影响因素的探讨 [J]. 河南建材，2010（2）：156.

［34］ 张亚维 . 浅谈工程抗震设计及必要措施 [J]. 信息系统工程，2010（4）：47.

［35］ 李进亮 . 浅议水工混凝土裂缝的预防与控制 [J]. 科技资讯，2011（9）：57.

［36］ 姬光玉 . 浅谈如何提高建筑工程经济效益 [J]. 价值工程，2011，30（13）：83–84.

［37］ 金伟良，牛荻涛 . 工程结构耐久性与全寿命设计理论 [J]. 工程力学，2011，28（增刊2）：31–37.

［38］ 魏希宝，姜珊珊 . 钢筋混凝土构件在抗震设计中应注意的问题 [J]. 黑龙江水利科技，2012，40（2）：190.

［39］ 刘锡明 . 泉州湾跨海大桥工程结构耐久性措施研究 [J]. 福建交通科技，2012（4）：35–40.

［40］ 林维川 . 浅析建筑结构设计中荷载取值问题 [J]. 黑龙江科技信息，2012（25）：239.

［41］ 徐虹 . 钢筋混凝土双向板的设计体会 [J]. 水电站设计，2012，28（01）：44–50.

［42］ 张爽，徐喜辉 . 预应力混凝土梁板拱度产生的原因及控制措施 [J]. 民营科技，2012，（4）：262+154.

［43］ 胡森林 . 混凝土耐火性能及损伤检测研究 [J]. 机械管理开发，2013（2）：39–40.

［44］ 鲁伟栋 . 桥梁结构优化设计理念探讨 [J]. 中华民居（下旬刊），2013（4）：342–343.

［45］ 韩雪冬，严学刚 . 小水库模板及钢筋施工设计 [J]. 技术与市场，2013，20（9）：126.

［46］ 胡德鹿 . 正确理解和应用“建筑结构的设计使用年限” [J]. 工程建设标准化，2014（9）：54–60.

［47］ 涂俊彪 . 有粘结预应力技术在综合楼建筑框架梁结构施工中的应用 [J]. 广东建材，2015，31（4）：56–58.

［48］ 赵荣超.浅析混凝土结构中锚栓和锚筋的区别 [J].建筑结构，2016，46（增刊2）：463-465.

［49］ 吴春杨，潘志宏，马剑，等.非连续级配再生粗骨料自密实混凝土梁受力性能试验研究 [J].建筑结构，2017，47（15）：65-69，79.

［50］ 周献祥，姜波.结构设计强制性条文的分类和作用 [J].工程建设标准化，2018（3）：57-64.

［51］ 崔学宇，舒涛，孙晓彦.中欧结构规范中作用和设计状态异同的辨析 [J].山西建筑，2019，45（9）：240-242.

［52］ 翟厚智.高层混凝土建筑抗震结构设计分析 [J].居舍，2021（35）：52-54.

［53］ 杨润峰.新型密肋空心楼盖结构选型研究 [D].青岛：青岛理工大学，2013.